土木工程结构抗风设计

张丽芳　陈　娟
吴　瑾　夏逸鸣　编著

科学出版社

北京

内 容 简 介

　　本书共十章,主要内容包括:绪论、结构上的静力风、结构上的脉动风、高层建筑结构抗风设计、高耸结构抗风设计、大跨屋盖结构抗风设计、桥梁结构上的风荷载及风振响应、桥梁结构抗风设计、结构风振控制及风洞试验等。

　　本书可作为高等学校土木工程专业本科生的教材,也可作为土木工程专业研究生或工程技术人员的参考书。

图书在版编目(CIP)数据

土木工程结构抗风设计/张丽芳等编著. —北京:科学出版社,2017.3
ISBN 978-7-03-052321-1

Ⅰ.①土… Ⅱ.①张… Ⅲ.①土木工程–抗风结构–结构设计
Ⅳ.①TU352.2

中国版本图书馆 CIP 数据核字(2017)第 052806 号

责任编辑:余 江 张丽花/责任校对:郭瑞芝
责任印制:张 伟/封面设计:迷底书装

科 学 出 版 社 出版
北京东黄城根北街16号
邮政编码:100717
http://www.sciencep.com

北京东华虎彩印刷有限公司 印刷

科学出版社发行 各地新华书店经销
*
2017年3月第 一 版 开本:787×1092 1/16
2017年3月第一次印刷 印张:15
字数:356 000
定价:49.00元
(如有印装质量问题,我社负责调换)

前　　言

国内外统计资料表明，在所有自然灾害中，风灾造成的损失为各种灾害之首。因此，土木工程结构抗风研究和设计已成为防灾与减灾中的热点问题。土木工程结构抗风研究的重要基础是风工程，而风工程正是南京航空航天大学的优势学科，其风洞实验室是国内最早建成的风工程实验室之一，在国内外享有盛誉，已完成大量土木工程风洞试验，在建筑物风场模拟技术、建筑物的动态和静态风载测量技术、大型桥梁的振动及抗风稳定性、高层建筑的风阻特性方面已形成自己的特色和优势。另外，国防重点学科——流体力学也为土木工程结构抗风研究和教学提供了重要的学科资源。因此，南京航空航天大学土木工程专业把结构抗风设计作为人才培养的特色之一，在本科生中开设"土木工程结构抗风设计"课程，作为专业拓展课。该课程是校级精品课程，本书是精品课程建设的成果。

本书在编写过程中，充分吸取了近几年来该课程改革的经验，力求体现研究型大学本科教学的要求，本书特点如下：

(1) 着重讲清基本概念和基本理论，体现专业拓展课的要求。

(2) 与其他相关课程(如建筑结构设计、桥梁工程等)教学内容相配合和衔接，避免重复。

(3) 教材内容、例题和习题的选择及编排，体现以学生为中心、以学习为中心，便于学生开展自主研究型学习，力求体现研究型大学课程建设的要求。

本书原版于 2007 年出版，结合多年使用反馈及规范更新，编者深感再版之必要，本版内容在原版基础上有了扩充。本书主要内容包括绪论、结构上的静力风、结构上的脉动风、高层建筑结构抗风设计、高耸结构抗风设计、大跨屋盖结构抗风设计、桥梁结构上的风荷载及风振响应、桥梁结构抗风设计、结构风振控制和风洞试验等。

参加本书编写的有：南京航空航天大学吴瑾(第1章、第2章、第6章)、夏逸鸣(第3章、第4章、第5章)、张丽芳(第7章、第8章、附录1、附录2)、陈娟(第9章、第10章)。

限于编者水平，书中疏漏之处难免，希望读者提出批评意见。

编　者

2016 年 11 月于南京

目　　录

第1章 绪 论

1.1 风 的 特 性

1.1.1 气象特性

风是相对地面的空气运动，它是由不同的压力驱动的，主要原因是大气压强的差异。这种差异是由于太阳对地表不同区域的照射不同而产生的，其原因是地球自转产生的。太阳辐射在地极和赤道间的差异，产生了温度和压强的差异。这些差异在与地球自转共同作用下，建立了大气大循环系统，这种循环存在于水平和竖直方向。这些循环导致了热带和近极地处的主要风向偏向于东，而西风主要存在于温带地区。

强风也有可能由当地的对流效应，或山脉中的大量空气的抬升而产生。强烈的热带气旋，因地区不同分成飓风和台风，都表现为笼罩在部分热带洋面及沿岸地区的特大风，它们主要存在于南北半球纬度为 $10° \sim 30°$ 的区域。

对结构安全产生影响的是强风，它通常由大气旋涡剧烈运动产生，可分为热带低压、热带风暴、台风或飓风、雷暴、寒潮风暴、龙卷风等。

所有强风暴都是短期且爆发性的。气流与地平面相互摩擦以及在同高度上空气对流的剪切产生了漩涡，这些漩涡导致了强风的阵风性和爆发性。

1.1.2 风的基本概念

风是空气从气压大的地方向气压小的地方流动而形成的。风在行进中遇到结构，就形成风压力，而使结构产生变形和振动。风荷载是各种工程结构的重要设计荷载。对于超高层建筑、桥梁、高耸结构(如塔、烟囱、桅杆等)、起重机、冷却塔、输电线、屋盖等，风荷载常起着控制的作用。

风有倾斜性、季节性和随机性三个特点。

1. 倾斜性

一般来说，风是有一定倾角的,相对于水平方向,一般风倾角的变化范围为 $-10° \sim 10°$，因此，结构上作用的风力就有水平和竖直方向两个分量。一般来说，对高层结构，大多是细长型的，竖向风对其的作用力是轴向作用力，所以，这种情况竖向风力影响可以忽略不计。但对于桥梁结构和大跨度屋盖结构，竖向风压和振动效应就非常显著，在这类结构中要着重考虑。

2. 季节性

在同一地点，在每年不同的季节和日期，风向也可以不尽相同，结构在不同时期受到风的影响也随之不同。一年中强度最大的且对结构影响最大的风向称为主导风向。为了较偏于安全地进行结构设计，一般都假定最大风出现在各个方向上的概率相同。

3. 随机性

在风的顺风向时程曲线中，一般包含有平均风和脉动风两部分，平均风是在给定时间间隔内，风力大小、方向等不随时间而改变的量，脉动风则随时间按随机规律变化，要用随机振动理论来处理，风的模拟主要是针对脉动风而言。作用于结构上任一点坐标为 (x, y, z) 的风速 $v(x, y, z, t)$ 为平均风速 $\bar{v}(z)$ 和脉动风速 $v_f(x, y, z, t)$ 之和，如图 1.1 所示。

$$v(x, y, z, t) = \bar{v}(z) + v_f(x, y, z, t) \tag{1.1}$$

平均风是在约定的时间间隔内，把风对建筑物的作用力的速度、方向以及其他物理量都看成不随时间而改变的量，考虑到风的长周期远大于一般结构的自振周期，这部分风虽然其本质是动力的，但其作用与静力作用相近，因此可认为其作用性质相当于静力。平均风速沿高度变化的规律可用指数函数式或对数函数式来近似，将在第 2 章介绍。

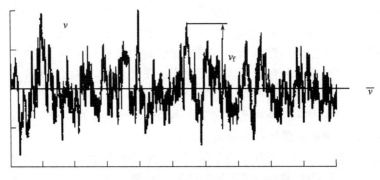

图 1.1　瞬时风速 v 与平均风速 $\bar{v}$、脉动风速 v_f

脉动风是由于风的不规则性引起的，它的强度是随时间按随机规律变化的。由于它周期较短，因而应按动力来分析，其作用性质完全是动力的。

结构的抗风分析方法主要分为频域法和时域法。对重要的高层建筑，除了进行频域内的分析外，还应进行时域内的分析，以了解结构风振反应的实际情况，从而确定结构在受力过程中的薄弱环节。对结构进行时域内的风振分析，首先要确定结构的风荷载。

由于风力在空间上的分布变化及时间上的强度变化，风对结构的作用显得非常复杂和多样。影响结构上风荷载的因素很多，不同地区各类地面条件的差异，结构本身条件的变化，同一建筑物不同区域内形状、表面粗糙度等的不同都会导致结构上风荷载的改变。在风荷载作用下，结构将产生一定的运动，这种运动反过来又会引起结构表面风压的变化，再加上邻近建筑之间的相互影响，这些都使得确定结构上风荷载的大小变得相当复杂。近年来，随着计算机技术的日益发展，人工模拟结构的随机输入得到了广泛应用。人工模拟风荷载可以考虑场地、风谱特征、建筑物的特点等条件的任意性，使模拟得到的风荷载尽量接近结构的实际风力。目前，随机过程的模拟方法一般分为两类，即谐波叠加法和线性滤波器法。由于谐波叠加法在进行多变量模拟时，需要在每个频率上进行大量运算，因此比较费机时，运算效率低，而线性滤波器法则占用内存少，计算快捷。

研究表明，脉动风的影响与结构周期、风压、受风面积等有直接影响，这些参数越大，影响也越大，兼之结构上还有平均风作用，因而对于高、柔、大跨等结构，风的影响起着很大的甚至决定性的作用。

1.1.3 风强度的表示方法

不同的风有不同的特征，但它的强度常用风速来表达，最常用的有两种。

1. 范围风速

将风的强度划分为等级，一般用风速范围来表达，常用的有以下几种。

1）蒲福风速表

英国人蒲福（F. Beaufort）于 1805 年拟定了风级，根据风对地面（或海面）物体影响程度而定出，称为蒲氏风级。蒲氏风级自 0 至 12 共分 13 个等级。自 1946 年以来，风力等级又做了某些修改，并增加到 18 个等级，如表 1.1 所示。风力等级的判断常根据地方的海面状况、海岸渔船征象、陆地面物征象、距地 10m 高处相当风速等条件。其中前 13 个等级就是我们在气象广播中所听到的风的等级。

表 1.1 蒲福风力等级表

风力等级	名称	海面状况		海岸渔船征象	陆地面物征象	距地 10m 高处相当风速		
		浪高/m				km/h	n mile/h	m/s
		一般	最高					
0	静风	—	—	静	静，烟直上	<1	<1	0～0.2
1	软风	0.1	0.1	寻常渔船略觉摇动	烟能表示风向，但风向标不能转动	1～5	1～3	0.3～1.5
2	轻风	0.2	0.3	渔船张帆时，可随风移行 2～3km/h	人感觉有风，树叶有微响，风向标能转动	6～11	4～6	1.6～3.3
3	微风	0.6	1.0	渔船渐觉簸动，随风移行 5～6km/h	树叶及微枝摇动不息，旌旗展开	12～19	7～10	3.4～5.4
4	和风	1.0	1.5	渔船满帆时倾于一方	能吹起地面灰尘和纸张，树的小枝摇动	20～28	11～16	5.5～7.9
5	清劲风	2.0	2.5	渔船缩帆（即收去帆之一部）	有叶的小树摇摆，内陆的水面有小波	29～38	17～21	8.0～10.7
6	强风	3.0	4.0	渔船加倍缩帆，捕鱼需注意风险	大树枝摇动，电线呼呼有声，举伞困难	39～49	22～27	10.8～13.8
7	疾风	4.0	5.5	渔船停息港中，在海上下锚	全树摇动，迎风步行感觉不便	50～61	28～33	13.9～17.1
8	大风	5.5	7.5	进港的渔船皆停留不出	微枝折毁，人向前行，感觉阻力甚大	62～74	34～40	17.2～20.7
9	烈风	7.0	10.0	汽船航行困难	烟囱顶部及平瓦移动，小屋有损	75～88	41～47	20.8～24.4

风力等级	名称	海面状况		海岸渔船征象	陆地面物征象	距地10m高处相当风速		
		浪高/m				km/h	n mile/h	m/s
		一般	最高					
10	狂风	9.0	12.5	汽船航行颇危险	陆上少见,见时可使树木拔起或将建筑物摧毁	89~102	48~55	24.5~28.4
11	暴风	11.5	16	汽船遇之极危险	陆上很少,有时必有重大损毁	103~117	56~63	28.5~32.6
12	台风（飓风）	14.0	—	海浪滔天	陆上极少,其摧毁力极大	118~133	64~71	32.7~36.9
13	—	—	—	—	—	134~149	72~80	37.0~41.4
14	—	—	—	—	—	150~166	81~89	41.5~46.1
15	—	—	—	—	—	167~183	90~99	46.2~50.9
16	—	—	—	—	—	184~201	100~108	51.0~56.0
17	—	—	—	—	—	202~220	109~118	56.1~61.2

热带气旋是发生在热带海洋上的大气旋涡,是热带低压、热带风暴、台风或飓风的总称。直径一般几百千米,最大可达1000km。热带气旋区域内的风速,以近中心为最大。

按蒲福划分的风力等级,各类风相对应的等级如下。

(1)低压区平均最大风力小于8级;

(2)热带低压区为热带气旋中心位置能确定时,但中心附近的平均最大风力小于8级的风区;

(3)热带风暴为热带气旋中心附近的平均最大风力为8~9级;

(4)强热带风暴热带气旋中心附近的平均最大风力为10~11级;

(5)热带气旋中心附近的平均最大风力为12级或12级以上的,在东亚称为台风,在西印度群岛和大西洋一带称为飓风。

台风中心称台风眼,半径多为5~30km,气压很低,风小浪高,云层裂开变薄,有时可见日月星光,其四周附近则是高耸的云壁,狂风暴风均发生在台风眼之外。台风形成后,它一边沿逆时针方向快速旋转,同时又受其他天气系统(如副热带高压等)气流引导或靠本身内力朝某一方向移动,从而形成台风移动的路径或轨迹。通常自东向西或西北方向移动,速度一般为10~20km/h,当进入中纬度的西风带后,即折向东或东北移动,这称为台风转向。袭击我国的台风,常发生在5~10月,以7~9月最为频繁。台风的破坏力很大,它不但可以吹倒或损害陆上各种工程结构,而且还大量损害海上物体。台风袭击的地区常有狂风暴雨,沿海岸则多有高潮、巨浪。

2)福基达龙卷风风力等级表

龙卷风是范围小而时间短的强烈旋风。直径约从几米到几百米不等,中心气压很低,风速通常可达每秒几十米到100m以上。龙卷风移动速度每小时约数十千米。所经路程,短的只有几十米,长的可超过100km,持续时间可达几分钟到几小时。与热带气旋相比,龙卷风的特征可归纳为范围小、风力大、寿命短,并且运动直线,发生概率远低于热带气旋。美国芝加哥大学藤田哲也(T. T. Fujita)教授曾于 1971 年提出龙卷风按最大风速划分为 6 个等级，其计算公式为

$$v_F = 6.30 \times (F + 2)^{1.5} \tag{1.2}$$

到现在为止，记录到龙卷风级别未到 6 级。根据式(1.2)，1～6 级范围风速如表 1.2 所示。从表 1.2 中可以看出，0 级龙卷风实际上就在蒲福风力等级表范围之内，是与蒲福风力等级表相呼应的。由于龙卷风作用时间短，因而在同样风速下破坏程度没有一般风严重。

表 1.2　藤田龙卷风风力等级表

等级	名称	征象	距地 10m 高处的风速 /(m/s)
F_0	轻龙卷	考虑 v=20～32.2m/s，有轻度破坏。烟囱、标志牌有一定损坏，树枝刮断，跟前树木被刮倒	<32.2
F_1	中龙卷	有中度破坏。屋顶表层被掀起，活动房屋被刮倒，行驶中车辆被刮得偏离道路	32.7～50.2
F_2	大龙卷	有相当程度破坏。屋顶被刮飞，活动房屋被摧毁，铁路闷罐车被刮翻，大树被连根拔起，产生轻物体的飞掷物	50.4～70.2
F_3	强龙卷	有严重破坏。牢固的屋顶和部分墙壁被刮走，火车被刮翻，森林大部分树木被连根拔起，重型车辆被抛起	70.4～92.4
F_4	毁灭性龙卷	有毁灭性破坏。牢固的房屋被整体刮倒。地基不牢的结构被掀飞，汽车被抛起，产生重物体飞掷物	92.6～116.4
F_5	非常龙卷	有非常程度破坏。牢固的房屋被整体掀起。树木搬家，汽车大小的物体被抛入空中飞行达 100m 之远	116.7～142.3
F_6	极值龙卷	有极为惊人的破坏。目前尚未有这样的最大风速	142.6～169.8

虽然龙卷风破坏力大，但由于范围小、寿命短等特点，风灾损失中最多的还是热带气旋，其中尤以台风最为严重。应该把较大的注意力集中在热带气旋所引起的风力上。

上述风的强度由于存在一段范围，不便于工程计算，常用于气象工作中。

2. 工程风速

为了进行结构风工程计算，需要的不是某一范围的风速，而要某一确定的风速。由于风工程中结构不但要承受过去某一时日或今日的风是安全可靠的，还要保证某一规定期限内结构能安全可靠，而风的记录又是随机的，不同时日、月、年都有不同的值和规律，具有明显的非重现性的特征。因而必须根据数理统计方法来求出计算风速，将在第 2 章具体分析它的计算方法。

1.1.4　风速与风压关系

对工程结构设计计算来说，风力作用的大小最好直接以风压来表示。风速越大，风压力也越大。为此需导出风速与风压的关系式。

低速运动的空气可作为不可压缩的流体看待。对于不可压缩理想流体质点作稳定运动的伯努利方程，当它在同一水平线上运动时的能量表达式为

$$w_aV + \frac{1}{2}mv^2 = C \tag{1.3}$$

式中，w_aV 为静压能；$\frac{1}{2}mv^2$ 为动能；C 为常数；w_a 为单位面积上的静压力(kN/m^2)；V 为空气质点的体积(m^3)；v 为风速(m/s)；m 为运动流体质点的质量(t)；

式(1.3)两边除以 V，因为 $m = \rho V$，ρ 为空气质点密度(t/m^3)，则伯努利方程为

$$w_a + \frac{1}{2}\rho v^2 = C_1 \tag{1.4}$$

由式(1.4)可知，由自由气流的风速提供的单位面积上的风压力为

$$w = \frac{1}{2}\rho v^2 = \frac{1}{2}\frac{\gamma}{g}v^2 \tag{1.5}$$

即为普遍应用的风速风压关系公式。γ 为单位体积的重力(kN/m^3)。

1.2　土木工程结构风灾

由于风灾发生频繁，持续时间长，产生的灾害大。因此，在所有自然灾害中，风灾造成的损失为各种灾害之首。例如 1999 年，全球发生严重自然灾害共造成 800 亿美元的经济损失，其中，在被保险的损失中，飓风造成的损失占 70%。下面主要介绍涉及与结构损坏有关的风灾事例。以进一步引起对结构抗风灾的防御和结构抗风设计的重视。

1.2.1　台风灾害

1. 2004 年 14 号强台风"云娜"

2004 年 8 月 12 日，14 号强台风"云娜"在浙江省温岭市石塘镇登陆，台风登陆时中心气压 950hPa，台州椒江大陈最大风速达 58.7m/s，大大超过 12 级台风 36.9m/s 的上限，台州市所有市县区都观测到 12 级大风，10 级风圈达 180km，其风速之大，杀伤力之强，为浙江省历史上所罕见。直接经济损失 181.28 亿元。黄岩江口粮库屋顶，路桥区金清、蓬街两镇 2.7 万亩蔬菜大棚被掀翻，驱车城乡不时可见被掀翻的房屋和倒塌的广告牌。

2. 2002 年 16 号台风

2002 年 9 月 7 日中午 12 时，平阳县南麂岛出现了 56.7m/s 的大风，洞头和乐清也分别出现了 43m/s 和 38m/s 的当地最大风速。从 9 月 7 日凌晨到晚上 11 时，温州平均降雨量达到 137.4mm，苍南县马站镇降雨量超过 250mm。金乡镇全镇还有 30 多间房屋和两间厂房倒塌，初步估算损失超过 3000 万元。房子屋顶被台风掀翻，坍塌部位在楼梯间，从四楼到一楼露出一个大洞。几乎所有出事房子都是近几年建造的新房，台风中死亡 5 人。

3. 台风袭击广州

海珠区一间汽车修理厂的屋顶被刮倒，屋内一名正在看电视的年轻男子当场被砸死。一阵狂风从屋外刮进来，将屋顶吹得鼓了起来，接着又迅速压下来，铁屋顶在压回原状的

过程中猛地倒塌下来。

1.2.2 大风及飓风灾害

1. 河南省体育馆遭9级风破坏

河南省体育馆东罩棚中间位置最高处铝塑板和固定槽钢被风撕裂并吹落 100m，三副 30m^2 的大型采光窗被整体吹落，雨篷吊顶吹坏。而且大部分破坏都是由于负风压所引起的，屋面板被掀起，主体结构好像没破坏。根据当初的设计要求，河南省体育馆应能抵抗 10 级以下大风。按照当天气象局一观测点的观测，通过观测点的大风最高时速达 24.7m/s。

2. 1989 年 9 月 4 日美国南加利福尼亚遭受 Hugo 飓风

本次风期实地调查结果表明，49%的建筑物有屋面受损，但损害的情形各异，有局部的屋面覆盖物或屋面桁架被吹走或破坏，甚至整个屋面结构被吹走。从破坏部位来看，大多数屋面风致破坏发生在屋面转角、边缘和屋脊等部位。

1.2.3 龙卷风灾害

全球遭受龙卷风袭击的次数每年高达 1000 次以上，因此近年来各国对此均有所重视。

上海近郊的龙卷风灾害亦呈上升趋势，据 1951～1990 年间的不完全统计，上海出现了 74 次龙卷风。例如，1986 年 7 月 11 日午后，上海市东郊沿海地带发生了一次强龙卷风，先后出现了 4 次龙卷，袭击了南汇、原川沙、奉贤县 11 个乡、1 个镇，共死亡 25 人，损坏房屋 4800 余间，14 家工厂、11 所中小学及幼儿园，6 个畜牧场严重坍塌，造成直接经济损失 2600 余万元；1987 年 7 月 28 日，上海市嘉定县的龙卷风也造成了严重的损失，这次龙卷风是伴随着 8707 号台风而来的。

龙卷风的影响范围虽有一定的限度，但其毁灭性的破坏力也给人们造成一定的恐惧心理。因此，在龙卷风多发地区做城市规划或小区规划时，应充分考虑龙卷风的影响，以期达到理想的经济效益和社会效益。

1.2.4 重要结构物风毁典型事例

1. 屋盖破坏

图 1.2 所示为英国一座独立主看台悬挑钢屋盖，当大风从开阔的地面吹来时，由于屋盖下部强大的压力和屋盖上部的吸力，屋盖覆面结构(石棉板)在固定点处损坏，从而大片覆面结构被掀掉，而屋盖钢结构基本保持完好，最后调换了所有覆面结构，为此花费了 26000 英镑。

2003 年 8 月 2 日下午 1 时 15 分左右，雷暴雨中突如其来的旋风，居然把上海大剧院的屋顶掀去了一大块。掠过上海大剧院，把剧院东侧顶部中间的一大块钢板屋顶生生卷起，移动约 20m，又砸在剧院顶部中间的高平台上。屋顶东侧中部已露出了约 25m^2 的一个大"窟窿"。卷起的这一大块钢板屋顶，被旋风撕裂成两段，已揉成皱褶不堪的纸团一

图 1.2　体育场主看台屋盖覆面结构损坏

般，20 多名工作人员合力搬动，也难以移动，如图 1.3 所示；3cm 宽的避雷钢带，已卷成了麻花形；顶楼平台上直径达 10cm 粗的不锈钢防护栏，也有 10 多米被旋风扭曲。

图 1.3　上海大剧院部分屋顶险被揉成"纸团"

2. 桥梁结构破坏

1940 年，美国华盛顿州塔科马(Tacoma)海峡建造的塔科马悬索桥，主跨 853m，建好不到 4 个月，就在一场风速不到 20m/s 的灾害下产生上下和来回扭曲振动而倒塌了。当时有一位新闻电影摄影师正巧在场，他拍下了该桥倒塌的情形。图 1.4 为塔科马悬索桥的扭转振动。

3. 建筑物和构筑物破坏

1926 年，美国佛罗里达州的一次飓风使一座 17 层的大楼的两个横框架出现 0.6m 与 0.2m 的水平塑性变形，这座大楼的玻璃等围护结构几乎完全破坏，隔墙也严重开裂。1965

年 11 月，英国一电站的三座高为 113m 的冷却塔在阵风中倒塌。1969 年英国约克郡 386m 高的钢管电视桅杆破坏；捷克的一座高为 180m 的钢筋混凝土电视塔由于横向风振动达 1m 而开裂。

图 1.4　塔科马悬索桥的扭转振动

根据结构受风灾破坏的统计分析，风对结构产生的破坏现象主要有：

(1)结构产生抖振和颤振，从而倒塌或严重破坏。

(2)结构产生开裂或产生较大的残余变形，有些高耸结构还被风吹倒。

(3)结构内墙、外墙、玻璃幕墙等开裂或损坏。

(4)风载的频繁作用，使结构构件产生疲劳破坏。

1.3　风对结构的作用及设计要求

1.3.1　风对结构的作用

风对结构物的作用，使结构物产生振动，其原因主要有以下几个方面。

(1)顺风向的风力作用，它包括平均风和脉动风。其中脉动风引起结构物的顺风向振动，这种形式的振动在一般工程结构中都要考虑。

(2)结构物背后的旋涡引起结构物的横风向(与风向垂直)的振动，对烟囱、高层建筑等一些自立式细长柱体结构物，特别是圆形截面结构物，都不可忽视这种形式的振动。

(3)风力对结构偏心作用的风力扭矩，以及该扭矩对结构产生的扭转振动。

1.3.2　抗风设计

结构可靠度理论，即对结构设计过程应用概率方法，它的发展自 20 世纪 70 年代推动了人们在风工程中应用概率方法的进程。风荷载的估计只是结构设计过程中的一个环节，设计中还包括确定其他荷载以及计算结构材料的抗力。结构设计者必须合理设置结构使其发生倾覆和破坏的概率减至最低，同时也要使结构的挠度、加速度等不超标，满足正常使用的极限状态要求。

1. 极限状态设计法

极限状态设计法始终合理的结构设计方法，逐渐在世界范围内被人们使用。为了明确设计的最终和正常使用极限状态，这种方法采用了一种更有利于结构安全性的方法，对每种荷载定义各自的荷载分项系数(γ 系数)，对各种抗力定义各自的抗力系数(ϕ 系数)。应用极限状态设计法本身并不是概率方法，但是求荷载系数和抗力系数需要使用概率方法。

一般的最终极限状态设计关系式如下，其中包含了风荷载：

$$\phi R \geqslant \gamma_{D} D + \gamma_{W} W \tag{1.6}$$

式中，ϕ 为抗力系数；R 为结构抗力；γ_{D} 为恒荷载分项系数；D 为恒荷载作用效应；γ_{W} 为风荷载分项系数；W 为风荷载作用效应。

在关系式(1.6)中，分项系数 ϕ、γ_{D} 和 γ_{W} 分别为结构抗力、恒荷载和风荷载的多样性和不确定性。其值取决于选择的抗力或荷载效应特征值。通常，要经过安全性、可靠性指标的评估，才能得出最终的规范建议设计公式，这将在下面的章节中进行讨论，对各种设计情况，即恒荷载与风荷载的各种组合。

2. 失效概率和安全性指标

对结构安全性的数值衡量，即安全性指标或可靠性指标，许多国家把它作为当前和未来结构设计方法的评估标准。根据作用荷载效应超过结构设计抗力(不包括人为造成的破坏和其他事故原因)的情况，得出了安全性指标与失效概率的一一对应关系。

设计过程包括确定结构荷载效应 S 和与其对应的结构抗力 R。结构承受荷载的极限状态时，荷载效应可以是作用于构件的轴力，也可以是弯矩或其他应力。在正常使用极限状态的情况下，S 和 R 可以是挠度、加速度或裂缝宽度。

荷载效应 S 和相应结构抗力 R 的概率密度函数 $f_S(S)$ 和 $f_R(R)$。显然，S 和 R 单位相同，S 和 R 之间存在不确定性。

当结构抗力小于荷载作用效应时，结构发生失效(不能正常使用)。失效概率的确定需要假设 S 和 R 是相互独立的统计变量。

荷载效应在 S 和 $S+\delta S$ 之间发生失效的概率

= 荷载效应在 S 和 $S+\delta S$ 之间的概率 × 抗力 R 小于 S 的概率

$$= [f_S(S)\delta S] \times F_R(S) \tag{1.7}$$

这里，$F_R(S)$ 为 R 的概率密度对 R 的积分：

$$F_R(S) = \int_{-\infty}^{S} f_R(R)\,\mathrm{d}R \tag{1.8}$$

经式(1.7)进行整理求和得到结构完全失效概率为

$$p_f = \int_{-\infty}^{\infty} f_S(S) \cdot F_R(S)\mathrm{d}S \tag{1.9}$$

将式 (1.8) 中的 $F_R(S)$ 代入式 (1.9) 有

$$p_f = \int_{-\infty}^{\infty} \int_{-\infty}^{S} f_S(S) \cdot f_R(R) \cdot dR \cdot dS = \int_{-\infty}^{\infty} \int_{-\infty}^{S} f(S, R) \cdot dR \cdot dS \tag{1.10}$$

这里 $f(S, R)$ 为 S 和 R 的联合概率密度。

用计算机根据式 (1.9) 计算得到的失效概率一般很小，通常为 $1 \times 10^{-5} \sim 1 \times 10^{-2}$。

安全性或可靠性指标的定义式为式 (1.11)，通常为 $2 \sim 5$。

$$\beta = \Phi^{-1}(p_f) \tag{1.11}$$

式中，$\Phi^{-1}(\cdot)$ 为标准正态概率分布函数积分的逆函数，即均值为 0 标准差为 1 的正态随机变量。

假设 S 和 R 符合高斯（正态）或对数正态概率分布，就可以对式 (1.10) 和式 (1.11) 进行估计。但在其他情况下（包含风荷载），必须使用数学方法计算。在荷载效应 S 和抗力 R 为几个不同概率特征的随机变量组合而成（和或积）时，必须使用数学方法。

3. 设计风速的标称重现期

不同风荷载规范和标准中标称设计风速的重现期不同（超标风险概率）。大多数都是规定为 50 年。重现期 T 和结构设计生存期 L 不是同一概念。重现期只是超标风险概率的另一种表达形式，即以 50 年为重现期的风速每年超标的概率为 0.02(1/50)。假设每年风速统计是相互独立的，风险值 r 为结构生存期内风速超标的概率，则有

$$r = 1 - \left[1 - \left(\frac{1}{T}\right)\right]^L \tag{1.12}$$

令式 (1.12) 中的 T 和 L 都等于 50 年，可得 r 的值为 0.636。也就是在 50 年结构生存期中重现期为 50 年的风速至少有一次超标的概率为近 64%，即超标发生的可能性很大。在这种风险等级下，结构最终极限状态设计风荷载应当提高。一般风荷载分项系数 γ_w 在 1.4~1.6。在不同风速/重现期关系的地区其分项系数值也不同。

为避免不同地区使用不同风荷载分项系数，使用的标称设计风速重现期一般要充分大于 50 年。

无论在气旋区或非气旋区，这种方法得到的风荷载分项系数均为 1.0。

研究包含风荷载的结构设计可靠度需要估计包含风荷载-风速、地形系数、高度系数、X 射线物相照片系数、压力系数、当地面积平均效应等的规范在内的所有不确定因素。

1.3.3 抗风设计要求

抗风设计要求必须保证结构在使用过程中不出现破坏等现象，主要包括以下几个方面。

(1) 结构抗风设计必须满足强度设计要求。结构构件在风荷载及其他荷载共同作用下，必须满足强度设计的要求，确保结构在风作用下不会产生倒塌、开裂和大的残余变形等破坏现象，以保证结构的安全。

(2) 结构抗风设计必须满足刚度设计要求。结构的位移或相对位移应满足相关的规范要求，以防止在风力作用下隔墙开裂、建筑装饰和非结构构件因位移过大而损坏。高层建筑的刚度可由结构顶部水平位移或结构层间相对水平位移来控制。对于不同的结构和隔墙类

型，其差别也较大。顶部水平位移或结构层间相对水平位移界限值分别由顶部位移与结构高和层间相对位移与层高的比值来决定。由于振型的非线性引起的局部层间位移增大，顶部水平位移与结构高之比 Δ/H 通常小于层间相对水平位移与层高之比 δ/h。一般来说，对应于高层建筑的主体结构开裂或损坏(位移过大引起框架、剪力墙、承重墙裂缝或结构主筋屈服)层间相对水平位移限值在 1cm 左右；对于高层建筑非承重墙开裂，层间相对水平位移界限值在 0.6～0.7cm。高层建筑的抗风安全以非承重墙开裂为界限，依据这一准则所决定的各种结构、隔墙对应的顶部水平位移与结构高之比 Δ/H 列于表 1.3。根据高层建筑结构设计规范和高耸结构设计规范，可得出风作用下高层建筑和高耸结构的顶点水平位移 Δ 和各层相对位移 δ 的限值。

表 1.3　高层建筑顶部水平位移与结构高之比 Δ/H

结构类型		钢筋混凝土结构	钢结构
框架	轻质隔墙	1/500	1/400～1/800
	砌体填充墙	1/650	
框架—剪力墙	一般装修标准	1/800	
	较高装修标准	1/900	
筒体及筒中筒	一般装修标准	1/900	
	较高装修标准	1/1000	
剪力墙	一般装修标准	1/1000	
	较高装修标准	1/1200	

(3)结构抗风设计必须满足舒适度设计要求，以防止居住者在风作用下引起的摆动造成的不舒适。影响人体感觉不舒适的主要因素有振动频率、振动加速度和振动持续时间。由于振动持续时间取决于风力作用的时间，结构振动频率的调整又十分困难，因此一般采用限制结构振动加速度的方法来满足舒适度设计要求。根据对人体振动舒适界限标准可得结构加速度的控制界限，见表 1.4。

表 1.4　人体振动舒适度控制界限

程度	使人烦恼	非常烦恼	无法忍受
界限	15gal	50gal	150gal

注：其中 1gal=1/100m/s²。

(4)为防止风对外墙、玻璃、女儿墙及其他装饰构件的局部损坏，也必须对这些构件进行合理设计。

(5)结构抗风设计必须满足抗疲劳破坏要求。风振引起高层建筑结构或构件的疲劳破坏是高周疲劳累计损伤的结果。结构或构件的疲劳寿命由实验或统计分析得到 S-N 曲线决定：

$$NS^m = C \tag{1.13}$$

式中，S 为响应水平；N 为响应水平 S 下结构或结构疲劳失效的循环次数；m、c 为系数。

思考与练习

1-1 试简述强风暴的气象特性。

1-2 简要回答瞬时风速的组成及特点。

1-3 某次龙卷风暴，有相当程度破坏。屋顶被刮飞，活动房屋被摧毁，铁路闷罐车被刮翻，大树被连根拔起，产生轻物体的飞掷物，试计算此次龙卷风的最大风速。

1-4 简述风速风压的关系及数学表达式。

1-5 对于高层建筑，除设计施工中应考虑各方面安全性要求之外，在使用性方面还应注意哪方面的设计要求？

1-6 简述风对结构的作用。

1-7 写出包含风荷载效应的最终极限状态设计关系式，说明其中各个量的意义。

1-8 计算某地区的风险值 r（结构生存期内风速超标的概率），$T=45$，$L=50$。

第2章　结构上的静力风

靠近地面的风，常被称为是近地面层风或近地风。由于一般建筑物大多数都在这个范围内，因而十分有必要对近地风进行研究。根据图 2.1 所示的顺风向风速的实测记录，可以看出，风速分为平均部分和脉动部分。而由图 2.2（Deacon，1955）所示的不同高度处的风速记录曲线也可看出：在一定的时间间隔内，各位置上风速的平均值几乎是不变的，但随着高度的增加而增大，这就是平均风或稳定风，其周期大约在 10min 以上，远离一般结构物的自振周期，因此对结构的作用相当于是静力的。只要知道平均风的数值，便可以按照结构力学的方法进行结构计算。

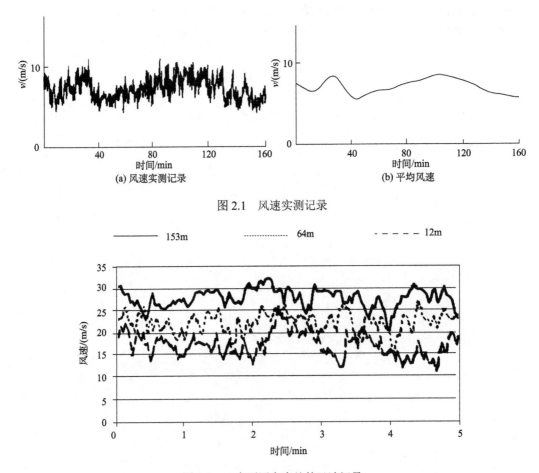

图 2.1　风速实测记录

图 2.2　三个不同高度处的风速记录

而图 2.2 所示的周期只有几秒至几十秒的短周期部分是脉动风，又被称为阵风脉动，是在平均风基础上的脉动。其周期与结构物的自振周期较为接近，因此对结构的作用是动力的。在脉动风作用下结构将产生振动，常简称为结构风振。

在实际工程应用中，常将风荷载看作静力风（平均风）与动力风的共同作用。平均风是风力中的一部分，由于它是随机的，因而必须按概率法则进行计算。平均风速是风的一个重要统计特征，对确定风力大小具有决定性的意义，计算平均风时必须涉及风速样本的选取。

2.1 基本风速和基本风压

本节先对基本风速或基本风压的标准问题加以阐述，在极值 I 型的概率分布的基础上，通过保证率的概念，用概率方法计算所需的设计最大风速或设计最大风压，从而确定基本风速或基本风压的值。对于非标准条件下获得的资料，对可能遇到的几种情况做了分析和换算。

2.1.1 基本风速

由于平均风速随高度的不同而不同，且随建筑物所在地区的地貌而变化，因此有必要通过大量观察、记录，对于某一规定高度处，并在一定条件下记录的数据进行统计分析来得到该地最大平均风速，这就是基本风速。而这个规定高度和一定的条件就是标准条件。具体地说，标准条件是指标准高度、标准的地面粗糙度类别及重现期、平均风概率分布类型和平均风时距等，下面会对此进行具体分析。

确定基本风速的标准涉及以下几个方面。

1. 标准高度的规定

在向一个地点，风速随高度而变化，越靠近地面，近地风遇到障碍物越多，由于摩擦造成的能量损失较大，因而速度较小；离地越高，障碍物对风的影响越小，由于能量损失逐渐减少，因而风速增大。标准高度的规定对基本风速有很大的影响。

一个国家在确定标准高度时考虑到多方面的原因。测试风速的仪器叫风速仪，是利用风杯在风作用下的旋转速度来测量风速的，若把旋转动力化为电流，则风速可以直接在有刻度的标板上读出。我国气象台记录风速仪的安装高度大都为 8～12m，因而我国规范确定以 10m 为标准高度，这样使用较为方便。目前世界上规定 10m 为标准高度的占大多数，如美国、加拿大、澳大利亚、丹麦等国。日本采用离地 15m 为标准高度，瑞士为 5～20m，挪威、巴西为 20m 等。实际上不同高度的规定在技术上是影响不大的，因为若是不符合标准条件，应将非标准记录数据根据风压高度变化系数进行换算。我国在 1970 年以前就是规定离地 20m 为标准高度，1970 年以后才改为 10m。变动的主要原因是由于在我国用于获得风速资料的风速仪，其标准高度已改用 10m。

2. 标准地面粗糙度类别的规定

近地风在流动过程中必然会遇到各种障碍物，地表越粗糙，能量损失就越厉害，因而平均风速也会减小，其减小的程度与障碍物的尺度、密集度和几何布置密切相关。如果风吹过的地面上障碍物大且密集，则该地面是粗糙的；如果地面障碍物少且稀疏，或没有障碍物，则表面是光滑的。风吹过粗糙的表面，能量损失多，风速减小快；相反，风吹过光滑的地面，则风速减小慢。由于地表的不同，影响着风速的取值，因此有必要为平均风速或风压规定一个共同的标准。

目前风速仪大都安装在气象台，它一般离开城市中心一段距离，且一般周围空旷平坦地区居多，因而我国规范规定的标准地面粗糙度类别为比较空旷平坦地面，即田野、乡村、丛林、丘陵及房屋比较稀疏的乡镇和城市郊区。

3. 标准（最大风速的）重现期的规定

在工程中，并不能直接选取实际风的平均值进行设计，而应该选取比平均值大得多的某个值作为设计依据。在长期的气象观察中发现，大于该值的极大风速并不是经常出现，而需间隔一定的时期后再出现，这个间隔时期，称为重现期。重现期不同，设计风速也不同。因而重现期是在概率意义上体现了结构的安全度，或不超过该值的保证率。换句话说，结构的安全度和不超过该值的保证率，可用重现期的长短来体现。

由于一年为一个自然周期，我国规范规定取一年中的最大平均风速作为一个数理统计的样本，因而重现期 T_0 通常也以年为单位。重现期为 T_0 的基本风速，则在任一年中只超越该风速一次的概率为 $1/T_0$，不超过设计最大风速的概率或保证率应为

$$P = 1 - \frac{1}{T_0} \tag{2.1}$$

例如以 30 年或 50 年为重现期，则保证率分别应为

$$P = 1 - \frac{1}{30} = 96.67\%$$

$$P = 1 - \frac{1}{50} = 98\%$$

我国《建筑结构荷载规范》（GB 50009—2012）重现期取 50 年。世界各国规范规定的重现期各不相同。英国、澳大利亚、丹麦等国均取 50 年，美国根据建筑构的重要程度取 100 年、50 年和 25 年，一般建筑物取 50 年。加拿大规范对主体结构取 30 年，围护结构取 10 年，而重要主体结构取 100 年。

4. 平均风概率分布类型

如果把随机变量用 x 表示，条件以 x 不大于某 x_1 值来表示，则在 n 个统计数据中，满足该条件的有 n_1 个，则频率可表示为 n_1/n。当统计数据足够多时，这一分式可作为满足该条件的概率的近似值；当数据无限多时，该值即为概率。常把多个资料所得的 n_1/n 作为概率来看待，即

$$F(x_1) = P[x \leqslant x_1] = \lim_{n \to \infty} \frac{n_1}{n} \approx \frac{n_1}{n} \tag{2.2}$$

由此可绘出 $F(x)$ 与 x 的关系曲线，以反映出现 x 不大于各值的概率分布。在工程上常用理想化的函数来描述，这个函数常被称为概率分布函数。概率分布函数虽然能反映 x 不大于各值的概率，但不能直接反映 x 在某一区间内出现的概率。为了研究概率的密度，将值在单位区间内的概率称为概率密度 $f(x)$，它与概率分布函数的关系为

$$f(x) = \frac{\mathrm{d}F(x)}{\mathrm{d}x} \tag{2.3}$$

在工程上，常用理想化的数学函数来描述概率密度的变化，称为概率密度函数。由此，可以得到在任意两点 x_1、x_2 之间的概率应为

$$P(x_1 < x < x_2) = \int_{x_1}^{x_2} f(x)\mathrm{d}x \tag{2.4}$$

根据基本风速的标准，按概率密度函数曲线，即可确定最大风速。对于年最大风速的概率模拟，有许多种：极值Ⅰ型分布、极值Ⅱ型分布和韦布尔分布等。目前，大多数国家采用极值Ⅰ型概率分布函数，如加拿大、美国和欧洲钢结构协会等，我国《建筑结构荷载规范》（GB 50009—2012）也规定：基本风速采用极值Ⅰ型的概率分布函数。因此下面介绍极值Ⅰ型的概率分布函数，其余概率分布函数可以参考其他资料。

极值Ⅰ型分布又称为耿贝尔分布，如图 2.3 所示，其表达式为

$$F_1(x) = \exp\{-\exp[-(x-\mu)/\sigma]\} \tag{2.5}$$

式中，μ 为分布的位置参数，即分布的众值；σ 为分布的尺度参数。根据概率论知识可确定 μ 和 σ，由下面两式获得

$$E(x) = \mu + 0.5772\sigma \tag{2.6a}$$

$$\sigma_x = \frac{\pi}{\sqrt{6}}\sigma \tag{2.6b}$$

式中，$E(x)$、σ_x 分别为风速样本的数学期望和根方差，是已知的。

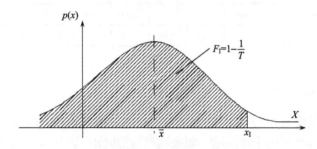

图 2.3　极值Ⅰ型分布的保证系数和概率密度函数

在概率论中已经学过，数学期望是用概率密度的一次矩所表达的，在图形上它等于概率密度函数曲线的面积形心的坐标，反映了随机变量 x 值的集中位置的数学特征。而风速的数学期望就是年最大风速的数学平均值，用 $\bar{x}$ 表示。根方差表示 x 对其数学期望的分散程度的一个指标，是方差的算术平方根，在工程上常用式（2.7b）计算。这样，由风速资料可得风速的平均值和根方差为

$$\bar{x} = E(x) = \frac{1}{n}\sum_{i=1}^{n} x_i \tag{2.7a}$$

$$\sigma_x = \left[\frac{\sum\limits_{i=1}^{n}(x_i - x)^2}{n-1}\right]^{\frac{1}{2}} \tag{2.7b}$$

将式 (2.7) 中的 $E(x)$ 和 σ_x 代回式 (2.6) 之后，便可求得参数 μ 和 σ，则极值 I 型的概率分布函数就确定了。

由式 (2.5) 经过变换 (取对数)，可得

$$x_{\mathrm{I}} = x = \mu - \sigma \ln(-\ln F_{\mathrm{I}}) \tag{2.8}$$

式中，x_{I} 为对应于极值 I 型分布的设计最大风速，即基本风速；F_{I} 为对应的不超过该设计最大风速的概率，或称保证率，如图 2.3 所示，它与重现期的关系为

$$F_{\mathrm{I}} = 1 - \frac{1}{T} \tag{2.9}$$

根据重现期的含义，$1/T$ 为大于某设计最大风速的概率，$1-1/T$ 为小于等于该设计最大风速的概率。

将式 (2.6) 获得的 μ 和 σ 代入式 (2.8) 中，便可写成

$$x_{\mathrm{I}} = \overline{x} + \varphi \sigma_x \tag{2.10}$$

式中，x_{I} 为所要求的设计最大风速，或基本风速；φ 为保证系数，保证率和保证系数的关系式为

$$\varphi = -\frac{\sqrt{6}}{\pi}[0.57722 + \ln(-\ln F_{\mathrm{I}})] \tag{2.11}$$

做成计算用表如表 2.1 所示。

表 2.1　保证系数值表

F_{I}	0.9999	0.9995	0.999	0.995	0.99	0.98	0.97	0.95	0.90	0.80	0.70	0.60	0.50
φ	6.73	5.48	4.94	3.68	3.14	2.59	2.27	1.87	1.30	0.72	0.35	0.07	−0.16

5. 平均风时距标准

平均风速的数值与平均时距 (即求平均风速的时间间隔) 的取值很有关系。不同的平均时距取值可以得到不同的平均风速。如果取极短的时距 (如 1s)，则在较小的时距内集中反映了较大波峰的影响，而较小的波峰未能得以反映，因而一般数值偏高，真实性较差。如果取较短的时距 (如 1min)，虽然比前真实性有所提高，但是在各个所取的同一时距区段中平均风速亦可以根本不同，因而也难以定出统一、合适的标准。一般而言，时距越长，平均风速也越小，如图 2.4 所示。一般的，对于风速记录，取平均时距为 10min～1h 的较为稳定，这从图 2.2 也可以觉察到，也较少受到起始点选择的影响。我国规范就以 10min 为取值标准。

首先，这是考虑到建筑物除了个别构件以外，对于整体建筑物而言，一般质量比较大，它的阻力也较大，故风压对于建筑物产生不利的影响，历时就需要长些，才能反映出动力性能，因此不能取较短时距甚至于瞬时极大风速作为标准。其次，一般建筑物总有一定的侧向长度，最大瞬时风速不可能同时作用在全部长度上，图 2.2 也说明了这一点。当某一点到达瞬时最大值时，较远的点就变小些，因而建筑物侧向长度越长，其平均风速也就越小，这也说明采用瞬时风速的不合理。采用一定时间的时距，反映瞬时最大值和较低位之

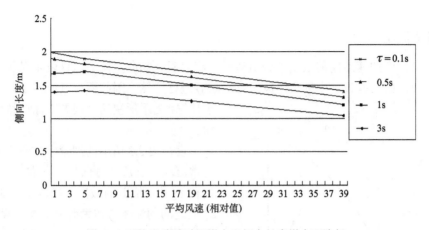

图 2.4　平均风速随时距增大和侧向长度增大而降低

间的平均关系，才能反映实际情况。再者，正如上面所说明的，10min～1h 的平均风速基本上是一个稳定值，太短了，则易突出峰值的作用，包括了脉动的最大部分，风速值也不稳定，真实性较差；若取的过长，则风速的变化将大大平滑，一般认为 10min 求平均风速是合理的稳定值，且它不受时间稍微移动即起讫的影响。

许多实例都说明了这些：1970 年 9 月 14 日 11 号台风在惠东登陆，汕头瞬时风速曾达33.3m/s，没有造成灾害。可是 1967 年 6 月 30 日 2 号台风，在汕头附近登陆，当时瞬时风速仅为 30.6m/s，却造成较大的风灾。这也是由于前者 10min 平均风速为 16.5m/s，后者却达21.5m/s。这两次台风造成灾害差异是否与台风登陆地点有关呢？同样在惠东附近登陆的台风，如 1968 年 9 月 24 日 14 号台风，汕头瞬时风速为 31.3m/s，但 10min 平均风速却达 22.0m/s。这次台风灾害也较 1970 年 11 号台风严重，所以并不是登陆地点不同造成了受灾程度的差异。从全国来说，不少地方曾出现过大于 35.0m/s 的瞬时风速，但是破坏力都不大，然而若同时10min 平均最大风速≥23.0m/s 时，都出现不同程度的风灾事故。这就说明了仅利用瞬时风速或极短时距平均风速来计算风压，而不考虑较长时间的时距是不够合理的。

国际上各个国家的时距取值变化较大。日本采用的是瞬时极大风速。英国、澳大利亚为 3s，加拿大采用 1h，丹麦采用 10min。

6. 最大风速的样本

最大风速的取样是有不同取值的，它可以有日最大风速、月最大风速、年最大风速，甚至若干年最大风速等。应该如何取呢？一年之中，只有一次风速是最大的，它应在统计场中占有重要地位。如果采用日最大风速或月最大风速，则每年最大风速仅在整个数列中占 1/365 的权或 1/12 的权，因而最大风速的重要性降低了，在统计数值上也偏低。对于建筑物，应该承受任何日期、任何月份的极大风速，因此应该考虑年最大风速。最大风速还有它的自然周期，每年重复一次，东南沿海最大风速多在夏季半年，西北内陆多在冬季半年，所以采用年最大风速作为统计样本，也是较合适的。但是，如果取几年中一个极值，就不能反映这种最大风速的自然出现周期，而且从统计上说，从几年资料中选取一个极值，放弃若干年最大值，实际上也就造成资料的浪费。所以实用上，常取年最大风速，即一年中仅出现一次的最大风速作为统计的样本。

2.1.2 基本风压

当风以一定的速度向前运动遇到阻塞时，将对阻塞物产生压力，这就是风压。实测的一般是风速，但工程设计中则采用风压(或风力)进行计算，因此要将风速转换为风压以便于计算。为了解决这个问题下面介绍伯努利方程。

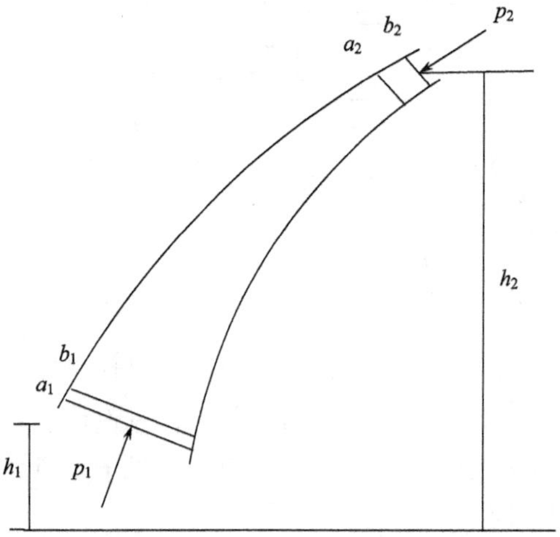

设在图 2.5 所示的细管中有理想流体在做定常流动，且流动方向从左向右，在管的 a_1 处和 a_2 处用横截面截出一段流体，即 a_1 处和 a_2 处之间的流体，作为研究对象。设 a_1 处的横截面积为 S_1，流速为 v_1，高度为 h_1；a_2 处的横截面积为 S_2，流速为 v_2，高度为 h_2。

如图 2.5 所示，经过很短的时间 Δt，这段流体的左端 S_1 由 a_1 移到 b_1，右端 S_2 由 a_2 移到 b_2，两端移动的距离为 Δl_1 和 Δl_2，左端流入的流体体积为

$$\Delta V_1 = S_1 \Delta l_1$$

图 2.5　流体示意图

右端流出的体积为

$$\Delta V_2 = S_2 \Delta l_2$$

因为理想流体是不可压缩的，所以有

$$\Delta V_1 = \Delta V_2 = \Delta V$$

左端的力对流体做的功为

$$\begin{cases} W_1 = F_1 \Delta l_1 \\ F_1 = p_1 \cdot S_1 = p \end{cases}$$

可得

$$W_1 = p_1 S_1 \Delta l_1 = p_1 \Delta V$$

作用于右端的力 $F_2 = p_2 S_2$，因为右边对这段流体的作用力向左，而这段流体的位移向右，所以它对流体做负功，所做的功为

$$W_2 = -F_2 \Delta l_2 = -p_2 S_2 \Delta l_2 = -p_2 \Delta V$$

两侧外力对研究液体所做的功为

$$W = W_1 + W_2 = (p_1 - p_2)\Delta V$$

又因为研究的是理想流体的定常流动，流体的密度 ρ 和各点的流速 v 没有改变，所以研究对象(a_1 到 a_2 之间的流体)的动能和重力势能都没有改变。这样，机械能的改变就等于流出的那部分流体的机械能减去流入的那部分流体的机械能

$$E_2 - E_1 = \frac{1}{2}\rho(V_2^2 - V_1^2)\Delta V + \rho g(h_2 - h_1)\Delta V$$

又理想流体没有黏滞性，流体在流动中机械能不会转化为内能

$$W = E_2 - E_1$$

$$(p_1 - p_2)\Delta V = \frac{1}{2}\rho(V_2^2 - V_1^2)\Delta V + \rho g(h_2 - h_1)\Delta V$$

整理后得

$$p_1 + \frac{1}{2}\rho V_1^2 + \rho gh_1 = p_2 + \frac{1}{2}\rho V_2^2 + \rho gh_2$$

又 a_1 和 a_2 是在流体中任取的，所以上式可表述为：$p + \frac{1}{2}\rho V^2 + \rho gh =$ 恒量，这就是伯努利方程。

当流体水平流动时，或者高度的影响不显著时，伯努利方程可表达为

$$p + \frac{1}{2}\rho V^2 = C$$

式中，C 为常数。可以看出，气流在运动过程中，它的压力将随流速变化而变化，流速加快，则压力减小；流速减慢，则压力增大。这就是伯努利方程的一个特性。

用 w 表示风压，故在不可压的低速气流下，考虑无黏且忽略体力作用，在同一水平线上各点作为标准高度的伯努利方程为

$$w_1 + \frac{1}{2}\rho v^2 = C \tag{2.12}$$

式中，$\frac{1}{2}\rho v^2$ 为动压。该式中，当风速为零时，$C_2 = w_2$，为最大静压力。

现在令

$$w = w_2 - w_1 \tag{2.13}$$

式中，w 为净压力，即所要计算的风压力。

由式(2.12)和式(2.13)可得

$$w = \frac{1}{2}\rho v^2 = \frac{1}{2}\frac{\gamma}{g}v^2 \tag{2.14}$$

式(2.14)是风速与风压的关系式，该式中的 γ 为空气容重(kN/m^3)；g 为重力加速度(m/s^2)。在不同的地理位置和不同的条件下，其值是不同的。在标准大气压情况下，取 $\gamma = 0.012018kN/m$，$g=9.81m/s^2$，则

$$\frac{\gamma}{2g} = \frac{0.012018}{2\times 9.81} \approx \frac{1}{1630} \tag{2.15}$$

在一般情况下，为方便起见，常取

$$\frac{\gamma}{2g} = \frac{1}{1600} \tag{2.16}$$

由以上换算关系式和系数，可将基本风速换算为基本风压，即

$$w_0 = \frac{1}{1600}v_0^2 \tag{2.17}$$

因此，《建筑结构荷载规范》(GB 50009—2012)中将基本风压定义为按当地空旷平坦

地面上 10m 高度处 10min 平均的风速观察数据，经概率统计得出 50 年一遇最大值确定的风速，再考虑相应的空气密度，按公式 $w_0 = \dfrac{1}{2}\rho v_0^2$ 确定的风压。基本风压值不得小于 0.3kN/m^2。

我国不同城市和地区的基本风压可以直接查用《建筑结构荷载规范》(GB 50009—2012) 附录的附图 E.6.3(全国基本风压分布图)或附表 E.5(基本雪压和风压表)。当城市或建设地点的基本风压无法确定时，可根据当地年最大风速资料：按基本风压定义，通过统计分析确定基本风压值。所选取的年最大风速数据，一般应有 30 年以上的资料。若无法满足，至少也应有不少于 10 年的风速资料，将所得到的基本风速换算为基本风压。若当地没有风速资料，可根据附近地区规定的基本风压或长期资料，通过气象和地形条件的对比分析确定。

【例 2.1】 根据某沿海城市 1989～1998 年 10 年的记录，用年最大平均风速计算基本风压。1989～1998 年年最大平均风速数据见表 2.2。

表 2.2 风速数据

年份	1989	1990	1991	1992	1993	1994	1995	1996	1997	1998
年最大风速/(m/s)	15.0	22.7	15.3	14.0	12.3	17.0	18.3	16.3	19.0	14.0

解：平均值、根方差为

$$\bar{x} = \frac{1}{10}\sum_{i=1}^{10} x_i = 16.39(\text{m/s})$$

$$\sigma_x = \left[\frac{\sum\limits_{i=1}^{10}(x_i - 16.39)^2}{9}\right]^{\frac{1}{2}} = 3.02(\text{m/s})$$

在上文中已经求出，重现期 50 年的概率为 98%，则保证系数为

$$\varphi = -\frac{\sqrt{6}}{\pi}[0.57722 + \ln(-\ln 0.98)] = 2.59$$

基本风速为

$$v_0 = x_1 = \bar{x} + \varphi\sigma_x = 16.39 + 2.59 \times 3.02 \approx 24.21(\text{m/s})$$

基本风压为

$$w_0 = \frac{v_0^2}{1600} = \frac{24.21^2}{1600} \approx 0.37(\text{kN/m}^2)$$

上面所说的基本风压，是根据规定标准条件求出的，实际上有很多条件客观上并不满足。规定的标准高度为 10m，但某些气象台站风速仪的高度并非 10m，所以应用时必须换算到 10m 高度才能进行上述计算，建设地点也不一定是空旷平坦地区等。其他条件都有类似情况，因此必须了解一般的非标准情况的计算和换算关系。

1. 年最大平均风速样本数量

前文已经提到，当城市或建设地点的基本风压值在全国基本风压表或分布图中没有给

出时，基本风压可根据当地年最大风速资料，按基本风压定义，通过统计分析确定，分析时应考虑样本数量的影响。

年最大风速资料需有足够年份的样本，才具有一定的可信度。国外一般取 30～50 年，考虑到我国情况，取 30 年左右的资料，可具有一定的可信度。当数量不足时，应根据有限数量的资料，经分析推算后确定。

2. 无风速资料情况

当建设地点没有风速资料时，可通过附近地区规定的基本风压，或参照全国基本风压分布图，画出等压线，经对比分析后确定。

3. 地貌的分类和确定

基本风压取自标准地貌，即比较空旷平坦的地面。但实际上建设地并不一定处于标准地貌之中。

我国《建筑结构荷载规范》(GB 50009—2012)将地貌分成四类，见表 2.4，四类地貌中，B 类为标准地貌。地貌的近似确定有下述原则。

(1)以拟建房屋为中心，2km 为半径的迎风半圆影响范围内的房屋高度和密度来区分类别，风向可以该地区的主导风向为准。

(2)以半圆影响范围内建筑物平均高度 $\overline{h}$ 来划分类别，当 $\overline{h} \leqslant 9m$ 为 B 类，$9m < \overline{h} < 18m$ 为 C 类，$\overline{h} \geqslant 18m$ 为 D 类。

(3)影响范围内不同高度建筑物的影响区域按下列原则确定，即每座建筑物向外延伸距离为其高度，在此面域内均为该高度，当不同高度的面域相交时，交替部分的高度取大者。

(4)平均高度取各面域的面积为权数计算。

4. 高度换算

高度不同，风速自然不同，因此高度换算应根据风速沿高度变化的规律进行。平均风速沿高度的变化规律，常称为平均风速梯度，也常称为风剖面，它是风的重要特性之一。由于地面的摩擦对空气水平运动产生阻力，从而使气流速度减慢的结果，越接近于地面，风速越小，只有离地约 500m 以上的地方，可以忽略地面粗糙度的影响，气流能够以梯度风速自由流动，出现这种速度的高度叫梯度风高度或大气边界层高度(边界层厚度)。梯度风高度以下的近地面层也称为大气边界层。地表粗糙度不同，近地面层风速变化的快慢也不相同。

平均风剖面是微气象学研究风速变化的一种主要方法，一般的风剖面有对数律的和指数律的。目前，气象学家认为用对数律表示大气底层强风风速廓线比较理想，其表达式为

$$\overline{v}(z') = \frac{1}{k}\overline{v}^* \ln\left(\frac{z'}{z_0}\right) \tag{2.18}$$

式中，$\overline{v}(z')$ 为大气底层内 z' 高度处的平均风速；$\overline{v}^*$ 为摩擦速度或流动剪切速度；k 为卡曼常数，约为 0.40；z' 为有效高度(m)，$z' = z - z_d$，z 为离地高度(m)，z_d 为零平均位移(m)；z_0 为地面粗糙长度(m)，z_0 一般略大于地面有效障碍物高度的 1/10。表 2.3 列出了一些在

不同地面粗糙度的地区所测得的 z_0 值。可以看出，在陆地上 z_0 的值仅依赖于表面的性质，但在有植物覆盖存在时，z_0 主要取决于风速。虽然实用上常取 z_0 为常数，但实际上 z_0 是一个变值。地面粗糙程度越大，z_0 也越大。

表 2.3　地面粗糙长度 z_0 值

下垫面性质	z_0/m
海面，风速 10～15m/s	0.000021
平滑水泥平地或冰面	0.00001
深度 20cm 以上的积雪面	0.0005
短草、天然雪地(深度 10cm)	0.001
新割草地	0.007
裸露硬地	0.01
耕地	0.02
植物覆盖 4～5cm	0.02
植物覆盖 6～10cm	0.03
植物覆盖 11～20cm	0.04
植物覆盖 21～30cm	0.05
植物覆盖 60～70cm，在 2m 高处风速为 6.2m/s	0.037
植物覆盖 60～70cm，在 10m 高处风速为 2.3m/s	0.090
植物覆盖 60～70cm，在 10m 高处风速为 5.0m/s	0.060
植物覆盖 60～70cm，在 10m 高处风速为 8.7m/s	0.037
市镇(或丛林平均 10m 高)	1
城市	1.5

加拿大的达文波特根据多次观测资料整理出不同场地下的风剖面，如图 2.6 所示。图中显示了典型的平均风速分布规律，可以看出，开阔场地的风速比在城市中心更快地达到梯度风速；对于同一高度处的风速，在城市中心处远小于开阔场地。提出了用指数函数来描述平均风速沿高度变化的规律，即

$$\frac{\bar{v}(z)}{\bar{v}_b} = \left(\frac{z}{z_b}\right)^{\alpha} \tag{2.19}$$

式中，$\bar{v}(z)$、z 分别为任一点的平均风速和离地高度；$\bar{v}_b$、z_b 分别为标准高度处的平均风速和标准高度，大部分国家的标准高度常取 10m；α 为地面的粗糙度系数。不同的地面粗糙度类别，其地面粗糙度指数是不一样的，达到梯度风速的高度也不相同，这反映了在不同的地面粗糙度类别下，其风剖面也不一样。一般地，地面越是光滑，其所需梯度风高度较低，指数 α 较小；反之，地面越是粗糙，梯度风高度越高，指数 α 越大。我国规范规定的四类地面粗糙度类别和对应的梯度风高度 $z_G(m)$ 及指数 α 见表 2.4。此指数律假定地面粗糙度指数在梯度风高度内为常数，且梯度风高度 z_G 仅为指数 α 的函数，而后一个假定实际上是对边界层厚度作了工程简化。

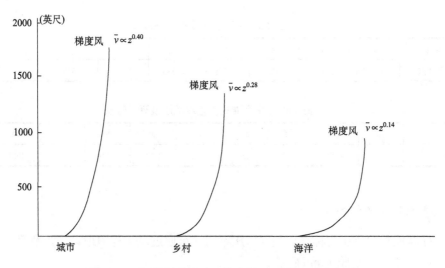

图 2.6　不同粗糙度影响下的风剖面（平均风速分布型）

表 2.4　地面粗糙度类别及 z_G，α

粗糙度类别	描　　述	$z_G(m)$	α
A	近海海面、海岛、海岸、湖岸及沙漠地区	300	0.12
B	田野、乡村、丛林、丘陵及房屋比较稀疏的乡镇和城市郊区	350	0.15
C	有密集建筑群的城市市区	450	0.22
D	有密集建筑群的且房屋较高的城市市区	550	0.30

　　虽然一些资料认为对于近地面的下部摩擦层（如 100m 以下），对数律更符合风速实测资料，但是用对数律与用指数律计算结果差别不大，而且指数律便于计算，因而目前在土木结构工程设计和计算中，都倾向于用指数律来描述风速沿高度的变化规律，我国规范采用的是指数型的风剖面。下面就以指数律为基础加以讨论。

　　如果风速仪不在 10m 高而在 a 米高处测得风速 $\bar v$，则 10m 高处的基本风速为

$$v_0 = v\left(\frac{a}{10}\right)^{-\alpha} \tag{2.20}$$

式中，$\left(\dfrac{a}{10}\right)^{-\alpha}$ 为风速仪高度换算系数。

　　有一些规范不以 10m 而以 a 米为标准高度，此时若已知 10m 高的基本风压 w_0，则以 a 米为标准高度的基本风压 w_0' 可写成

$$w_0' = w_0\left(\frac{a}{10}\right)^{2\alpha} \tag{2.21}$$

式中，$\left(\dfrac{a}{10}\right)^{2\alpha}$ 为 a 米标准高度时基本风压的换算系数。

　　出于基本风速或风压对应于 B 类地貌，因而 α 取 0.15，可得风速仪高度不在 10m 时换算系数表和基本风压换算系数表分别如表 2.5 和表 2.6 所示。

表 2.5 风速仪高度换算系数表

a/m	4	6	8	10	12	14	16	18	20
换算系数	1.147	1.080	1.034	1.000	0.973	0.951	0.932	0.916	0.901

表 2.6 a 米标准高度基本风压换算系数表

a/m	10	20	30	40	50	60	70	80	90	100
换算系数	1	1.23	1.39	1.52	1.62	1.71	1.79	1.87	1.93	2.00

5. 非标准地貌的换算

非标准地貌的风压与标准地貌的风压不同，可通过风工程的理论进行换算。

(1) A、C、D 地貌 10m 高风压

不同的地貌，有不同的梯度风高度，在梯度风高度以上，由于不受地表影响，不同地貌的梯度风速度均相等。由此可得出 10m 高风压换算值，其式为

$$w_{10,\alpha} = 2.905 \times \left(\frac{10}{z_G}\right)^{2\alpha} w_0 \tag{2.22}$$

根据 α 值和 z_G 值，可得 10m 高风压换算值，如表 2.7 所示。

表 2.7 我国规范不同地貌 10m 高风压值

地貌	A	B	C	D
$w_{10,\alpha}$	$1.284\,w_0$	w_0	$0.544\,w_0$	$0.262\,w_0$

(2) 海面、海岛和山区 10m 高风压

由于海风通常自海面吹向海岸，海面的粗糙度系数较低，因而在近海一定距离以内均以 A 类地貌来考虑。但是离海岸越远，海风越大，对远距离海面和海岛还要再乘以大于 1 的调整系数。

气流在运行中，遇到局部地形的影响，将使流速在一些地方减少、另一些地方增加。山区附近属于 B 类地区，但由于山区复杂地形的影响，使风压有所变化。对于山间盆地、谷地等闭塞地形，由于气流运动受到四周地形屏障阻塞的影响，风速大力减弱，或者由于气流进入谷内前，大量消耗了能量，风速也较平地为小，因而此处 10m 高风压应将标准基本风压乘以小于 1 的调整系数。对于与大风方向一致的峡谷口、山口，当气流流入时，即从开敞区流入狭窄区，流区压缩，按照伯努利定律和连续性定理，在单位时间内，流过同一流管任何一个横截面的空气量应当相等，这样，在气流流过狭窄的谷口或山口时，其风速必然突增，这种现象称为狭管效应，此风也称为峡谷风。在城市高层建筑之间的狭路也有这种现象，因此对谷口和山口的 10m 高风压，应将标准基本风压乘以大于 1 的调整系数。

具体调整系数见表 2.8 和表 2.9。

表 2.8　海面和海岛 10m 高风压及调整系数表

离海岸距离/km	<40	40～60	60～100
调整系数	1.0	1.0～1.1	1.1～1.2
10m 高风压	$1.28 w_0$	$(1.28～1.41) w_0$	$(1.41～1.54) w_0$

表 2.9　山区 10m 高风压及调整系数表

地貌	山间盆地、谷地等闭塞地形	与大风方向一致的谷口、山口
调整系数	0.75～0.85	1.2～1.5
10m 高风压	$(0.75～0.85) w_0$	$(1.2～1.5) w_0$

6. 时距换算

时距不同，所求得的平均风速自然亦不相同。过去记录的资料中，有瞬时、1min、2min 等时距，因而需要换算至 10min 时距的平均风速。根据国内外学者所得到的各种不同时距间平均风速的比值，统计所得的比值如表 2.10 所示。

表 2.10　各种不同时距与 10min 时距风速的平均比值

时距	1h	10min	5min	2min	1min	0.5min	20s	10s	5s	瞬时
比值	0.94	1	1.07	1.16	1.20	1.26	1.28	1.35	1.39	1.50

表 2.10 中列出的是平均比值，实际上许多因素影响着比值。

7. 不同重现期的换算

重现期不同，保证率也就不同，影响到所取的最大风速的统计数值。由于结构重要性不同，重现期可能有不同的规定，因而了解不同重现期对风速影响的统计关系是十分必要的。

对于不同重现期风压之间的换算，日本建议、欧洲钢结构协会规定了风速重现期换算系数进行计算。

日本建议是以重现期为 100 年的风速为基准，其表达式为

$$k = \frac{v(T)}{v(100)} = 0.55 - 0.098 \ln \left[\ln \left(\frac{T}{T-1} \right) \right] \tag{2.23}$$

欧洲钢结构协会规定的换算系数是以重现期为 50 年的风速为基准，其表达式为

$$k = \frac{1}{1.507} \left\{ 1 - 0.13 \ln \left[-\ln \left(1 - \frac{1}{T} \right) \right] \right\} \tag{2.24}$$

式中，T 为重现期。表 2.11 和表 2.12 分别列出了式(2.23)和式(2.24)有代表性的 k 值和重现期风压调整系数。

表 2.11 是直接由式(2.23)和式(2.24)得到的。而表 2.12 则是以重现期为 50 年为基准列出的，其调整系数可作参考采用。

表 2.11　重现期换算系数（风速）

	T/年	5	10	15	20	30	50	100	200	300
k	日本建议	0.697	0.771	0.812	0.814	0.882	0.932	1.000	1.069	1.109
	欧洲钢协	0.793	0.858	0.894	0.920	0.956	1.000	1.060	1.120	1.156

表 2.12　重现期风压调整系数

	T/年	5	10	15	20	30	50	100	200	300
μ	日本建议	0.559	0.684	0.759	0.873	0.896	1.000	1.151	1.316	1.416
	欧洲钢协	0.629	0.736	0.799	0.846	0.914	1.000	1.124	1.254	1.336

2.2　结构上的静力风荷载

由于实际结构受风面积一般较大，体型又各不相同，因而风压在其上的分布既不均匀且各有差异，通常在面积较大情况下，风压主要取决于结构的体型。同时风的作用点高度和结构所处的地貌不同，也影响着风速风压值。

本节讨论不同因素对结构风速或风压分布的影响，从而求出结构上任一处的静力风荷载。

1. 风荷载体型系数

前面所述的基本风压是以空旷平坦地面、离地 10m 高、重现期为 50 年的 10min 平均最大风速为标准统计得出的，并没有考虑到建筑物体型的影响。根据伯努利方程，当一个建筑物处于流场中时，会在建筑物上产生风压。在顺风向沿建筑物表面对压力进行积分，便可得到顺风向的净作用风力，一般由建筑物的形状和雷诺数确定。

雷诺数是流体的惯性力与黏性力之比，它在流体力学的各个分支之中都是重要的参数。然而，对于诸如各种建筑和结构物之类的带有棱角的非流线形物体(称为钝体)而言，往往忽略雷诺数对压力的影响。对于圆柱体或拱形屋顶之类的曲线形表面的物体而言，分离点是由雷诺数决定的，此时需考虑这个参数。

对于不同体型的建筑物，在同样的风速条件下，建筑物上风力的分布是不同的，为此，引入了风荷载体型系数。各种体型的建筑物表面风压力的大小和分布主要是通过试验研究来确定的。一般来说有两种途径：①风洞试验，即把建筑物做成小尺寸的模型，置于特制的风洞中进行试验，并测定模型表面上的压力分布。风洞的气流可以改变，模型也可以转动方位，从而得到不同风速、不同风向条件下的表面压力分布。②在实际建筑物上测定表面压力分布。其所得到的是某次强风作用下的数据。

风洞试验是目前获得体型系数最常用的方法。为了得到体型系数，先介绍压力系数。物体表面压强经常由一个无量纲的系数表示为

$$\mu_{\mathrm{p}} = \frac{P - P_0}{\frac{1}{2}\rho \bar{v}^2} \tag{2.25}$$

此即为压力系数。由伯努利方程可以得到

$$\rho + \frac{1}{2}\rho v^2 = \rho_0 + \frac{1}{2}\rho \bar{v}^2 \qquad (2.26)$$

因此，可得

$$\rho - P_0 = \frac{1}{2}\rho(\bar{v}^2 - v^2) \qquad (2.27)$$

在伯努利方程使用的范围，μ_p 可以表示为

$$\mu_p = \frac{\frac{1}{2}\rho(\bar{v}^2 - v^2)}{\frac{1}{2}\rho\bar{v}^2} = 1 - \left(\frac{v}{\bar{v}}\right)^2 \qquad (2.28)$$

在停滞点(即速度为零的点)由式(2.28)可得压力系数为1，由此算得的压强为全压强，即由皮托管测得的压强。而 $\frac{1}{2}\rho\bar{v}^2$ 则是动压强。停滞点压强系数数值经常在1.0左右，一般来说，建筑物迎风面上最大的压力系数通常是小于这个理论值的。在流动速度大于 $\bar{v}$ 的区域，压力系数为负值。

根据压力系数的定义：首先，在风洞试验中测得建筑物表面上某点顺风向的净风压力 w_i（即该测点处测得的风压值与远前方上游参考高度处静压值之差），再将此压力除以建筑物远前方上游自由流风的平均动压 $\frac{1}{2}\rho\bar{v}^2$（其中 $\bar{v}$ 为参考高度平均风速，一般为10m高处的平均风速，也可采用建筑物顶部的平均风速或梯度风高处的平均风速，但需换算），得到该测点的风压力系数 μ_{pi} 为

$$\mu_{pi} = \frac{w_i}{\frac{1}{2}\rho\bar{v}^2} \qquad (2.29)$$

压力系数是无量纲的量，是由一系列与物体几何形状有关的变量以及迎风面气体流动特点决定的。假设我们有一些几何形态相似的钝体，简化后，物体表面相关点的压力系数可以表示为包含一系列无量纲参数 $\pi_1, \pi_2, \pi_3, \cdots$ 的函数。因此

$$\mu_p = f(\pi_1, \pi_2, \pi_3, \cdots) \qquad (2.30)$$

相关的无量纲参数有很多，如雷诺数、湍流强度、表征体型的相关比率……各参数对压力系数的影响仍在研究中。

图 2.7 是在边界层中的立方体上的平均压力分布图。这些压力系数是基于立方体顶部高度处的平均风速得来的。

图 2.8 是在边界层中正方形截面的高度较大的棱柱体的平均压力分布图。这是大气边界层中高层建筑上典型的压力分布情况。其平均压力系数同样也是基于柱体顶部平均风速得来的。根据垂直于风速的迎风面墙上的压强分布，可以看出最大压强发生在总高度的约85％处。在无遮蔽结构的高层建筑迎风面，巨大的压力梯度可能会引起强烈的向下气流，这通常会引起大风，给楼底的行人造成不便。

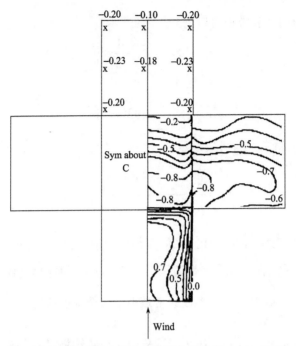

图 2.7　湍流边界层中正方体的压力分布（Baines，1963）

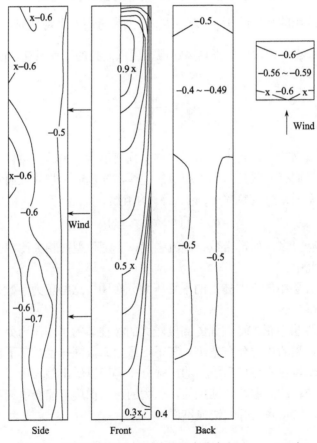

图 2.8　湍流边界层中长方体的压力分布（Baines，1963）

由图 2.7 和图 2.8 可知：各测点获得的面上的风压分布都不是均匀的。实际工程中，一般采用面上的平均风压系数，即上文提到的体型系数：按测点所在位置把面积划成若干块，将各测点的 μ_{pi} 值以相应面积进行加权平均，便得到该面的体型系数，即

$$\mu_s = \frac{\sum_{i=1}^{n} \mu_{pi} \Delta A_i}{A} \tag{2.31}$$

当测点布置比较均匀时也可用算术平均值。据一些资料分析，其误差一般不超过 2%。此时表达式为

$$\mu_s = \frac{\sum_{i=1}^{n} \mu_{pi}}{n} \tag{2.32}$$

式中，μ_{pi} 为第 i 点的压力系数；ΔA_i 为第 i 点的相应面积；A 为该面的总面积；n 为该面的测点数。

由于近地风具有显著的紊乱性和随机性，有时在风洞中难以真实地模拟实际风场，试验结果可能与实际有很大出入，因此现场风压实测也得到了一定的重视。荷兰、英国、加拿大、澳大利亚、日本、德国等国都在高层的办公楼或公寓上进行了风压分布的现场实测，有的还与风洞试验做了比较。在香港还专门建造了一幢 10 层的钢骨架房屋，以研究台风的风力作用问题。

经过分析，并结合建筑物表面风压分布系数可以得出：在正面风力作用下，建筑物正面(迎风面)一般均受到正压力作用，此正压力在迎风面的中间偏上为最大，两边及底下最小。而在背风面、侧面和角部会产生一定的旋涡，从而引起吸力。因此，建筑物的背风面全部承受负压力(吸力)，一般两边略大、中间小，整个背面的负压分布是比较均匀的。当风平行于建筑物侧面时，两侧一般也承受吸力，一般近侧大，远侧小。分布也极不均匀，前后差别较大。由于风向、风速的随机性，因而迎风面正压、背风面负压以及两侧面负压也是随机变化的，各次测试结果数值可能不同。

根据大量试验，可以求出各种模型的体型系数，从而定出实用的体型系数。各种体型的风荷载体型系数见附录 2。体型系数为正值，代表风对建筑物产生的是压力，其方向指向建筑物的表面；体型系数为负值，代表风对建筑物产生的是吸力，其方向为离开建筑物的表面。若房屋和构筑物的体型与附录 2 中不符，可参考相关资料，或由风洞试验确定。对于特别重要和体型比较复杂的房屋和构筑物，应由风洞试验确定。从这些数据中，可以得出一些规律性的东西，如迎风面的体型系数常为 0.8，背风面的体型系数常为-0.5 等。

当有多个建筑物，特别是有密集的高层建筑且相互间距较小时，应考虑风力相互下扰的群体效应，可由风洞试验确定，也可参考类似条件的试验资料确定。对于外伸水平构件，如雨篷、遮阳板、阳台等，出于受到向上的升力作用，向上的升力用负值表示，且采用局部风压系数，我国规定取-2.0。如果验算局部构件的强度时，则不应采用平均压力系数，而应采用较大的压力系数。

2. 风压高度变化系数

在上一节中已经介绍了风剖面和地面粗糙度类别,由式(2.19)及风速风压关系式,可得任何地面粗糙度类别的风压为

$$w_a(z) = w_{ba}\left(\frac{z}{z_{ba}}\right)^{2\alpha} \tag{2.33}$$

式中,w_{ba} 为任一地面粗糙度类别参考高度 z_{ba} 的风压。

在不同地面粗糙度类别下,风压高度变化系数 μ_z 定义为任意高度处的平均风压 $w_a(z)$ 与基本风压 w_0 的比值,为

$$\mu_z = \frac{w_a(z)}{w_0} = \frac{w_{ba}\left(\dfrac{z}{z_{ba}}\right)^{2\alpha}}{w_0} \tag{2.34}$$

由任一类地面粗糙度类别与标准地面粗糙度类别(B 类)分别在梯度风高度处风压相等,有

$$w_{ba}\left(\frac{z_{Ga}}{z_{ba}}\right)^{2\alpha} = w_0\left(\frac{z_{G0}}{z_b}\right)^{2\alpha_0} \tag{2.35}$$

$$w_{ba} = w_0\left(\frac{z_{G0}}{z_b}\right)^{2\alpha_0}\left(\frac{z_{Ga}}{z_{ba}}\right)^{-2\alpha} \tag{2.36}$$

式中,z_b、z_{G0}、α_0 分别为标准地面粗糙度类别(B 类)下的参考高度(10m)、梯度风高度(350m)和地面粗糙度指数(0.15),其余符号含义同前。

将式(2.36)代入式(2.34),得

$$\mu_z = \left(\frac{z_{G0}}{z_b}\right)^{2\alpha_0}\left(\frac{z_{ba}}{z_{Ga}}\right)^{2a}\left(\frac{z}{z_{ba}}\right)^{2\alpha} = \left(\frac{z_{G0}}{z_b}\right)^{2\alpha_0}\left(\frac{z}{z_{Ga}}\right)^{2\alpha} = c_0\left(\frac{z}{z_{Ga}}\right)^{2\alpha} \tag{2.37}$$

按我国《建筑结构荷载规范》(GB 50009—2012):$z_{G0} = 350m, z_b = 10m, a_0 = 0.15$,这样 $c_0 = 2.905$,则

$$\mu_z = 2.905\left(\frac{z}{z_{Ga}}\right)^{2\alpha} = 2.905\left(\frac{10}{z_{Ga}}\right)^{2\alpha}\left(\frac{z}{10}\right)^{2\alpha} = c_a\left(\frac{z}{10}\right)^{2\alpha} \tag{2.38}$$

式中

$$c_a = 2.905\left(\frac{10}{z_{Ga}}\right)^{2\alpha} \tag{2.39}$$

式中,代入表 2.13 所示的我国规范的规定。

规定不同地面粗糙度类别的标准参考高度(即表 2.13 中的 z_{ba})以下的风压高度变化系数取常数值,该常数值分别为 1.09(A 类)、1.00(B 类)、0.65(C 类)、0.51(D 类),则风压高度变化系数见表 2.14。

表 2.13　不同地貌的参数表

地貌 参数	A 类	B 类	C 类	D 类
z_{Ga}	300m	350m	450m	550m
α	0.12	0.15	0.22	0.30
c_a	1.284	1.000	0.544	0.262
z_{ba}	5m	10m	15m	30m

表 2.14　风压高度变化系数

地面粗糙度类别 高度	A 类	B 类	C 类	D 类
$z < z_{ba}$	1.09	1.00	0.65	0.51
$z_{ba} < z < z_{Ga}$	$1.284\left(\dfrac{z}{10}\right)^{0.24}$	$1.000\left(\dfrac{z}{10}\right)^{0.30}$	$0.544\left(\dfrac{z}{10}\right)^{0.44}$	$0.262\left(\dfrac{z}{10}\right)^{0.60}$
$z > z_{Ga}$	2.905	2.905	2.905	2.905

表 2.14 中的风压高度变化系数从还可列成数值表，我国《建筑结构荷载规范》(GB 50009—2012)即用数值表列出，这里从略。

我国规范还规定，对于山峰、山坡、山间盆地、谷地等地形要对风压高度变化系数进行地形条件的修正。

3. 重现期调整系数

我国按重现期 50 年的概率确定基本风压，对于风荷载比较敏感的高层建筑和高耸结构，基本风压应提高 10%，这相当于将重现期提高到 100 年，我国《建筑结构荷载规范》(GB 50009—2012)已列出重现期为 100 年的基本风压值，可直接查用。对于其他设计情况，其重现期也可由有关的设计规范另行规定，或由设计人员自行选用。具体调整系数见 2.1 节。

4. 静力风荷载计算

由于建筑物体型、风荷载作用点位置等的不同，作用在结构上任一处的平均风压或风荷载应与体型系数、风压高度变化系数等有关。因此，作用于建筑物表面任何一个高度处的风压，可由下式得到

$$w(z) = \mu_s(z)\mu_z(z)w_0 \tag{2.40}$$

式中，w_0 为基本风压，因地而异；μ_s 为风载体型系数，与建筑物体型有关；μ_z 为风压高度变化系数。

式(2.40)为《建筑结构荷载规范》(GB 50009—2012)中未考虑脉动风压引起的风振影响的静力风压计算公式。

在具体应用式(2.40)时，由于沿建筑物高度各点的风压均不相同，计算上常感不便，因而实用上常将建筑物沿高度选择若干主要点(如最高点、结构构造变化点等)，然后计算

风荷载，并假定在分段中一中线之间区域，即本点与上下邻近二点之间的中线所夹的区域，均采用该点的计算风荷载。如果遇到构造上变化点间隔太大，可在构造变化点之间再取若干点计算之，其精度常由计算者按工程重要程度、风荷载在计算中的比重等而定。

【例 2.2】 一个空心边长为 b(m) 的正方形截面的钢筋混凝土高耸结构，高 50m，B 类地形，基本风压为 0.5kN/m²，求其静力风荷载分布。

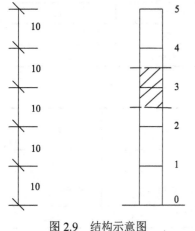

图 2.9 结构示意图

解： 为了便于计算静力风荷载，沿高度将此高耸结构分为 5 段进行计算，如图 2.9 所示。

风荷载体形系数可以由附录 2 的风荷载体型系数表查得，$\mu_{sw} = 0.8$，$\mu_{sl} = -0.6$。因为迎风面和背风面面积相同，所以对结构的总效果为

$$\mu_s = \mu_{sw} + |\mu_{sl}| = 1.4$$

由于是 B 类地形，风压高度系数可以由表 2.14（风压高度变化系数表）求得

$$\mu_{z1} = \left(\frac{10}{10}\right)^{0.30} = 1.00 , \quad \mu_{z2} = \left(\frac{20}{10}\right)^{0.30} = 1.23$$

$$\mu_{z3} = \left(\frac{30}{10}\right)^{0.30} = 1.39 , \quad \mu_{z4} = \left(\frac{40}{10}\right)^{0.30} = 1.52 , \quad \mu_{z5} = \left(\frac{50}{10}\right)^{0.30} = 1.62$$

由式 (2.40) 可以求出各点的静力风压，再乘以有效面积即可得到静力风荷载。有效面积如图 2.9 所示，取该点与上下相邻两点之间的中一中线所夹的区域。以点 3 为例，由中一中线所夹面积即图 2.9 中阴影线所示。由此，可得各点的静力风荷载为

$$P_1 = 1.4 \times 1.00 \times 0.5 \times 10b = 7.0b \text{(kN)} , \quad P_2 = 1.4 \times 1.23 \times 0.5 \times 10b = 8.61b \text{(kN)}$$

$$P_3 = 1.4 \times 1.39 \times 0.5 \times 10b = 9.73b \text{(kN)} , \quad P_4 = 1.4 \times 1.52 \times 0.5 \times 10b = 10.64b \text{(kN)}$$

$$P_5 = 1.4 \times 1.62 \times 0.5 \times 5b = 5.67b \text{(kN)}$$

思考与练习

2-1 何为基本风速和基本风压？确定基本风速或基本风压要考虑哪些方面因素？

2-2 何为梯度风高度和风剖面？我国规范对地面粗糙度类别是如何规定的？为何要对地面粗糙度分类？

2-3 如何将基本风速换算为基本风压？说明其原理。根据《建筑结构荷载规范》(GB 50009—2012)，南京重现期为 10 年、50 年、100 年的风压分别为 0.25kN/m²、0.40kN/m²、0.45kN/m²，则其对应的风速分别为多少？

2-4 表 2.15 列出了北京 1951～1980 年共 30 年 10m 高 10min 年平均最大风速资料，按现行规范规定的重现期和概率分布类型求基本风压。

表 2.15 北京最大基本风速表

年份	1951	1952	1953	1954	1955	1956	1957	1958
v_{max}/(m/s)	22.9	17.1	19.7	23.8	23.0	18.0	16.7	16.3

年份	1959	1960	1961	1962	1963	1964	1965	1966
v_{max} /(m/s)	20.3	20.0	17.3	15.0	21.3	15.5	19.7	20.0
年份	1967	1968	1969	1970	1971	1972	1973	1974
v_{max} /(m/s)	16.5	19.0	21.5	18.0	18.7	21.7	16.7	18.0
年份	1975	1976	1977	1978	1979	1980		
v_{max} /(m/s)	15.0	21.3	17.0	21.7	20.0	17.0		

2-5 何为重现期？我国现行《建筑结构荷载规范》(GB 50009—2012)规定的重现期取多少年？重现期与保证率的关系如何？若以 10 年、50 年、100 年为重现期，则保证率分别应为多少？

2-6 南京按我国《建筑结构荷载规范》(GB 50009—2012)求得的基本风压为 0.40kN/m²。(1)若基本风速按 10m 高、时距为 2min 的平均年最大风速、重现期为 5 年，其值为多少？按极值 I 型的概率分布，α 取 0.15。(2)若平均年最大风速取瞬时值，重现期取 20 年，其他与我国《建筑结构荷载规范》(GB 50009—2012)相同，求其值。

2-7 何为体型系数和风压高度变化系数，如何确定？如何计算静力风荷载？

2-8 截面为正方形的陆上某高耸结构如图 2.10 所示，沿高度分点已于图中注明。设第 3 点以上外形不变，截面外形为 3.3m×3.3m，该地基本风压为 0.5kN/m²，建筑物所在地为 B 类地貌，试求其正面迎风时第 6 点的风荷载。

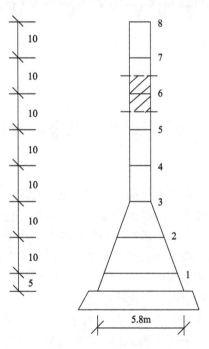

图 2.10 结构示意图

第3章　结构上的脉动风

3.1　概　　述

风荷载是风在移动过程中，因受到阻碍而将部分动能转化为作用于结构物上的力。通过大量的观察，人们发现：近地风通常包括两个周期分量，一个是长周期分量，其周期一般有 10min 左右；另一个是短周期分量，其周期通常为几秒钟左右。特别是在风力最强的时段，风速是围绕其平均值平稳变化的(图 3.1)。因此，为了便于数学处理，人们将风划为平均风和脉动风两部分，将平均风处理为一随机变量，而脉动风则视为时间 t 的随机过程。因此，由平均风部分引起的作用于结构物上的力称为静风荷载，在第 2 章已讨论，而由脉动风部分所引起的作用于结构物上的力称为脉动风荷载，它是随时间 t 变化的随机荷载，将引起结构物的随机振动。随机振动理论是将结构动力学与概率论相结合而发展起来的一门学科，是研究随机振动的工具。本章先简单介绍随机振动的基本概念，再说明脉动风荷载的计算方法。

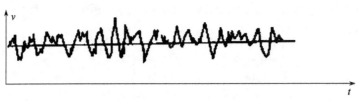

图 3.1　风速记录

3.2　随机振动中的几个基本概念

3.2.1　随机过程的概念

风荷载是随时间变化的，每次大风的风速或风压是时间 t 的函数，且这个函数是不能预先确知的，即随机函数。每次地震时地面运动的加速度，也是时间 t 的函数，且这个函数是事先不能确知的，因而也是随机函数。当随机函数的自变量为时间 t 时，一般称为随机过程。因此，风荷载、地震荷载和海浪荷载都是随时间变化的随机过程，它们最重要的特征是非重复性和没有确定的规律性。

下面从数学上对随机过程给出一个比较严格的定义。

定义　设随机试验的样本空间为 S，如果对于每一个 $s \in S$，有一确定的函数 $x(t) = x(t,s)$ $(t \in T)$ 与之对应，从而对于所有的 $s \in S$，可以得到一族定义在 S 上的关于参数 t 的函数 $x(t)$，则称 $x(t)$ 为随机过程。

通常为了书写方便，随机过程都用 $x(t)$ 而不是 $x(t,s)$ 来表示。

若随机过程 $x(t)$ 的概率密度函数 $f(x)$ 存在，则 $x(t)$ 的均值，即数学期望值为

$$m_x(t) = E\left[x(t)\right] = \int_{-\infty}^{\infty} x(t) f(x) \mathrm{d}x \qquad (3.1)$$

一般地，$m_x(t)$ 为参数 t 的函数。同样地，随机过程 $x(t)$ 的均方值和方差分别为

$$E\left[x^2(t)\right] = \int_{-\infty}^{\infty} x^2(t) f(t) \mathrm{d}x \qquad (3.2)$$

$$\sigma_x^2(t) = E\left\{\left[x(t) - m_x(t)\right]^2\right\} = E\left[x^2(t)\right] - m_x^2(t) \qquad (3.3)$$

3.2.2 随机过程的类型

根据统计的特性来划分，常见的随机过程很多都可简化为两类较为简单的随机过程，即平稳随机过程和各态历经过程。白噪声过程是根据随机过程现在与过去状态的相互关系来确定的，即所谓按照记忆分类的。另外，还有一种工程中常用到的高斯过程值得一提，它是从具体的概率分布形式来定义的。

1. 平稳随机过程

随机过程 $x(t)$ 的所有统计特性不依赖样本函数时间 t，即不随时间的变化而变化，称为严格意义上的平稳随机过程，或强平稳随机过程，即 $x(t)$ 的密度函数 f 满足

$$f\left[x_1(t_1), x_2(t_2), \cdots x_n(t_n)\right] = f\left[x_1(t_1 + \tau), x_2(t_2 + \tau), \cdots, x_n(t_n + \tau)\right] \qquad (3.4)$$

这样 $x(t)$ 的所有统计量与时间 t 的具体数值无关。

如果随机过程 $x(t)$ 的密度函数 f 仅满足

$$f\left[x_1(t_1)\right] = f\left[x_1(t_1 + \tau)\right] \qquad (3.5)$$

$$f\left[x_1(t_1), x_2(t_2)\right] = f\left[x_1(t_1 + \tau), x_2(t_2 + \tau)\right] \qquad (3.6)$$

如此 $x(t)$ 的所有的一、二阶统计量与时间 t 的具体数值无关，此随机过程称为广义平稳随机过程，或弱平稳随机过程。

严格地分析，工程中绝大多数随机振动问题都属于非平稳随机过程，但像脉动风这样的随机过程在发生以后和结束之前有一个较长的平稳阶段，在工程中可以简化为一个弱平稳随机过程。

2. 各态历经过程

若只需随机过程 $x(t)$ 中的任一样本函数 $x_\mathrm{s}(t)$，就可以推算出该随机过程的一、二阶统计量，即

$$E\left[x_\mathrm{s}(t)\right] = \lim_{T \to \infty} \frac{1}{T} \int_0^T x_\mathrm{s}(t) \mathrm{d}t \qquad (3.7)$$

及

$$E\left[x_\mathrm{s}(t) x_\mathrm{s}(t + \tau)\right] = \lim_{T \to \infty} \int_0^T x_\mathrm{s}(t) x_\mathrm{s}(t + \tau) \mathrm{d}t \qquad (3.8)$$

则称随机过程 $x(t)$ 具有各态历经性，$x(t)$ 称为各态历经过程。

对于各态历经过程，可采用一个样本函数对时间的平均来代替对各个样本函数的平均。对各态历经过程，必须注意以下几点。

（1）由样本函数对时间的平均计算随机过程 $x(t)$ 的统计量必须与采样起始点无关，因此，各态历经过程必须是平稳随机过程。

（2）由各态历经过程的不同样本函数取时间平均，得到随机过程 $x(t)$ 的统计量应该是相同的。

（3）采样的时间历程，在理论上是无限长，在实际上是足够长，长到增加长度对统计量基本上没有影响。

严格地讲，很多工程的随机振动问题不是各态历经的，而且不少平稳随机过程不是各态历经过程，但在工程中许多问题取不同样本函数的充分长的观测记录分别对时间平均，求得的统计量大体相同，这样的随机过程可视为各态历经过程。

目前，国内外结构风振计算都是在脉动风视为各态历经的平稳随机过程的基础上进行的，这一假定大大简化了计算。

3. 白噪声过程

白噪声是一种最常用的随机过程，所谓白噪声是因为白光在电磁波的整个可见范围内，其功率谱密度是平直的。类似地，白噪声过程 $n(t)$ 的功率谱密度在整个频域范围内为常数，即

$$S_n(\omega) = S_0 \quad (-\infty < \omega < \infty) \tag{3.9}$$

其相关函数为

$$R_n(\tau) = 2\pi S_0 \delta(\tau) \tag{3.10}$$

式中，$\delta(\tau)$ 为狄拉克 δ 函数。

白噪声过程的均值为零，其方差（等于均方值）为无穷大。

$$\sigma_n^2 = R_n(0) = \infty \tag{3.11}$$

因此，在实际中不存在这样的随机过程。只是由于白噪声过程在数学处理上比较简单，故常用来近似表示许多物理现象，如地震作用、风荷载和海洋波浪等。

4. 高斯过程

前述随机过程是按照其统计特性或记忆规律分类的，没有涉及具体的概率分布形式，而高斯过程是从其具体的概率分布形式来定义的，其具体的概率密度分布形式为

$$f_n(x_1, x_2, \cdots, x_n) = \frac{1}{\sqrt{(2\pi)^n |\Gamma_x|}} \exp\left[-\frac{1}{2}(X - M)^T \Gamma_x^{-1}(X - M)\right] \tag{3.12}$$

式中，$\{M\}$、$[\Gamma_x]$ 分别为向量 $\{X(t)\}$ 的均值向量和非奇异的协方差矩阵。

$$\begin{cases} \{X(t)\} = \{x(t_1), x(t_2), \cdots, x(t_n)\}^T \\ \{M\} = \{E[x(t_1)], E[x(t_2)], \cdots, E[x(t_n)]\}^T = \{m_1, m_2, \cdots, m_n\} \\ [\Gamma_x] = E\left[\{X(t) - M\}^T \{X(t) - M\}\right] = E\left[\{x(t_i) - m_i\}^T \{x(t_i) - m_i\}\right] \end{cases} \tag{3.13}$$

则称 $x(t)$ 为高斯随机过程。

当 $n=2$ 时，式(3.12)成为

$$f_2(x_1, x_2) = \frac{1}{2\pi\sigma_1\sigma_2\sqrt{1-\rho_{12}^2}} \exp\left\{-\frac{1}{2\left(1-\rho_{12}^2\right)}\left[\frac{\left(x_1-m_1\right)^2}{\sigma_1^2} + \frac{2\rho_{12}\left(x_1-m_1\right)\left(x_2-m_2\right)}{\sigma_1\sigma_2} + \frac{\left(x_2-m_2\right)^2}{\sigma_2^2}\right]\right\}$$

$$(3.14)$$

式中，σ_i^2 为 x_i 的方差，而 ρ_{12} 为相关系数。

$$\rho_{12} = \frac{\Gamma_x\left(x_1, x_2\right)}{\sigma_1\sigma_2} \tag{3.15}$$

式中，$\Gamma_x\left(x_1, x_2\right)$ 为 x_1 与 x_2 的协方差。

当 $n=1$ 时，式(3.12)成为

$$f(x) = \frac{1}{\sqrt{2\pi}\sigma} \exp\left\{-\frac{(x-m)^2}{2\sigma^2}\right\} \tag{3.16}$$

由于上述高斯过程的定义未涉及前面提出的分类原则，因此可以根据有关的分类原则来判定一个高斯过程是否具有平稳性或马尔可夫性。

高斯过程的性质主要有：

(1)统计特性完全由其均值和协方差函数确定；

(2)线性交换时高斯性质保持不变。

第一条性质表明平稳高斯过程是严格平稳的；第二条性质表明高斯过程的积分和微分仍将是高斯过程。

将随机变量的中心极限定理推广到随机过程，可知当一个随机过程在每一时刻均为大量的、独立的、均匀小的随机效应之和时，可以认为是高斯随机过程。因此，高斯过程是工程中最常用的随机过程。例如，脉动风速(或脉动风压)和海洋波浪通常采用平稳高斯过程的模型，而地震地面加速度通常采用非平稳高斯过程模型。

3.2.3 相关系数和相关函数

当统计规律显示的相关系数和某一类型曲线函数关系十分接近时，可以通过回归分析统计值与回归曲线近似的程度，由最小二乘法求出该曲线参数，又由于曲线问题可以通过变量代换成线性问题，对于两个随机变量 y 和 x，设回归方程为

$$\bar{y} = kx + b \tag{3.17}$$

式中，$\bar{y}$ 是 y 的估计量。

$\bar{y}$ 与 y 的偏差为

$$\Delta = y - \bar{y} = y - \left(kx + b\right) \tag{3.18}$$

偏差平方的均值为

$$\begin{aligned}
E\left[\Delta^2\right] &= E\left[\left(y - kx + b\right)^2\right] \\
&= \sigma_y^2 + k^2\sigma_x^2 - 2kE\left[\left(x - E(x)\right)\left(y - E(y)\right)\right] + \left(E(y) - kE(x) - b\right)^2
\end{aligned} \tag{3.19}$$

由 $\dfrac{\partial E\left[\Delta^2\right]}{\partial k}=0$ 及 $\dfrac{\partial E\left[\Delta^2\right]}{\partial b}=0$ 得到

$$\begin{cases} k=\dfrac{E\left[\left(x-E(x)\right)\left(y-E(y)\right)\right]}{\sigma_x^2} \\ b=E(y)-kE(x) \end{cases} \tag{3.20}$$

代回式 (3.19) 可得

$$\left\{E\left[\Delta^2\right]\right\}_{\min}=\sigma_y^2-k^2\sigma_x^2=\sigma_y^2\left(1-\rho_{xy}^2\right) \tag{3.21}$$

式中

$$\rho_{xy}=\dfrac{E\left[\left(x-E(x)\right)\left(y-E(y)\right)\right]}{\sigma_x\sigma_y} \tag{3.22}$$

ρ_{xy} 为随机变量 y 和 x 的相关系数。

若 $\rho_{xy}=\pm1$，$\left\{E\left[\Delta^2\right]\right\}_{\min}=0$，说明 y 和 x 的线性相关；若 $\rho_{xy}=0$,则表明二者不相关；若 $0<|\rho_{xy}|<1$，则其数值大小表示二者相关的紧密程度。

下面来定义相关函数。

若有两个随机过程 $x(t)$ 和 $y(t)$,定义

$$R_{xy}(t_1,t_2)=E\left[x(t_1)y(t_2)\right]=\int_{-\infty}^{\infty}\int_{-\infty}^{\infty}x(t_1)y(t_2)f_{xy}\left[x(t_1),y(t_2)\right]\mathrm{d}x\mathrm{d}y \tag{3.23}$$

为随机过程 $x(t)$ 和 $y(t)$ 的互相关函数，$f_{xy}(\ )$ 为它们的联合概率密度函数；同样，若只有一个随机过程 $x(t)$，$x(t_1)$、$x(t_2)$ 分别是其中两个不同的样本函数,则定义

$$R_{xx}(t_1,t_2)=E\left[x(t_1)x(t_2)\right]=\int_{-\infty}^{\infty}\int_{-\infty}^{\infty}x(t_1)x(t_2)f_x\left[x(t_1),x(t_2)\right]\mathrm{d}x_1\mathrm{d}x_2 \tag{3.24}$$

为随机过程 $x(t)$ 的自相关函数，$f_x(\ )$ 为概率密度函数。

当 $x(t)$ 和 $y(t)$ 为平稳过程时，由式 (3.23) 和式 (3.24) 定义的互相关函数和自相关函数分别可写为

$$R_{xy}(t_1,t_2)=R_{xy}(\tau)=E\left[x(t)y(t+\tau)\right] \qquad (\tau=t_2-t_1) \tag{3.25}$$

$$R_{xx}(t_1,t_2)=R_x(\tau)=E\left[x(t)x(t+\tau)\right] \tag{3.26}$$

当 $x(t)$ 和 $y(t)$ 为各态历经过程时，互相关函数和自相关函数分别可写为

$$R_{xy}(\tau)=\lim_{T_0\to\infty}\frac{1}{T_0}\int_0^T x(t)y(t+\tau)\,\mathrm{d}t \tag{3.27}$$

$$R_{xx}(\tau)=\lim_{T_0\to\infty}\frac{1}{T_0}\int_0^T x(t)x(t+\tau)\,\mathrm{d}t \tag{3.28}$$

另外，随机过程 $x(t)$ 和 $y(t)$ 的互协方差函数和自协方差函数分别可写为

$$\Gamma_{xy}(t_1,t_2)=\Gamma_{xy}(\tau)=E\left[\left(x(t)-m_x\right)\left(y(t+\tau)-m_y\right)\right] \tag{3.29}$$

$$\Gamma_{xx}(t_1,t_2)=\Gamma_{xx}(\tau)=E\left[\left(x(t)-m_x\right)\left(x(t+\tau)-m_x\right)\right] \tag{3.30}$$

式中，m_x、m_y 分别为 $x(t)$ 和 $y(t)$ 的均值。

对于均值为零的平稳随机过程和各态历经过程，相关函数有如下的一些性质：

(1) $\sigma_x = \sqrt{\left[E(x^2)\right]} = \sqrt{\left[R_{xx}(0)\right]}$ 。

(2) $\rho_{xy}(\tau) = \dfrac{R_{xy}}{\left[R_{xx}(0)\,R_{yy}(0)\right]}$; $\rho_{xx}(\tau) = \dfrac{R_{xx}(\tau)}{R_{xx}(0)}$ 。

(3) 自相关函数是偶函数：$R_{xx}(\tau) = R_{xx}(-\tau)$ 。

(4) $\tau=0$ 时，自相关函数有最大值 $R_{xx}(0) \geqslant R_{xx}(\tau)$ 。

3.2.4 谱密度函数

1. 谱密度函数的定义与性质

相关函数描述了平稳过程随时间变化的特性(或称时域特性)，而谱密度将描述平稳过程随频率变化的特性(或称频域特性)。由于频率是振动问题中一个重要的参数，因此谱密度在平稳过程的描述及随机振动的分析中与相关函数一样起着重要的作用。

设 $x(t)$ 是零均值的平稳过程，由 Fourier 变换，可将 $x(t)$ 变换到频域区间上的随机过程

$$\bar{x}(\omega) = \frac{1}{2\pi}\int_{-\infty}^{\infty} x(t)\mathrm{e}^{\mathrm{i}\omega t}\mathrm{d}t \tag{3.31}$$

$\bar{x}(\omega)$ 是以频率 ω 为变化参数的随机过程，一般是复(数)过程。

记

$$\bar{x}(\omega,T) = \frac{1}{2\pi}\int_{-T}^{T} x(t)\mathrm{e}^{\mathrm{i}\omega t}\,\mathrm{d}t \tag{3.32}$$

显然，$\lim\limits_{T\to\infty}\bar{x}(\omega,T) = \bar{x}(\omega)$ 。

由式(3.23)，可得 $\bar{x}(\omega,T)$ 的相关函数为

$$
\begin{aligned}
E\left[\bar{x}(\omega_1,T)\bar{x}^*(\omega_2,T)\right] &= \frac{1}{2\pi^2}\int_{-T}^{T}\int_{-T}^{T} E\left[x(t_1)x(t_2)\right]\mathrm{e}^{\mathrm{i}\omega_1 t_1}\cdot\mathrm{e}^{-\mathrm{i}\omega_2 t_2}\mathrm{d}t_1\mathrm{d}t_2 \\
&= \frac{1}{2\pi^2}\int_{-T}^{T}\int_{-T}^{T} R_x(t_2-t_1)\mathrm{e}^{-\mathrm{i}(\omega_2 t_2-\omega_1 t_1)}\mathrm{d}t_1\mathrm{d}t_2
\end{aligned} \tag{3.33}
$$

式中，$\bar{x}^*(\omega_2,T)$ 是 $\bar{x}(\omega_1,T)$ 的复共轭。令 $\omega_1 = \omega_2 = \omega$，并作积分变换 $\tau = t_2 - t_1$，得

$$E\left[\left|\bar{x}(\omega,T)\right|^2\right] = \frac{1}{2\pi^2}\int_{-2T}^{2T}\left(2T-|\tau|\right)R_x(\tau)\mathrm{e}^{-\mathrm{i}\omega\tau}\,\mathrm{d}\tau \tag{3.34}$$

方程两边乘以 π/T，并取极限 $T\to\infty$，得

$$
\begin{aligned}
\lim_{T\to\infty}\frac{\pi}{T}E\left[\left|\bar{x}(\omega,T)\right|^2\right] &= \lim_{T\to\infty}\frac{1}{2\pi T}\int_{-2T}^{2T}\left(2T-|\tau|\right)R_x(\tau)\mathrm{e}^{-\mathrm{i}\omega\tau}\,\mathrm{d}\tau \\
&= \frac{1}{2\pi}\int_{-\infty}^{\infty} R_x(\tau)\mathrm{e}^{-\mathrm{i}\omega\tau}\,\mathrm{d}\tau
\end{aligned} \tag{3.35}
$$

由此，记

$$S_x(\omega) = \frac{1}{2\pi}\int_{-\infty}^{\infty} R_x(\tau)\mathrm{e}^{-\mathrm{i}\omega\tau}\,\mathrm{d}\tau \tag{3.36}$$

则称 $S_x(\omega)$ 为平稳过程 $x(t)$ 的谱密度。谱密度有时也称为功率谱密度。

由式 (3.36) 可以看出，平稳过程 $x(t)$ 的谱密度 $S_x(\omega)$ 恰是相关函数 $R_x(\tau)$ 的 Fourier 变换。因此，由逆变换定理得

$$R_x(\tau) = \int_{-\infty}^{\infty} S_x(\omega) \mathrm{e}^{\mathrm{i}\omega\tau} \mathrm{d}\omega \tag{3.37}$$

式 (3.36) 和式 (3.37) 称为维纳-欣钦关系式。

令 $\tau=0$，则式 (3.37) 变为

$$R_x(0) = E\left[x^2(t)\right] = \int_{-\infty}^{\infty} S_x(\omega) \mathrm{d}\omega \tag{3.38}$$

即 $S_x(\omega)$ 所围的面积为随机过程 $x(t)$ 的均方值，它也代表了 $x(t)$ 在单位时间内的平均功。

谱密度有如下重要性质：

(1) 非负性；

(2) $S_x(\omega)$ 是实的偶函数。

2. 互谱密度函数

两个联合平稳过程 $x(t)$ 和 $y(t)$ 的互谱密度函数定义为

$$\begin{cases} S_{xy}(\omega) = \dfrac{1}{2\pi} \displaystyle\int_{-\infty}^{\infty} R_{xy}(\tau) \mathrm{e}^{-\mathrm{i}\omega\tau} \mathrm{d}\tau \\[3mm] S_{yx}(\omega) = \dfrac{1}{2\pi} \displaystyle\int_{-\infty}^{\infty} R_{yx}(\tau) \mathrm{e}^{-\mathrm{i}\omega\tau} \mathrm{d}\tau \end{cases} \tag{3.39}$$

同理，由它们的 Fourier 的逆变换，可得

$$\begin{cases} R_{xy}(\tau) = \displaystyle\int_{-\infty}^{\infty} S_{xy}(\omega) \mathrm{e}^{\mathrm{i}\omega\tau} \mathrm{d}\omega \\[3mm] R_{yx}(\tau) = \displaystyle\int_{-\infty}^{\infty} S_{yx}(\omega) \mathrm{e}^{\mathrm{i}\omega\tau} \mathrm{d}\omega \end{cases} \tag{3.40}$$

由于互相关函效的非奇非偶性，互谱密度函数一般是非奇非偶的。

3.3 单自由度线性体系的随机振动

对于单自由度线性体系的随机振动，主要了解输入是各态历经随机过程，在结构确定的状况下求其反应。

单自由度线性体系的振动方程为

$$\ddot{x}(t) + 2\xi\omega_0\dot{x}(t) + \omega_0^2 x(t) = f(t) \tag{3.41}$$

式中，ξ、ω_0 分别为结构的阻尼比和自振圆频率；$f(t)$ 和 $x(t)$ 分别为动荷载及结构动力位移反应。

根据零初值条件 $x(0) = \dot{x}(0) = 0$，在脉冲荷载即 $f(t)$ 取为狄拉克函数作用下，结构的位移反应为

$$h(t) = \begin{cases} \dfrac{e^{-\xi\omega t}}{\overline{\omega}}\sin\overline{\omega}t & (t \geqslant 0) \\ 0 & (t < 0) \end{cases}$$ (3.42)

式中，$\overline{\omega} = \omega_0\sqrt{1-\xi^2}$，$h(t)$ 又称为脉冲响应函数。

由线性叠加原理，在时间 $t = \tau$ 时，单位质量受到的瞬时冲量为 $f(\tau)\Delta\tau$，由此冲量而引起的结构位移响应为

$$\Delta x = h(t-\tau)f(\tau)\Delta\tau \quad (t > \tau)$$ (3.43)

将任意输入 $f(t)$ 看成一系列在时间轴上连续分布的 $f(\tau)$，然后对一系列瞬时冲量进行积分即杜哈梅积分，最后得到结构位移响应为

$$x(t) = \int_0^t h(t-\tau)f(\tau)\mathrm{d}\tau$$ (3.44)

因此，随机反应过程 $x(t)$ 的均值可由式(3.44)求得

$$m_x = E[x(t)] = \int_0^t h(t-\tau)E[f(\tau)]\mathrm{d}\tau$$ (3.45)

而反应过程 $x(t)$ 的自相关函数可写为

$$R_x(t_1,t_2) = E[x(t_1)x(t_2)] = \int_0^{t_1}\int_0^{t_2} h(t-\tau_1)h(t-\tau_2)E[f(\tau_1)f(\tau_2)]\mathrm{d}\tau_1\mathrm{d}\tau_2$$ (3.46)

由于输入的 $f(t)$ 为平稳随机过程，所以有

$$E[f(t_1)f(t_2)] = R_f(t_1-t_2) = \int_{-\infty}^{\infty} S_f(\omega)e^{\mathrm{i}\omega t}\mathrm{d}\omega$$ (3.47)

式中，$S_f(\omega)$、$R_f(\tau)$ 分别为平稳随机过程 $f(t)$ 的谱密度函数和相应的相关函数。

将式(3.47)代入式(3.46)，那么反应过程 $x(t)$ 的自相关函数可写为

$$R_x(t_1,t_2) = \int_0^{t_1}\int_0^{t_2} h(t-\tau_1)h(t-\tau_2)\mathrm{d}\tau_1\mathrm{d}\tau_2\int_{-\infty}^{\infty} S_f(\omega)\exp[i\omega(\tau_1-\tau_2)]\mathrm{d}\omega$$ (3.48)

式(3.48)经整理后，可以写成

$$R_x(t_1,t_2) = \int_{-\infty}^{\infty} S_f(\omega)I(\omega,t_1)I^*(\omega,t_2)\mathrm{d}\omega$$ (3.49)

其中

$$I(\omega,t) = \int_0^t h(t-\tau)e^{\mathrm{i}\omega\tau}\mathrm{d}\tau$$ (3.50)

而 $I^*(\omega,t)$ 是 $I(\omega,t)$ 的共轭函数

$$I^*(\omega,t) = \int_0^t h(t-\tau)e^{\mathrm{i}\omega\tau}\mathrm{d}\tau$$ (3.51)

将 $h(t)$ 的具体表达式(3.42)代入式(3.50)和式(3.51)，完成积分和整理后，得

$$I(\omega,t) = H(\omega)\left[e^{\mathrm{i}\omega t} - e^{-\xi\omega_0 t}T(\omega,t)\right]$$ (3.52)

式中

$$T(\omega,t) = \frac{\xi}{\sqrt{1-\xi^2}}\sin\overline{\omega}t + \cos\overline{\omega}t + \mathrm{i}\frac{1}{\sqrt{1-\xi^2}}\sin\overline{\omega}t$$

而 $H(\omega)$ 是传递函数，表示振幅的放大率，它与脉冲响应函数 $h(t)$ 是一对傅氏变换

$$\begin{cases} h(t) = \dfrac{1}{2\pi} \displaystyle\int_{-\infty}^{\infty} H(\omega) \mathrm{e}^{\mathrm{i}\omega t} \mathrm{d}\omega \\ H(\omega) = \displaystyle\int_{-\infty}^{\infty} h(t) \mathrm{e}^{-\mathrm{i}\omega t} \mathrm{d}t \end{cases} \tag{3.53}$$

$H(\omega)$ 的具体表达式，则可以通过将输入荷载 $f(t)$ 设为单位的复指数谐和函数 $f(t) = \mathrm{e}^{\mathrm{i}\omega t}$，位移响应函数为 $x(t) = H(\omega)\mathrm{e}^{\mathrm{i}\omega t}$，并代入动力平衡方程的方法求得

$$H(\omega) = \frac{1}{\omega_0^2 - \omega^2 + 2\mathrm{i}\xi\omega_0\omega} = \frac{1}{\omega_0^2}\left[1 - \left(\frac{\omega}{\omega_0}\right) + 2\mathrm{i}\xi\frac{\omega}{\omega_0}\right] \tag{3.54}$$

因此，随机反应过程 $x(t)$ 的相关函数变为

$$\begin{aligned} R_x(t_1, t_2) &= \int_{-\infty}^{\infty} S_{\mathrm{f}}(\omega) H(\omega)\left[\mathrm{e}^{\mathrm{i}\omega t_1} - \mathrm{e}^{-\xi\omega_0 t_1} T(\omega, t_1)\right] \\ &\quad \cdot H^*(\omega)\left[\mathrm{e}^{-\mathrm{i}\omega t_2} - \mathrm{e}^{\xi\omega_0 t_2} T(\omega, t_2)\right]\mathrm{d}\omega \\ &= \int_{-\infty}^{\infty} |H(\omega)|^2 S_{\mathrm{f}}(\omega)\{\mathrm{e}^{\mathrm{i}\omega(t_1-t_2)} - \mathrm{e}^{\mathrm{i}\omega t_1 - \xi\omega_0 t_1} T^*(\omega, t_2) \\ &\quad - \mathrm{e}^{\mathrm{i}\omega t_2 - \xi\omega_0 t_1} T(\omega, t_1) + \mathrm{e}^{-\mathrm{i}\omega_0(t_1+t_2)} T(\omega, t_1) T^*(\omega, t_2)\}\mathrm{d}\omega \end{aligned} \tag{3.55}$$

由式 (3.55) 可以看出，即使荷载为平稳随机过程时，结构的自相关函数 $R_x(t_1, t_2)$ 仍是时间 t_1 和 t_2 的函数，而不仅仅是它们之差 $\tau = t_1 - t_2$ 的函数，即此时反应过程不是平稳的。但随着时间 $t_j(j=1,2)$ 的增大，式 (3.55) 中 $\exp(-\xi\omega_0 t_j)$ 将趋于零，这时式 (3.55) 收敛于

$$\begin{aligned} R_x(t_1, t_2) = R_x(\tau) &= \int_{-\infty}^{\infty} |H(\omega)|^2 S_{\mathrm{f}}(\omega) \mathrm{e}^{\mathrm{i}\omega\tau} \mathrm{d}\omega \\ &= \int_{-\infty}^{\infty} S_x(\omega) \mathrm{e}^{\mathrm{i}\omega\tau} \mathrm{d}\omega \end{aligned} \tag{3.56}$$

因此，位移随机过程 $x(t)$ 的谱密度函数 $S_x(\omega)$ 与荷载随机过程 $f(t)$ 的谱密度函数 $S_{\mathrm{f}}(\omega)$ 的关系可写为

$$S_x(\omega) = |H(\omega)|^2 S_{\mathrm{f}}(\omega) \tag{3.57}$$

那么，位移随机过程 $x(t)$ 的均方值为

$$\sigma_x^2 = R_x(0) = \int_{-\infty}^{\infty} S_x(\omega) \mathrm{d}\omega \tag{3.58}$$

结构反应的速度、加速度的相关函数可以写成

$$R_{\dot{x}}(\tau) = -\frac{\mathrm{d}^2 R_x(\tau)}{\mathrm{d}\tau^2} \tag{3.59}$$

$$R_{\ddot{x}}(\tau) = -\frac{\mathrm{d}^4 R_x(\tau)}{\mathrm{d}\tau^4} \tag{3.60}$$

而速度、加速度的均方值则为

$$E[\dot{x}^2] = R_{\dot{x}}(0) \tag{3.61}$$

$$E[\ddot{x}^2] = R_{\ddot{x}}(0) \tag{3.62}$$

当单自由度体系的阻尼比 ξ 远小于 1 时，可以近似地取 $\overline{\omega} = \omega_0$，从而可以得到速度、加速度的相关函数的近似表达为

$$R_{\dot{x}}(\tau) = \omega_0^2 R_x(\tau) \tag{3.63}$$

$$R_{\ddot{x}}(\tau) = \omega_0^4 R_x(\tau) \tag{3.64}$$

3.4　多自由度线性体系的随机振动

多自由度体系和无限自由度体系在随机荷载下的动力反应的计算比单自由度体系复杂得多，但当仅考虑体系的线性反应时，通常都将体系的振动方程用振型分解法转化为关于一组广义坐标(广义单自由度体系)的振动方程。因此，将多自由度体系和无限自由度体系的线性反应及其谱参数的分析方法一并给出。

多自由度线性体系的振动方程为

$$[M]\{\ddot{X}(t)\} + [C]\{\dot{X}(t)\} + [K]\{X(t)\} = \{F(t)\} \tag{3.65}$$

式中，$[M]$、$[C]$ 和 $[K]$ 分别为多自由度体系的质量、阻尼和刚度矩阵；$\{F(t)\}$ 和 $\{X(t)\}$ 分别为动力荷载和体系的动力位移反应向量。

对于由图 3.2 所代表的无限自由度体系来说，当仅考虑其弯曲变形时，体系的线性弯曲振动方程为

$$\frac{\partial^2}{\partial x^2}\left[EJ(x)\frac{\partial^2 X(x,t)}{\partial x^2} \right] + M(x)\frac{\partial^2 X(x,t)}{\partial t^2} + C(x)\frac{\partial X(x,t)}{\partial t} = F(x,t) \tag{3.66}$$

式中，$EJ(x)$、$M(x)$ 和 $C(x)$ 分别为无限自由度体系的抗弯刚度、质量和阻尼分布；$F(x,t)$ 和 $X(x,t)$ 分期坐标 x 处的动力荷载分布集度和体系的动力位移反应。

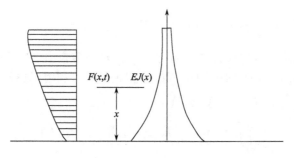

图 3.2　无限自由度体系

当假设式 (3.65) 或式 (3.66) 中的阻尼为期雷阻尼时，可通过振型分解法将式 (3.65) 变换为关于一组广义坐标的振动方程，即令

$$\{X\} = [\Phi]\{q\} \tag{3.67}$$

或

$$X(x,t) = \sum_{j=1}^{n} \phi_j(x)q_j(t) \tag{3.68}$$

式(3.67)中$[\varPhi]$为振型矩阵，其第J列为多自由度体系的第j振型向量，向量$\{q\}$的第j个q_j元素为第j振型的广义坐标。同理，式(3.68)中$\phi_j(x)$、$q_j(t)$分别为无限自由度体系的第j振型函数及其广义坐标。

利用式(3.67)或式(3.68)、式(3.65)或式(3.66)均可通过振型分解法化为关于广义坐标q_j的振动方程：

$$\ddot{q}_j + 2\zeta_j\omega_j\dot{q}_j + \omega_j^2 q_j = f_j(t) \quad (j=1,2,\cdots,m) \tag{3.69}$$

式中，ζ_j、ω_j分别为对应于结构第j振型的阻尼比及自振圆频率；$f_j(t)$为相应的广义动力荷载(简称广义力)。

对多自由度体系，式(3.69)中的参数分别为

$$\zeta_j = \frac{C_j^*}{2\omega_j M_j^*}, \quad \omega_j^2 = \frac{K_j^*}{M_j^*}$$

$$f_j(t) = \sum_{i=1}^{n}\phi_{ij}F_i(t), \quad C_j^* = \sum_{i=1}^{n}\sum_{k=1}^{n}C_{ik}\phi_{ij}\phi_{kj}$$

$$K_j^* = \sum_{i=1}^{n}\sum_{k=1}^{n}K_{ik}\phi_{ij}\phi_{kj}, \quad M_j^* = \sum_{i=1}^{n}M_i\phi_{ij}^2$$

式中，ϕ_{ij}为第j振型i质点处的量值；$F_i(t)$为作用在第i质点的动力荷载；M_j^*和C_j^*分别对应于第j振型的广义质量和广义阻尼。

对于无限自由度体系，则有

$$\zeta_j = \frac{C_j^*}{2\omega_j M_j^*}, \quad \omega_j^2 = \frac{K_j^*}{M_j^*}$$

$$f_j(t) = \int_0^l \phi_j(x)F(x,t)\mathrm{d}x, \quad C_j^* = \int_0^l \phi_j^2(x)C_j(x)\mathrm{d}x$$

$$K_j^* = \int_0^l \phi_j^2(x)EJ(x)\mathrm{d}x, \quad M_j^* = \int_0^l \phi_j^2(x)M(x)\mathrm{d}x$$

在式(3.69)中，m表示仅考虑体系的前m个振型，对于多自由度体系来说，应取$m<n$。由式(3.69)定义的结构的广义坐标q_j和q_k间的互相关函数可利用式(3.46)导出为

$$\begin{aligned}R_{q_j q_k}(t_1,t_2) &= E\left[q_j(t_1)q_k(t_2)\right] \\ &= \int_0^{t_1}\int_0^{t_2}h_j(t_1-\tau_1)h_k(t_2-\tau_2)E\left[f_j(\tau_1)f_k(\tau_2)\right]\mathrm{d}\tau_1\mathrm{d}\tau_2\end{aligned} \tag{3.70}$$

或更进一步表示为

$$R_{q_j q_k}(t_1,t_2) = \int_{-\infty}^{\infty}S_{f_j f_k}(\omega)I_j(\omega,t_1)I_k^*(\omega,t_2)\mathrm{d}\omega \tag{3.71}$$

式中，$S_{f_j f_k}(\omega)$为广义力$f_j(t)$和$f_k(t)$的互功率谱函数；函数$I_j(\omega)$由式(3.50)定义，只是式中的参数ζ、ω_0应换成由式(3.69)定义的ζ_j、ω_j，即

$$I_j(\omega,t) = H_j^*(\omega)\left[\mathrm{e}^{\mathrm{i}\omega_j t_1} - \mathrm{e}^{-\xi_j\omega_j t_1}T_j(\omega,t)\right] \tag{3.72}$$

最后，考虑到结构的平稳随机反应，可以导出广义坐标q_j和q_k间的互相关函数与广义力$f_j(t)$和$f_k(t)$的互功率谱函数的关系为

$$R_{q_j q_k}(\tau) = E\big[q_j(t_1)q_k(t_2)\big]$$
$$= \int_{-\infty}^{\infty} H_j(\omega)H_k^*(\omega)S_{f_j f_k}(\omega)\mathrm{e}^{\mathrm{i}\omega\tau}\,\mathrm{d}\omega \tag{3.73}$$

那么，广义坐标与广义力间的互功率谱为

$$S_{q_j q_k}(\omega) = H_j(\omega)H_k^*(\omega)S_{f_j f_k}(\omega) \tag{3.74}$$

式中，$S_{q_j q_k}(\omega)$ 为广义坐标 q_j 和 q_k 间的互功率谱函数。

由式 (3.74) 即可求得结构第 j 振型的广义位移功率谱和方差分别为

$$\begin{cases} S_{Z_j}(\omega) = H_j(\omega)H_j^*(\omega)S_{f_k}(\omega) \\ \sigma_{Z_j}^2 = \int_{-\infty}^{\infty} S_{Z_j}(\omega)\mathrm{d}\omega \end{cases} \tag{3.75}$$

则多自由度体系第 i 质点的位移功率谱 $S_{x_i}(\omega)$ 和方差 $\sigma_x^2(\omega)$ 则分别为

$$\begin{cases} S_{x_i}(\omega) = \sum_{j=1}^{m}\sum_{k=1}^{m} \phi_{ij}\phi_{ik}S_{f_k}(\omega) \\ \sigma_{x_i}^2 = \sum_{j=1}^{m}\sum_{k=1}^{m} \phi_{ij}\phi_{ik}\int_{-\infty}^{\infty} S_{Z_j Z_k}(\omega)\mathrm{d}\omega \end{cases} \tag{3.76}$$

对于无限自由度体系，坐标 x 处的位移功率谱 $S_x(x,\omega)$ 略有差异

$$\begin{cases} S_x(x,\ \omega) = \sum_{j=1}^{M}\sum_{k=1}^{M} \phi_j\phi_k S_{Z_j Z_k}(\omega) \\ \sigma_x^2(x) = \sum_{j=1}^{M}\sum_{k=1}^{M} \phi_j\phi_k\int_{-\infty}^{\infty} S_{Z_j Z_k}(\omega)\mathrm{d}\omega \end{cases} \tag{3.77}$$

3.5 脉动风及结构响应

由图 3.1 的实测风速记录可知，与平均风速方向(或顺风向)一致的还包括脉动风速分量，而在与平均风速垂直的水平方间(横风向，设为 y 方向)和竖直方向(设为 z 方向)还有脉动风速分量，本节主要讨论与平均风速方向(顺风向)一致的脉动风作用，其余两个方向的脉动风速分量作用则放在随后有关章节中讨论。

3.5.1 脉动风的概率分布

脉动风下结构风响应的性质是动力的，又是随机的，因而应按随机振动理论进行分析。根据对脉动风大量的实测记录的样本时程曲线统计分析可知，如果将平均风部分除去，脉动风速本身可用具有零均值的高斯平稳随机过程来模拟，且具有很明显的各态历经性。即风的一、二阶统计量与时间 t 无关，当取足够长的风速记录时，各个样本函数的一、二阶统计量近乎相同。图 3.3 是一条强风观察样本记录的一部分。若按各态历经过程考虑，以时间的平均代替样本的平均，可以方便地求出相对于平均风速位置处的脉动风速幅值的概率密度函数。同时在对样本曲线的统计中可以近似直观地看出，对于平均风速 $\bar{v}$ 位置来分析，它接近于对称正态分布。

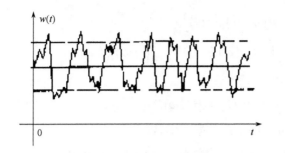

图 3.3 强风观察样本记录

在一定保证率下的设计最大风速为

$$v_0 = \bar{v} + \mu\sigma \tag{3.78}$$

式中，μ 为保证系数(峰因子)，在工程中，μ 的大小决定了结构的动力可靠度。我国《建筑结构荷载规范》(GB 50009—2012)取 $\mu=2.5$。

3.5.2 脉动风速功率谱函数

在脉动风作用下，运用随机振动理论，对结构进行动力反应分析，必须知道脉动风速功率谱函数。它是通过对强风的观测记录并进行处理后得出的。有许多风工程专家对水平阵风功率谱进行了研究，得到了不同形式的风速谱表达式，其最著名和应用较为广泛的是加拿大达文波特(Davenport)脉动风速谱。

达文波特根据世界上不同地点、不同高度实测得到 90 多次的强风记录，并取脉动风速谱为不同离地高度实测值的平均值，建立了经验的数学表达式(图 3.4)

$$S_v(n) = 4kv_{10}^2 \frac{x^2}{n\left(1+x^2\right)^{4/3}} \tag{3.79}$$

式中，$S_v(n)$ 为脉动风速功率谱(m^2/s)；k 为地面粗糙度系数；x 为 $1200/v_{10}$；v_{10} 为 10m 高度处的平均风速(m/s)；n 为脉动风频率(Hz)。

而折算功率谱可写为

$$\frac{S_v(n)}{kv_{10}^2} = \frac{4x^2}{n\left(1+x^2\right)^{4/3}} \tag{3.80}$$

由图 3.4 可以看出，谱的峰值约在 $\dfrac{n}{v_{10}} = 0.0018$ 处。对于大部分地区，设计风速 v_{10} 在 30m/s 左右，因而谱的峰位约在周期 $T = \dfrac{1}{n} = \dfrac{1}{0.0018 \times 30} \approx 20s$，其已接近目前建造的最柔的结构自振周期，风振影响较为显著；日常遇到的风速经常在 10m/s 以下，卓越周期已在 1min 左右，远高于建筑物的自振周期。因而在日常风速下，脉动风不会对结构造成很大的威胁。

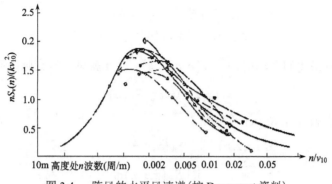

图 3.4 阵风的水平风速谱(按 Davenport 资料)

另外，v_{10}/n 代表紊流波长，也可理解为旋涡尺度。Davenport 验证风的水平紊流特性波长 L 为折算功率谱取最大值时波长的 $\sqrt{3}$ 倍。

$$L = \sqrt{3}\frac{1}{0.001443} = 1200(\text{mm}) \tag{3.81}$$

Davenport 谱认为风紊流沿高度不变，这一假设偏于安全，实际上风紊流是随高度减弱的。在这之后，一些风工程专家又提出了高度函数的顺风向水平风速谱，我国的一些专家也进行了一些研究，尽管如此，包括我国在内的世界上大多数国家在规范中使用 Davenport 谱。

3.5.3　脉动风压功率谱函数

有了脉动风速的风速谱 $S_v(n)$。可以求出相对应的脉动风压功率谱 $S_w(n)$。设任一高度任一瞬时总风压为 w，平均风压为 $\overline{w}$，脉动风压 w_f，则脉动风压的方差为

$$\sigma_{w_f}^2 = E\left[(w-\overline{w})^2\right] = E\left(\frac{\gamma}{2g}v^2 - \frac{\gamma}{2g}\overline{v}^2\right)^2 = \left(\frac{\gamma}{2g}\right)^2 E\left(2v_f\overline{v} - v_f^2\right)^2 \tag{3.82}$$

式中，$\overline{v}$、v_f 分别为平均风速和脉动风速。

因为脉动风速 v_f 与平均风速 $\overline{v}$ 相比，可以看作是一微小量值，因而 v_f^2 与 $2\overline{v}v_f$ 相比要小得多，可以略去。此时式(3.82)变为

$$\sigma_{w_f}^2 = \left(\frac{\gamma}{2g}\right)^2 E\left(2\overline{v}v_f\right)^2 = \left(\frac{\gamma}{2g}\right)^2 \cdot 4\overline{v}^2 \cdot Ev_f^2 = 4\frac{\overline{w}^2}{\overline{v}^2}\sigma_{v_f}^2 \tag{3.83}$$

根据概率统计理论，有下列关系式

$$\sigma_{w_f}^2 = \int_{-\infty}^{\infty} S_w(n)\mathrm{d}n, \quad \sigma_{v_f}^2 = \int_{-\infty}^{\infty} S_v(n)\mathrm{d}n \tag{3.84}$$

由此可以得到脉动风速谱与风压谱换算的一般公式，即

$$S_w(n) = 4\frac{\overline{w}^2}{\overline{v}^2}S_v(n) \tag{3.85}$$

如采用 Davenport 风速谱，即可得到

$$S_w(n) = 16k\overline{w}^2\frac{\overline{v}_{10}^2}{\overline{v}^2}\frac{x_0^2}{n\left(1+x_0^2\right)^{4/3}} \tag{3.86}$$

设脉动风压荷载可以表示为位置与时间的分离函数

$$w_f(x,z,n) = w_f(x,z)f(t) \tag{3.87}$$

式中，$f(t)$ 具有规格化的功率谱（$\int_{-\infty}^{\infty} S_f(n)\mathrm{d}n = 1$），因此就可以得到脉动风压的功率谱满足

$$S_w(x,z,n) = \sigma_{w_f}^2 S_f(n) \tag{3.88}$$

$f(t)$ 规格化的功率谱 $S_f(n)$ 可写为

$$S_f(n) = \frac{S_w(x,z,n)}{\sigma_{w_f}^2} = \frac{S_w(x,z,n)}{\int_{-\infty}^{\infty} S_w(x,z,n)\mathrm{d}n} = \frac{2x_0^2}{3n(1+x_0^2)^{4/3}} \tag{3.89}$$

还可得到

$$\sigma_{w_f}^2 = \frac{S_w(x,z,n)}{S_f(n)} = 24k\bar{w}^2 \frac{\bar{v}_{10}^2}{\bar{v}^2} \tag{3.90}$$

3.5.4　紊流度和脉动系数

大气附面层某点上的脉动风速根方差与该点上平均风速之比称为近地风在该点的湍流强度，简称为湍流度或紊流度。紊流度的值大都在 10%～20%，即

$$I = \frac{\sigma_{w_f}}{\bar{v}} \tag{3.91}$$

由此可见：

(1) 紊流度与地貌有关，地貌越粗糙紊流度越大；

(2) 紊流度与高度有关，离地面越高紊流度越小。

我国规范中不直接用紊流度来表示脉动风速根方差与平均风速之比随高度的变化，而用脉动系数来表示脉动风压根方差与平均风压的关系随高度的变化。脉动系数为一定保证率的脉动风压与平均风压之比

$$\mu_f(z) = \frac{\mu\sigma_{w_f}(z)}{\bar{w}(z)} \tag{3.92}$$

式中，μ 为保证系数或峰因子，一般可取 2.0～2.5。

根据脉动风压方差公式(3.90)，可得脉动系数的具体表达式为

$$\mu_f(z) = \mu\sqrt{24k}\frac{v_{10}}{\bar{v}} \tag{3.93}$$

由式(3.93)可见，脉动系数随高度的增加而减小，并且达到梯度风高度后趋于定值，但脉动风压根方差是随高度的增加而增加，脉动系数的减小只是表明脉动风压在整个风压中的比例沿高度是减小的。图 3.5 表示了脉动系数与脉动风速根方差沿高度的变化规律。

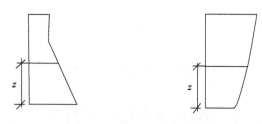

图 3.5　脉动系数与脉动风速根方差沿高度的变化规律

根据我国的测试数据，参考国外一些资料，我国《建筑结构荷载规范》(GB 50009—2012)在 $\mu=2.5$ 情况下，根据式(3.83)和式(3.92)，脉动系数与紊流之间的关系为

$$\mu_f(z) = \frac{2\mu\dfrac{\overline{w}}{\overline{v}}\sigma_{v_f}}{\overline{w}} = 2\mu I = 5I = 5I_{10}\overline{I}_z \tag{3.94}$$

又有

$$\overline{I}_z = \left(\frac{z}{10}\right)^{-\alpha} \tag{3.95}$$

式中，I_{10} 为 10m 高名义紊流度，对应 A、B、C 和 D 类地面粗糙度，其值分别取 0.12、0.14、0.23 和 0.39，取值比原有规范的有所提高；对应 A、B、C 和 D 类地面粗糙度，α 可分别取 0.12、0.15、0.22 和 0.30。

3.5.5　脉动风频域空间的相关性

当结构上某点的脉动风压达到最大值时，与该点有一定距离的另一点的脉动风压一般不会同时达到最大值，在一定的范围内，离开该点越远，脉动风压同时达到最大值的可能性越小，这种性质称为脉动风的空间相关性。

要考虑建筑结构前后风压的相关性比较复杂，从安全性的角度，可以认为结构前后的脉动风压是完全相关的，我们主要研究脉动风压的上下和左右的相关性。

大量的现场实测和风洞试验的结果表明，无论是水平方向还是垂直方向，当某点承受最大风速时，离该点的距离越远，同时承受该风速的概率越小。

Davenport 根据频率域相关性系数(即相干函数的定义)，它是频率 n(或圆频率 ω) 及两点间距离等的某些函数关系，建议用式(3.96)分开表示上下(竖向)和水平(侧向)的相关性系数，即

$$\begin{cases} \rho_{zz'}(z,z',n) = \exp\left(-C_z\dfrac{n|z-z'|}{\overline{v}_z}\right) \\ \rho_{xx'}(x,x',n) = \exp\left(-C_x\dfrac{n|x-x'|}{\overline{v}_x}\right) \end{cases} \tag{3.96}$$

为研究脉动风压的相关性，日本建造了一道高 5m 长 190m 的钢筋混凝土墙，墙上不等距地竖立着 40m 高的观测塔，以对台风进行观测。Shiotani 通过实测分析得到了不同间距侧向相关性及自相关系数。总的说来，当某点承受最大风速时，离它 50m 远的点，同时受到该风速的概率为 40%~50%；而离它 100m 远的点，同时受到该风速的概率只有 10%。这就说明相干函数可以认为是符合负指数函数分布的。

Shiotani 在此试验的基础上，建议采用只与两点间距离有关的简单表达式，其式为

$$\begin{cases} \rho_{z'}(z,z') = \exp\left(-\dfrac{|z-z'|}{L_z}\right) \\ \rho_x(x,x') = \exp\left(-\dfrac{|x-x'|}{L_x}\right) \end{cases} \tag{3.97}$$

式中，$\rho_{z'}(z,z')$、$\rho_x(x,x')$ 分别代表垂直和水平方向脉动风压的相干系数。$|z-z'|$、$|x-x'|$ 分别代表垂直和水平方向两点间的距离。根据试验资料的统计分析可知，L_x 取值为 40～60；而 L_z 应大于 L_x，一般来说，L_x 取 50，L_z 取 60。我国《建筑结构荷载规范》（GB 50009—2012）也采用了式(3.97)。

3.5.6　结构顺风向的风振响应

结构的顺风向风振响应是在平均风和脉动风共同作用下产生的。我国《建筑结构荷载规范》（GB 50009—2012）规定，对于高度高于 30m 且高宽比大于 1.5 的房屋结构，对于基本周期不大于 0.25s 的塔架、桅杆、烟囱等高耸结构，应考虑到风压脉动引起的动力响应。由于脉动风的卓越周期在 1min 左右，而高、柔、大跨度结构的基本周期也只有在几秒钟这样的数量级，因此结构越柔，基本周期越长，顺风向动力响应就越大。工程结构中最常遇到的是高层房屋、高耸塔架、烟囱、冷却塔、桥梁等。而高耸塔架、烟囱类属于细长结构，位移只随高度、方向而变化；高层房屋、桥梁属于两向尺度同一等级的结构，它们是在无扭转情况下，由于楼板或桥面板有极大的刚度，同一截面处各处的位移相同，即使在有扭转情况下，由于刚性楼面的假设，也只有一个尺度方向(如 z 方向)起作用，同一截面各处的位移可由几何关系求得，因而可作为一维结构来处理，只有像冷却塔这样的结构，才需要按多个参数确定位移。

为了便于讨论，这里只研究可作为一维来处理的结构，以高耸高层结构为代表，不考虑扭转，只考虑风的水平向作用。

将结构看作是无限自由度的一维体系，其纵轴坐标 z 处顺风向运动方程可表示为

$$\begin{cases} m(z)\dfrac{\partial^2 y}{\partial t^2} + c(z)\dfrac{\partial y}{\partial t} + \dfrac{\partial^2}{\partial z^2}\left[EI(z)\dfrac{\partial^2 y}{\partial z^2}\right] = p(z,t) \\ p(z,t) = p(z)f(t) = \displaystyle\int_0^{B(z)} w(x,z)f(t)\mathrm{d}x \end{cases} \tag{3.98}$$

式中，$m(z)$、$c(z)$、$I(z)$、$p(z)$ 均为沿高度 z 处单位高度上的质量、阻尼系数、截面惯性距和水平风力；$f(t)$ 为时间函数，最大值为 1；$w(x,z)$ 为位于坐标(x,z) 处的单位面积上的风力。

用振型分解法求解方程(3.98)，位移按振型展开为

$$y(z,t) = \sum_{j=1}^{\infty} \phi_j(z)q_j(t) \tag{3.99}$$

由振型的正交性可得到第 j 振型的广义坐标结构顺风向运动方程为

$$\ddot{q}_j(t) + 2\zeta_j\omega_j\dot{q}_j(t) + \omega_j^2 q_j(t) = F_j(t) \tag{3.100}$$

式中，ζ_j、ω_j 分别为结构第 j 振型的阻尼比和圆频率。而

$$F_j(t) = \frac{\int_0^H p(z,t)\phi_j(z)\mathrm{d}z}{\int_0^H m(z)\phi_j^2(z)\mathrm{d}z} = \frac{\int_0^H \int_0^{B(z)} w(x,z)\phi_j(z)f(t)\mathrm{d}x\mathrm{d}z}{\int_0^H m(z)\phi_j^2(z)\mathrm{d}z}$$

由于 $F_j(t)$ 包含有 $f(t)$ 的随机性，因而需要根据随机振动理论来求解式(3.100)。由随机振动理论，结构位移响应的谱密度函数为

$$S_y(z,\omega) = \sum_{j=1}^{\infty}\sum_{k=1}^{\infty} \phi_j(z)\phi_k(z)H_j(-\mathrm{i}\omega)H_k(\mathrm{i}\omega)S_{F_jF_k}(\omega) \tag{3.101}$$

实际工程中结构的阻尼一般较小，此时式(3.101)中交叉项影响很小，可以略去。则该式变成

$$S_y(z,\omega) = \sum_{j=1}^{\infty} \phi_j^2(z)\left|H_j(\mathrm{i}\omega)\right|^2 S_{F_jF_j}(\omega) \tag{3.102}$$

式中，$S_{F_jF_j}(\omega)$——第 j 振型广义风荷载谱

$$S_{F_jF_j}(\omega) = \frac{\int_0^H \int_0^H \int_0^{B(z)} \int_0^{B(z)} \rho_{xz}(x,x',z,z',\omega)\left[S_w(x,z,\omega)S_w'(x',z',\omega')\right]^{1/2}\phi_j(z)\phi_j(z')\mathrm{d}z\mathrm{d}z'\mathrm{d}x\mathrm{d}x'}{M_j^*}$$

$$M_j^* = \int_0^H m(z)\phi_j^2(z)\mathrm{d}z$$

式中，ρ_{xz} 可取为

$$\rho_{xz}(x,x',z,z',\omega) = \rho_x(x,x')\cdot\rho_z(z,z') = \exp\left(\frac{-|x-x'|}{L_x}\right)\cdot\exp\left(\frac{-|z-z'|}{L_z}\right)$$

而 $S_w(x,z,\omega)$ 为结构上一点处的脉动风压谱，有

$$S_w(x,z,\omega) = \sigma_{w_f}^2(x,z)S_f(\omega) = \left[\frac{\mu_f\overline{w}(z)}{\mu}\right]^2 S_f(\omega)$$

式中，$S_f(\omega)$ 可由式(3.89)确定。

由此，位移响应均方根由随机振动理论得出

$$\sigma_y(z) = \sqrt{\int_{-\infty}^{\infty} S_y(z,\omega)\mathrm{d}\omega} = \sqrt{\sum_{j=1}^{\infty}\sigma_j^2} \tag{3.103}$$

根据式(3.101)和式(3.102)，可得到计算用风振设计位移值为

$$y(z) = \mu \sigma_y(z)$$

$$= w_0 \left[\sum_{j=1}^{\infty} \frac{\Phi_j^2(z)}{\left(M_j^*\right)^2} \int_{-\infty}^{\infty} \left| H_j(i\omega) \right|^2 S_f(\omega) \mathrm{d}\omega \int_0^H \int_0^H \int_0^{B(z)} \int_0^{B(z)} \mu_f(z) \mu_s(z) \mu_z(z) \right.$$

$$\left. \bullet \rho_x(x,x') \rho_z(z,z') \mu_f(z') \mu_s(z') \mu_z(z') \phi_j(z) \phi_j(z') \mathrm{d}x \mathrm{d}x' \mathrm{d}z \mathrm{d}z' \right]^{\frac{1}{2}} \quad (3.104)$$

$$= \left[\sum_{j=1}^{\infty} \left(\frac{\xi_j \mu_j \Phi_j(z) w_0}{\omega_j^2} \right)^2 \right]^{\frac{1}{2}} = \left[\sum_{j=1}^{\infty} y_j(z) \right]^{\frac{1}{2}}$$

式中，ξ_j 称为第 j 振型的脉动增大系数，即 $\xi_j = \omega_j^2 \sqrt{\int_{-\infty}^{\infty} \left| H_j(i\omega) \right|^2 S_f(\omega) \mathrm{d}\omega}$；$\mu_j$ 为第 j 振型的脉动影响系数，表示为

$$\mu_j = \frac{1}{M_j^*} \left[\int_0^H \int_0^H \int_0^{B(z)} \int_0^{B(z)} \mu_f(z) \mu_s(z) \mu_z(z) \rho_x(x,x') \rho_z(z,z') \right.$$

$$\left. \bullet \mu_f(z') \mu_s(z') \mu_z(z') \Phi_j(z) \Phi_j(z') \mathrm{d}x \mathrm{d}x' \mathrm{d}z \mathrm{d}z' \right]^{\frac{1}{2}} \quad (3.105)$$

有了第 j 振型位移响应的根方差，就可以计算结构顺风向的加速度响应的根方差和风振力。由随机振动理论可知，结构 z 处加速度响应的根方差为

$$\sigma_{\ddot{y}}(z) = \left[\sum_{j=1}^{\infty} \omega_j^4 \sigma_{y_j}^2(z) \right]^{\frac{1}{2}} \quad (3.106)$$

如只考虑第 j 振型，则式(3.106)可写为

$$\sigma_{\ddot{y}j}(z) = \omega_j^2 \sigma_{yj}(z) \quad (3.107)$$

结构上的风振力，实际上就是一种风致振动的惯性力。如果 j 振型的曲线在 z 处的纵坐标为 $\phi_j(z)$，则沿结构纵向 z 处单位长度上由第 j 振型引起的风振力可写为

$$p_{\mathrm{d}j}(z) = m(z) \omega_j^2 y_{\mathrm{d}j} \quad (3.108\mathrm{a})$$

若将 $y_{\mathrm{d}j} = \mu \sigma_{yj} = \dfrac{\xi_j \mu_j \phi_j(z) w_0}{\omega_j^2}$ 代入式(3.108a)，则可得

$$p_{\mathrm{d}j}(z) = \xi_j \mu_j \phi_j(z) m(z) w_0 \quad (3.108\mathrm{b})$$

对于集中质量体系，等效风振力为集中力，式(3.108b)可改写为

$$p_{\mathrm{d}ji}(z) = \xi_j \mu_j \phi_{ji} M_i w_0 \quad (3.108\mathrm{c})$$

由于脉动风的卓越周期比工程结构的基本周期长得多，因此在风振计算中可以忽略不计高振型影响，只计算第一振型对结构反应的贡献，则式(3.104)、式(3.108b)、式(3.108c)就可写为

$$y_{\mathrm{d}}(z) \approx y_{\mathrm{d}1}(z) = \frac{\xi_1 \mu_1 \phi_1(z) w_0}{\omega_1^2} \quad (3.109)$$

$$p_{\mathrm{d}1}(z) = \xi_1 \mu_1 \phi_1(z) m(z) w_0 \quad (3.110\mathrm{a})$$

而集中质量的风振力为

$$P_{d1}(z) = \xi_1 \mu_1 \phi_1(z_i) M_i w_0 \tag{3.110b}$$

因此，可分别求得，在静力风和脉动风作用下，结构的总位移

$$y(z) = y_s + y_d \approx y_{s1} + y_{d1}$$

$$= y_{s1}\left(1 + \frac{1}{y_{s1}}\frac{\xi_1 \mu_1 \phi_{1i} w_0}{\omega_1^2}\right) = y_{s1}\left(1 + \xi_1 \frac{\mu_1}{\mu_{s1}}\right) \tag{3.111}$$

$$= \beta_y y_{s1}$$

总的分布为

$$p(z) = p_s + p_d \approx p_s + p_{d1}$$

$$= \mu_s(z)\mu_z(z)B(z)w_0 + \xi_1\mu_1\phi_1(z)m(z)w_0$$

$$= \left[1 + \frac{\xi_1\mu_1\phi_1(z)m(z)}{\mu_s(z)\mu_z(z)B(z)}\right]\mu_s(z)\mu_z(z)B(z)w_0 \tag{3.112}$$

$$= \beta_p p_s$$

式中，β_y、β_p 分别为结构的位移风振系数和荷载风振系数；y_{s1}、p_s 分别为结构的静位移和静风力。

另外，对于为简便计算而引入的脉动增大系数 ξ_1，可以通过查阅表 3.1 方法获得。ξ_1 的数值取决于结构第一振型的阻尼比 ζ_1 和另一系数 $A = w_{0a}T_1^2$。对于钢结构，阻尼比 ζ_1 取 0.02；对于钢筋混凝土结构，阻尼比 ζ_1 取 0.05；对于某些混合结构阻尼比 ζ_1 取 0.03。T_1 为结构第一振型的周期；w_{0a} 为该地的实际基本风压，即重现期调整系数乘以基本风压。

表 3.1　脉动增大系数 ξ_1

$w_{0a}T^2 / (\text{kN} \cdot \text{s}^2/\text{m})$	阻 尼 比 ζ_1		
	0.02	0.03	0.05
0.01	1.26	1.18	1.11
0.02	1.32	1.22	1.14
0.04	1.39	1.27	1.17
0.06	1.44	1.31	1.19
0.08	1.47	1.33	1.21
0.10	1.50	1.36	1.23
0.20	1.61	1.43	1.28
0.40	1.73	1.53	1.34
0.60	1.81	1.59	1.38
0.80	1.88	1.64	1.42
1.00	1.93	1.68	1.44
2.00	2.10	1.81	1.54
4.00	2.30	1.96	1.65
6.00	2.43	2.06	1.72
8.00	2.52	2.15	1.77
10.0	2.60	2.20	1.82
20.0	2.85	2.40	1.96
30.0	3.10	2.53	2.06

【例3.1】 某一高耸钢结构，等截面，总高 $H=90\text{m}$，在 $z=60\text{m}$ 高度处有一平台，致使该处质量猛增。质量共分三段，如图 3.6（a）所示。按结构动力学，可求得 $T_1=1.0\text{s}$，$T_2=0.142\text{s}$。第一和第二振型如图 3.6（b）所示。已知 $w_0'=1.1w_0=0.4\text{kN/m}^2$，B 类地貌，$\dfrac{EI}{M}=37.6\times10^6\text{kN·m}^2/\text{t}$。求脉动风引起的结构底部剪力和顶点水平位移，并与平均风引起的值及高振型引起的值作一比较。

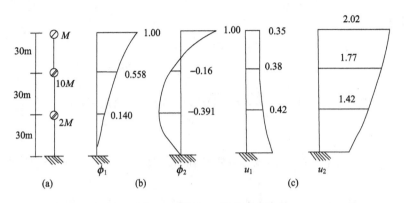

图 3.6　例题 3.1 计算简图

解：（1）风振力（仅考虑第一振型）。

风振力可根据式（3.110b）计算得到。由 $A=w_{0a}T_1^2=0.40\times1.0^2=0.40(\text{kN·s}^2/\text{m}^2)$，钢结构 $\zeta_1=0.02$，查表 3.1 可得到 $\xi_1=1.73$。应用式（3.105）较为方便，风压空间相关系数 $\rho_x=1$，ρ_z 采用式（3.97），注意到 μ_s、B 为常数，本例题的脉动影响系数 μ_1 可由下式求得

$$\mu_1=\frac{\left[\sum_{i=1}^{3}\sum_{j=1}^{3}\mu_{fi}\mu_{zi}\mu_{fj}\mu_{zj}\rho_{zij}\phi_{1i}\phi_{1j}\Delta H_i\Delta H_j\right]^{1/2}\mu_s B}{\sum_{i=1}^{3}M_i\phi_{1i}^2}$$

$$=\left[(0.42\times1.42\times0.14)^2\times(0.38\times1.77\times0.558)^2+(0.35\times2.02\times1.0\times0.5)^2\right.$$

$$+(0.42\times1.42\times0.14)\times(0.38\times1.77\times0.558)\text{e}^{-\frac{30}{60}}\times2$$

$$+(0.42\times1.42\times0.14)\times(0.35\times2.02\times1.0\times0.5)\text{e}^{-\frac{60}{60}}\times2$$

$$+\left.(0.38\times1.77\times0.558)\times(0.35\times2.02\times1.0\times0.5)\text{e}^{-\frac{30}{60}}\times2\right]^{1/2}$$

$$\times30\mu_s B/\left(2\times0.14^2+10\times0.558^2+1\times1.0^2\right)M=5.046\frac{\mu_s B}{M}$$

由式（3.110b）得到

$$P_{d1}=1.73\times5.046\frac{\mu_s B}{M}\times0.14\times2M\times0.4=0.978\mu_s B$$

$$P_{d2} = 1.73 \times 5.046 \frac{\mu_s B}{M} \times 0.558 \times 10M \times 0.4 = 19.500 \mu_s B$$

$$P_{d3} = 1.73 \times 5.046 \frac{\mu_s B}{M} \times 1.0 \times M \times 0.4 = 3.494 \mu_s B$$

显然，大质量的质点 2 有着很大的风振力。

（2）底部剪力。

$$Q_{d1} = P_{d1} + P_{d2} + P_{d3} = 23.972 \mu_s B$$

（3）顶点水平位移。

① 按结构静力学方法计算，得到脉动风下顶点水平位移为

$$y_d(h) = \frac{30^2 \mu_s B}{6EI} \left(0.978 \times 1^2 \times 240 + 19.500 \times 2^2 \times 210 + 3.494 \times 3^2 \times 180 \right)$$

$$= 3.341 \times 10^6 \frac{\mu_s B}{EI}$$

② 按振型分解法计算，取第一振型，由式（3.109）得到

$$y_{d1}(h) = \frac{1.73 \times 5.046 \dfrac{\mu_s B}{M} \times 1 \times 0.4}{\left(\dfrac{2\pi}{1} \right)^2} = 0.08849 \frac{\mu_s B}{M} = 3.328 \times 10^6 \frac{\mu_s B}{EI}$$

可见计算误差小于 1%。

为了比较，这里列出了静力风荷载所得的结构

$$P_{s1} = \mu_s \times 1.42 \times 0.4 \times 30B = 17.04 \mu_s B$$

$$P_{s2} = \mu_s \times 1.77 \times 0.4 \times 30B = 21.24 \mu_s B$$

$$P_{s3} = \mu_s \times 2.02 \times 0.4 \times 15B = 12.12 \mu_s B$$

所以，结构底部剪力 $Q_{sa} = P_{s1} + P_{s2} + P_{s3} = 50.40 \mu_s B$。

按结构静力学方法计算，得到静力风下顶点水平位移为

$$y_d(h) = \frac{30^2 \mu_s B}{6EI} \left(17.04 \times 1^2 \times 240 + 21.24 \times 2^2 \times 210 + 12.12 \times 3^2 \times 180 \right)$$

$$= 6.235 \times 10^6 \frac{\mu_s B}{EI}$$

可以看出，质量大的质点，脉动风力的影响大。但从基底剪力及顶点位移来说，由于其他结点的影响，静力风荷载的影响仍大于脉动风荷载的作用。

（4）为了比较，这里给出了考虑第二振型的计算结果。

由 $A = w_{0a} T_2^2 = 0.40 \times 0.142^2 = 0.00807 (kN \cdot s^2 / m^2)$，查表 3.1，可得 $\xi_2 \approx 1.20$。

同样，可以求 μ_2

$$\mu_2 = \frac{\left[\displaystyle\sum_{i=1}^{3} \sum_{j=1}^{3} \mu_{fi} \mu_{zi} \mu_{fj} \mu_{zj} \rho_{zij} \phi_{2i} \phi_{2j} \Delta H_i \Delta H_j \right]^{1/2} \mu_s B}{\displaystyle\sum_{i=1}^{3} M_i \phi_{2i}^2}$$

$$= \Big[(-0.42 \times 1.42 \times 0.391)^2 \times (-0.38 \times 1.77 \times 0.161)^2 + (0.35 \times 2.02 \times 1.0 \times 0.5)^2$$

$$+ (-0.42 \times 1.42 \times 0.391) \times (-0.38 \times 1.77 \times 0.161) e^{-\frac{30}{60}} \times 2$$

$$+ (-0.42 \times 1.42 \times 0.391) \times (0.35 \times 2.02 \times 1.0 \times 0.5) e^{-\frac{60}{60}} \times 2$$

$$+ (-0.38 \times 1.77 \times 0.161) \times (0.35 \times 2.02 \times 1.0 \times 0.5) e^{-\frac{30}{60}} \times 2 \Big]^{1/2}$$

$$\times 30 \mu_s B \Big/ \Big[2 \times (-0.391)^2 + 10 \times (-0.161)^2 + 1 \times 1.0^2 \Big] M = 6.489 \frac{\mu_s B}{M}$$

所以有

$$P_{d21} = 1.20 \times 6.489 \frac{\mu_s B}{M} \times (-0.391) \times 2M \times 0.4 = -2.436 \mu_s B$$

$$P_{d22} = 1.20 \times 6.489 \frac{\mu_s B}{M} \times (-0.161) \times 10M \times 0.4 = -5.015 \mu_s B$$

$$P_{d23} = 1.20 \times 6.489 \frac{\mu_s B}{M} \times 1.0 \times M \times 0.4 = 3.115 \mu_s B$$

基底剪力

$$Q_{d0} = P_{d21} + P_{d22} + P_{d23} = -4.336 \mu_s B$$

$$Q_d = \sqrt{Q_{d1}^2 + Q_{d2}^2} = \sqrt{23.972^2 + (-4.336)^2} = 24.372 \mu_s B$$

由此可见，第二振型对底部剪力的贡献只有 2.3%左右。如再考虑第三振型，则影响更小。

顶点位移可由式(3.109)计算得到

$$y_{d2}(h) = \frac{1.20 \times 6.489 \frac{\mu_s B}{M} \times 1 \times 0.4}{\left(\frac{2\pi}{0.142} \right)^2} = 0.00159 \frac{\mu_s B}{M} = 0.0641 \times 10^6 \frac{\mu_s B}{EI}$$

$$y_d(H) = \sqrt{y_{d1}^2(H) + y_{d2}^2(H)} = 3.329 \times 10^6 \frac{\mu_s B}{EI}$$

由此可见，第二振型影响极小。如前所述，对位移来说，第一振型起决定性的作用。

3.5.7 结构横风向的风振响应

在风流场中，作用于建筑物上的气流是一种钝体绕流。当气流绕过建筑物并在建筑物后重新汇合时，其又会形成一种涡流。如果旋涡的脱落呈对称稳定状态，那么就不会引起横风向向力。如果旋涡的脱落呈无规则状态或者周期性的不对称脱落，那么这种非对称脱落的旋涡就会在横风向产生对建筑结构的干扰力。这就是结构的尾流旋涡干扰。

引起结构横风向强迫振动的两个主要原因是：尾部激励(旋涡脱落)引起的结构横风向振动；横风向风素流(侧向脉动风)引起的结构横风向振动。而尾部激励与来流的雷诺数有密切的关系。对于建筑物来说，其雷诺数的计算公式为

$$Re = 69000vB \qquad (3.113)$$

式中，v 为风速；B 为建筑物迎面宽度。

横风向振动按雷诺数大小可划分为 3 个范围，即亚临界 $(300 < Re < 3 \times 10^5)$，超临界 $(3 \times 10^5 < Re < 3.5 \times 10^6)$ 和跨临界范围 $(Re > 3.5 \times 10^6)$。范围不同，其引起横风向振动的特征也不同。亚临界和中间的范围即超临界范围旋涡脱落引起的振动是确定性的周期振动，跨临界范围却是随机振动。而周期振动的频率为

$$n_s = \frac{S_t v}{B} \tag{3.114}$$

式中，S_t 为与结构截面几何形状、雷诺数有关的参数，称为施特鲁哈尔数（Strouhal Number），在超临界范围，振动是随机的，其 S_t 值也具有随机性质。不同截面的 S_t 取值见表 3.2。

表 3.2　常用截面的施特鲁哈尔数

截　　面		S_t
── □ ── ⊔ ⊢⊣ ⊔ ┬		0.15
── ○	$300 < Re < 3 \times 10^5$	0.2
	$3 \times 10^5 < Re < 3.5 \times 10^6$	0.2～0.3
	$Re > 3.5 \times 10^6$	0.3

实验表明，当风速增大使旋涡脱落频率 n_s 到达 n_j 后，再增大风速 v 至某一范围内，式 (3.114) 的关系不再成立，n_s 不再增大仍等于 n_j。这种使旋涡脱落频率到达自振频率后，在一段风速范围内仍保持等于自振频率的区域，称为锁定区域。在结构上表现为，在某高度区域范围之内，旋涡脱落频率保持为常值。因此，在工程计算中只计算结构共振锁定区域的横风向振动。对于最一般情况，所有可能的横向风力示意图如图 3.7 所示。锁定区域除了图示情况外，也可位于亚临界范围。实际工程结构中，也可在顶部少于上述的划分范围和区域，但一个结构最多处于图示的三个范围五个区域之中。

由于亚临界和超临界范围振动结构横向效应不大，故只对跨临界范围进行讨论。

1) 共振临界风速的确定

共振临界风速就是使结构的某个自振频率与旋涡脱落频率相等的风速，可以根据计算旋涡脱落频率的公式 (3.114) 来确定共振临界风速，即

$$v_{cr} = \frac{n_k D}{S_t} \tag{3.115a}$$

式中，n_k 为结构共振的固有频率；D 为圆形截面直径。

考虑到圆形截面的 $S_t = 0.2$，同时 v_{cr} 必须位于跨临界范围内，且结构顶部的风速 v_H 要满足 $1.2 v_H > v_{cr}$，因此共振临界风速的计算公式可写为

$$\begin{cases} v_{cr} = \dfrac{D}{T_j S_t} = \dfrac{5D}{T_j} \\ Re = 690000 v_{cr} D > 3.5 \times 10^6 \\ 1.2 v_H > v_{cr} \end{cases} \tag{3.115b}$$

式中，T_j 为满足式 (3.115b) 中第二式的结构横风向基本周期，《建筑结构荷载规范》(GB 50009—2012) 中取 $v_H = 1.2\sqrt{\dfrac{2000\mu_H w_0}{\rho}}$；$\mu_H$ 为结构顶部的风压高度系数，ρ 为空气密度。

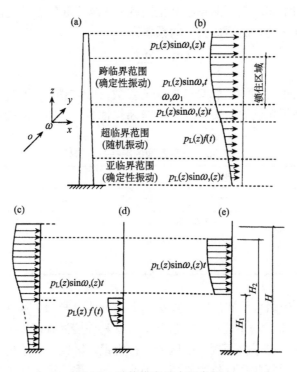

图 3.7　结构横向风力示意图

2) 旋涡脱落频率锁定区域的确定

共振区域起点高度 H_1 可由该处风速等于共振临界风速 v_{cr} 来确定，由式 (2.19) 可得

$$1.2v_H\left(\frac{H_1}{H}\right)^\alpha = v_{cr} \quad 或 \quad v_{10}\left(\frac{H_1}{10}\right)^\alpha = v_{cr}$$

由此得

$$H_1 = H\left(\frac{v_{cr}}{1.2v_H}\right)^{\frac{1}{\alpha}} \tag{3.116a}$$

$$H_1 = 10\left(\frac{v_{cr}}{v_{10}}\right)^{\frac{1}{\alpha}} \tag{3.116b}$$

式中，α 为地面粗糙度系数。

根据试验的结果，共振锁定区域的上界 H_2 常取 $1.3\,v_{cr}$ 位置处，这时 H_2 可写为

$$H_2 = H\left(\frac{1.3v_{cr}}{1.2v_H}\right)^{\frac{1}{\alpha}} \tag{3.117a}$$

$$H_2 = 10 \left(\frac{1.3 v_{\mathrm{cr}}}{v_{10}} \right)^{\frac{1}{\alpha}} \tag{3.117b}$$

若式 (3.117) 计算的 H_2 超出结构的总高度，则取结构的总高度。

3) 结构横风向等效共振荷载的计算

以高耸连续结构为研究对象。建立以顺风向为 y，横风向为 x 的坐标系，那么结构在亚临界和跨临界范围横向风力作用下的运动方程可写为

$$\begin{cases} m(z) \dfrac{\partial^2 x}{\partial t^2} + c(z) \dfrac{\partial x}{\partial t} + \dfrac{\partial^2 \left[\mathrm{EI}(z) \dfrac{\partial^2 x}{\partial t^2} \right]}{\partial z^2} = p_{\mathrm{L}}(z,t) \\ p_{\mathrm{L}}(z,t) = \dfrac{1}{2} \rho v^2(z) B(z) \mu_{\mathrm{L}}(z) \sin \omega_{\mathrm{s}}(z) t \end{cases} \tag{3.118}$$

采用振型分解法，$x(z,t)$ 可以振型模态写成

$$x(z,t) = \sum_{j=1}^{\infty} \varphi_j(z) q_j(t)$$

将上式代入，由振型的正交性，并考虑到在风速较大的跨临界范围，在结构锁定区域内，风力作用下产生的共振效应是很大的。因此，从工程实用出发，只计算共振风速下的锁定区域内荷载作用的结构反应，于是可得

$$\begin{aligned} x_{j\max}(z,t) &= \frac{\displaystyle\int_{H_1}^{H_2} \frac{1}{2} \rho v_{\mathrm{cr}}^2(z) D(z) \mu_{\mathrm{L}} \phi_j(z) \mathrm{d}z}{2 \zeta_j \omega_j^2 \displaystyle\int_0^H m(z) \phi_j^2(z) \mathrm{d}z} \phi_j(z) \\ &= \frac{\xi_{\mathrm{L}j} \mu_{\mathrm{L}j} \phi_j(z) w_0}{\omega_j^2} \end{aligned} \tag{3.119}$$

第 j 振型最大等效横向风振力应为

$$p_{\mathrm{L}dj}(z) = m(z) \omega_j^2 x_{j\max}(z) = \xi_{\mathrm{L}j} \mu_{\mathrm{L}j} \varphi_j(z) m(z) w_0 \tag{3.120}$$

式中

$$\xi_{\mathrm{L}j} = \frac{1}{2 \zeta_j}, \qquad \mu_{\mathrm{L}j} = \frac{\displaystyle\int_{H_1}^{H_2} \frac{1}{2} \rho v_{\mathrm{cr}}^2(z) D(z) \mu_{\mathrm{L}} \phi_j(z) \mathrm{d}z}{w_0 \displaystyle\int_0^H m(z) \phi_j^2(z) \mathrm{d}z}$$

式中，μ_{L} 为升力系数，对圆柱体取值 0.25；ζ_j 为第 j 阶阻尼比，一般取 $\frac{1}{2} \rho = \frac{1}{1600}$。

对于竖向斜率小于 0.01 的圆形截面结构，取 $D(z) = D_0$（常数），$m(z) = m_0$（常数），则式 (3.120) 变成

$$p_{\mathrm{L}dj}(z) = \frac{\phi_j v_{\mathrm{cr}}^2 D_0}{12800 \zeta_j} \cdot \frac{\displaystyle\int_{H_1}^{H_2} \phi_j(z) \mathrm{d}z}{\displaystyle\int_0^H \phi_j^2(z) \mathrm{d}z} \tag{3.121}$$

由此，可得到《建筑结构荷载规范》（GB 50009—2012）的结果，即

$$p_{Ldj}(z) = |\lambda_j| v_{cr}^2 \phi_j(z) B(z) / 12800\zeta_i \tag{3.122}$$

$$\lambda_j = \frac{\int_{H_1}^{H_2} \phi_j(z)\mathrm{d}z}{\int_0^H \phi_j^2(z)\mathrm{d}z}$$

式中，λ_j 为计算系数，可由表 3.3 查得。

表 3.3　λ_j 取值用表

结构类型	振型序号	H_i/H										
		0	0.1	0.2	0.3	0.4	0.5	0.6	0.7	0.8	0.9	1.0
高耸结构	1	1.56	1.55	1.54	1.49	1.42	1.31	1.15	0.94	0.68	0.37	0
	2	0.83	0.82	0.76	0.60	0.37	0.09	−0.16	−0.33	−0.38	−0.27	0
	3	0.52	0.48	0.32	0.06	−0.19	−0.30	−0.21	0.00	0.20	0.23	0
	4	0.30	0.33	0.02	−0.20	−0.23	0.03	0.16	0.15	−0.05	−0.18	0
高层结构	1	1.56	1.56	1.54	1.49	1.41	1.28	1.12	0.91	0.65	0.35	0
	2	0.73	0.72	0.63	0.45	0.19	−0.11	−0.36	−0.52	−0.53	−0.36	0

现举一例题，来具体说明上述有关公式的运用。

【例 3.2】　图 3.8 所示为一处于 A 类区域的钢烟囱，H=90m，顶端直径 4.5m，底部直径 6.95m 和 6.50m，已知 S_t =0.22，n_1=0.75rad/s，$\zeta_1 = \dfrac{0.03}{2\pi}$，$\alpha = 0.125$，$v_{10} = 15\,\mathrm{m/s}$，烟囱顶部求顶端横向最大位移。

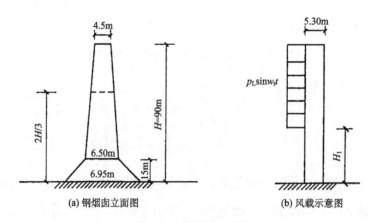

(a) 钢烟囱立面图　　　　　(b) 风载示意图

图 3.8　例题钢烟囱图

解：（1）计算上简化。

实际工程上，烟囱变化的锥度不大，通常可取 $\dfrac{2}{3}H$ 处的结构特性作为等截面结构来处理；在到达临界荷载后，从 H_1 到 H_2 段荷载均作为常数来处理。这样，计算简图可取如图

3.7(b)所示的形式。于是有

$$D\left(\frac{2}{3}H\right) = 4.5 + (6.5 - 4.5) \times \frac{30}{75} = 5.30(\text{m})$$

等截面悬臂结构的振型方程可取

$$\phi_1(z) = 2\left(\frac{z}{H}\right)^2 - \frac{4}{3}\left(\frac{z}{H}\right)^3 + \frac{1}{3}\left(\frac{z}{H}\right)^4$$

(2)计算范围分析。

由 $D\left(\frac{2}{3}H\right) = 5.30\,\text{m}$ 及 $v\left(\frac{2}{3}H\right) = 15\left(\frac{60}{10}\right)^{0.125} = 18.77(\text{m/s})$ 代入式(3.113)得到

$$Re = 69000 \times 18.77 \times 5.30 = 6.86 \times 10^6 > 3.5 \times 10^6$$

此属跨临界范围，应验算漩涡脱落共振响应，只考虑第一振型。

(3)临界风速。

由式(3.115a)得临界风速

$$v_{\text{cr}} = \frac{0.75 \times 5.30}{0.22} = 18.07(\text{m/s})$$

(4)横向共振荷载作用范围。

由式(3.116)得

$$H_1 = 10 \times \left(\frac{18.07}{15}\right)^{\frac{1}{0.125}} = 45.75(\text{m})$$

再由式(3.117)得

$$H_2 = 10 \times \left(\frac{1.3 \times 18.07}{15}\right)^{\frac{1}{0.125}} = 373.20(\text{m}) > H = 90(\text{m})，\ \text{取} H = H_2。$$

(5)顶点位移计算。

由式(3.119)、式(3.120)得

$$\xi_{\text{L},1} = \frac{1}{2\zeta_1} = \frac{1}{2 \times \dfrac{0.03}{2\pi}} = 104.72$$

$$\mu_{\text{L1}} = \frac{\displaystyle\int_{45.75}^{90} \frac{18.07^2}{1630} \times 5.30 \times 0.25 \times \left(2\frac{z^2}{H^2} - \frac{4}{3}\frac{z^3}{H^3} + \frac{1}{3}\frac{z^4}{H^4}\right)\text{d}z}{\displaystyle w_0 \times 82.32 \times \int_0^{90}\left(2\frac{z^2}{H^2} - \frac{4}{3}\frac{z^3}{H^3} + \frac{1}{3}\frac{z^4}{H^4}\right)\text{d}z} = \frac{46.00}{w_0}$$

$$x_{\max}(H) = \frac{104.72 \times \left(\dfrac{46.00}{w_0}\right) \times 1 \times w_0}{\left(2\pi \times 0.75\right)^2} \approx 0.0196(\text{m})$$

3.5.8 风力作用下结构的总响应

由上述求得的顺风向响应 $R_A(z)$ 和横风向响应 $R_L(z)$，可知结构在风作用下的总响应为

$$R(z) = \sqrt{R_A^2(z) + R_L^2(z)} \tag{3.123a}$$

对于双对称轴截面无扭转的结构来说，综合顺风向响应以及横风向响应，则式(3.123a)可写为

$$R(z) = \sqrt{\left(R_S(z) + \sqrt{\sum_{j=1}^{\infty} R_d^2(z)}\right)^2 + R_L^2(z)} \tag{3.123b}$$

如果只取第一振型，式(3.123b)变为

$$R(z) = \sqrt{\left[R_S(z) + R_{d1}(z)\right]^2 + R_L^2(z)} \tag{3.123c}$$

如果考虑横风向共振位移，则由前述相关公式代入式(3.123c)可得到

$$
\begin{aligned}
R(z) &= \sqrt{\left(\frac{\mu_{s1}\phi_1(z)w_0}{\omega_1^2} + \frac{\xi_1\mu_1\phi_1(z)w_0}{\omega_1^2}\right)^2 + \left(\frac{\xi_{L1}\mu_1\phi_{L1}(z)w_0}{\omega_{L1}^2}\right)^2} \\
&= \frac{\mu_{s1}\phi_1(z)w_0}{\omega_1^2}\sqrt{\left(1+\xi_1\frac{\mu_1}{\mu_{s1}}\right)^2 + \left(\frac{\xi_{L1}\dfrac{\mu_{L1}}{\mu_{s1}}\dfrac{\phi_{L1}(z)}{\phi_1(z)}}{\dfrac{\omega_{L1}^2}{\omega_1^2}}\right)^2} \\
&= y_s(z)\xi_{AL}
\end{aligned}
\tag{3.123d}
$$

式中，$y_s = \dfrac{u_{s1}\phi_1(z)w_0}{\omega_1^2}$ 为临界风速下顺风向静力位移，因而 ξ_{AL} 为顺风向综合风振系数。当顺横向结构的特征相同时，$\phi_{L1}(z) = \phi_1(z)$，$\omega_{L1}^2 = \omega_1^2$，则式(3.123d)变为

$$\xi_{AL} = \sqrt{\left(1+\xi_1\frac{\mu_1}{\mu_{s1}}\right)^2 + \left(\xi_{L1}\frac{\mu_{L1}}{\mu_{s1}}\right)^2} \tag{3.124}$$

有关系数可查相关的图表。式中等号右边前一括弧表示顺风向的影响；后一括弧表示横风向的共振影响。

3.5.9 风力下空气动力失稳

结构在风荷载作用下产生振动，同时结构的振动又反作用于风，由此，风相对于结构的速度的大小和方向都发生变化。这样结构上的风力也就随着结构的运动速度的改变而变化，这种由于结构的运动而产生的这部分动力风荷载称为空气动力阻尼力，又称为自激振动力，它是结构速度的函数。因此，风荷载作用下的结构振动应包括与结构运动无关的动力风荷载引起的振动和与结构运动相关的动力风荷载引起的自激振动。自激振动力与阻尼力合并称为系统的阻尼力。一些结构在强风作用下其自激振动力与结构的阻尼力之和即总阻尼力，可能为负值。总阻尼力为负的结构体系从来流中不断吸收能量，从而使结构的振

幅越来越大，出现了负衰减的现象，如此会使结构遭到严重的破坏，这种现象称为结构的空气动力失稳。工程结构中的空气动力失稳主要有两种：一种为驰振，通常在横风向上平动失稳；另一种为颤振，是扭转或者扭转和平动两个方向上耦合失稳。

3.5.10　横风向弯曲驰振

当风以一微小夹角 α 作用于截面带有锐角的细长结构时，该类结构在横向有可能发生驰振现象(图 3.9)，即横风向失稳式振动。

由图 3.9 可以看出，来流相对于结构物的攻角为 α，则作用于结构上的风压力 $\boldsymbol{F}$ 可表示为

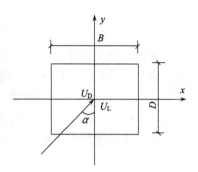

$$\boldsymbol{F} = \frac{1}{2}\rho \overline{v}^2 \overline{\mu}_F (\alpha) \boldsymbol{v}_0 \qquad (3.125)$$

式中，ρ 为空气密度；$\overline{v}$ 为风速；$\overline{\mu}_F = \overline{\mu}_D(\alpha)\boldsymbol{j} + \overline{\mu}_L(\alpha)\boldsymbol{i}$；$\overline{\mu}_D$、$\overline{\mu}_L$ 分别为攻角为 α 时结构在 y、x 方向上的阻力系数和升力系数；$\boldsymbol{i}$、$\boldsymbol{j}$ 分别为 x、y 方向上的单位矢量，$\boldsymbol{v}_0$ 为风作用方向上的单位矢量。

图 3.9　矩形截面风作用

$\boldsymbol{F}$ 是变量 α 和 $\overline{v}$ 的函数，因此，由结构的运动而引起的风压力变化可写成

$$\mathrm{d}\boldsymbol{F} = \frac{\mathrm{d}\boldsymbol{F}}{\partial \alpha}\mathrm{d}\alpha + \frac{\mathrm{d}\boldsymbol{F}}{\partial \overline{v}}\mathrm{d}\overline{v} \qquad (3.126)$$

式中，$\mathrm{d}\alpha$ 为结构运动而引起的攻角变化；$\mathrm{d}\overline{v}$ 为结构运动而引起的速度变化。

由式(3.125)可得

$$\begin{cases} \dfrac{\mathrm{d}\boldsymbol{F}}{\partial \alpha} = \dfrac{1}{2}\rho \overline{v}\left(\dfrac{\mathrm{d}\overline{\mu}_D}{\mathrm{d}\alpha}\boldsymbol{j} + \dfrac{\mathrm{d}\overline{\mu}_L}{\mathrm{d}\alpha}\boldsymbol{i}\right) \\[3mm] \dfrac{\mathrm{d}\boldsymbol{F}}{\partial \overline{v}} = \rho \overline{v}\left(\overline{\mu}_D\boldsymbol{j} + \overline{\mu}_L\boldsymbol{i}\right) \end{cases} \qquad (3.127)$$

式中，$\boldsymbol{i}$、$\boldsymbol{j}$ 为 x、y 方向上的单位矢量。

又由结构的振动速度和风速的攻角及速度变量的矢量关系，可以得到

$$\begin{cases} \mathrm{d}v = -\dot{x}\sin\alpha - \dot{y}\cos\alpha \\[2mm] \mathrm{d}\alpha = \dfrac{1}{\overline{v}}\left(-\dot{x}\cos\alpha + \dot{y}\sin\alpha\right) \end{cases} \qquad (3.128)$$

将以上几式代入式(3.126)，可得到由运动所引起的作用于结构的风压力的变化，即空气动力阻尼压力为

$$\mathrm{d}\boldsymbol{F} = \mathrm{d}F_x \boldsymbol{i} + \mathrm{d}F_y \boldsymbol{j} \qquad (3.129)$$

式中

$$\mathrm{d}F_x = \frac{1}{2}\rho \overline{v}^2 \left[\left(-2\overline{\mu}_L \sin\alpha - \frac{\mathrm{d}\overline{\mu}_L}{\mathrm{d}\alpha}\cos\alpha\right)\frac{\dot{x}}{\overline{v}} + \left(-2\overline{\mu}_L \cos\alpha + \frac{\mathrm{d}\overline{\mu}_L}{\mathrm{d}\alpha}\sin\alpha\right)\frac{\dot{y}}{\overline{v}} \right]$$

$$\mathrm{d}F_y = \frac{1}{2}\rho \overline{v}^2 \left[\left(-2\overline{\mu}_D \sin\alpha - \frac{\mathrm{d}\overline{\mu}_D}{\mathrm{d}\alpha}\cos\alpha\right)\frac{\dot{y}}{\overline{v}} + \left(-2\overline{\mu}_D \cos\alpha + \frac{\mathrm{d}\overline{\mu}_D}{\mathrm{d}\alpha}\sin\alpha\right)\frac{\dot{x}}{\overline{v}} \right]$$

上述两式中，每一式等号右边都由两项组成，前一项是与结构运动方向一致的振动所引起的空气动力阻尼力；后一项为与结构运动相垂直方向的振动所引起的空气动力阻尼力。一般后一项影响较小，通常忽略不计。由此得到因结构运动而引起的空气动力阻尼力为

$$\mathrm{d}F_x = \frac{1}{2}\rho\overline{v}^2\left(-2\overline{\mu}_\mathrm{L}\sin\alpha - \frac{\mathrm{d}\overline{\mu}_\mathrm{L}}{\mathrm{d}\alpha}\cos\alpha\right)\frac{\dot{x}}{\overline{v}}$$

$$\mathrm{d}F_y = \frac{1}{2}\rho\overline{v}^2\left(-2\overline{\mu}_\mathrm{D}\sin\alpha - \frac{\mathrm{d}\overline{\mu}_\mathrm{D}}{\mathrm{d}\alpha}\cos\alpha\right)\frac{\dot{y}}{\overline{v}}$$

将结构视为连续化体系，其质心、刚心和空气动力作用中心重合，则结构在考虑空气动力阻尼力的风力作用下的振动方程为

$$\begin{cases} m(z)\ddot{x} + c_x(z)\dot{x} + k_x(z)x = p_x(z,t) + D\mathrm{d}F_x \\ m(z)\ddot{y} + c_y(z)\dot{y} + k_y(z)y = p_y(z,t) + B\mathrm{d}F_y \end{cases} \tag{3.130}$$

对于上述方程采用振型分解法，当只考虑第一阶振型时，可以得到

$$\begin{cases} \ddot{q}_1^x + 2\zeta_1^x\omega_1^x\dot{q}_1^x + (\omega_1^x)^2 q_1^x = F_x^*(t) + \dfrac{\displaystyle\int_0^H D\mathrm{d}F_x\phi_1^x\mathrm{d}z}{M_{1x}^*} \\[3mm] \ddot{q}_1^y + 2\zeta_1^y\omega_1^y\dot{q}_1^y + (\omega_1^y)^2 q_1^y = F_y^*(t) + \dfrac{\displaystyle\int_0^H B\mathrm{d}F_y\phi_1^y\mathrm{d}z}{M_{1y}^*} \end{cases} \tag{3.131}$$

式中，$F_x^*(t)$、$F_y^*(t)$为x、y方向上第一振型的广义荷载；M_{1x}^*、M_{1y}^*为x、y方向上第一振型的广义质量。

令

$$\begin{cases} \displaystyle\int_0^H B\mathrm{d}F_y\phi_1^y\mathrm{d}z = \frac{1}{2}\rho\overline{v}B\mu_y\dot{q}_1^y \\[3mm] \displaystyle\int_0^H D\mathrm{d}F_x\phi_1^x\mathrm{d}z = \frac{1}{2}\rho\overline{v}B\mu_x\dot{q}_1^x \end{cases} \tag{3.132}$$

式中

$$\mu_x(\alpha) = \int_0^H \mu_z^{1/2}\left(2\overline{\mu}_\mathrm{L}\sin\alpha + \frac{\mathrm{d}\overline{\mu}_\mathrm{L}}{\mathrm{d}\alpha}\cos\alpha\right)\left[\phi_1^x(z)\right]^2\mathrm{d}z$$

$$\mu_y(\alpha) = \int_0^H \mu_z^{1/2}\left(2\overline{\mu}_\mathrm{D}\cos\alpha + \frac{\mathrm{d}\overline{\mu}_\mathrm{D}}{\mathrm{d}\alpha}\sin\alpha\right)\left[\phi_1^y(z)\right]^2\mathrm{d}z$$

将式(3.132)代入动力平衡方程中，合并阻尼项，可知，要使结构振动不出现负阻尼的现象，就必须满足条件

$$\begin{cases} \zeta_1^x + \dfrac{\rho\overline{v}D\mu_x}{4\omega_1^x M_{1x}^*} \geqslant 0 \\[3mm] \zeta_1^y + \dfrac{\rho\overline{v}D\mu_y}{4\omega_1^y M_{1y}^*} \geqslant 0 \end{cases} \tag{3.133}$$

如果不满足式(3.133)条件，则结构将因负阻尼而引起结构振动的振幅越来越大，使结构进入非线性变形阶段，直至阻尼增加到满足式(3.133)条件。就某些高强轻柔结构而言，在阻尼增加满足条件之前，其振幅和内力已超出刚度和强度的设计要求，甚至已经破坏，

这就是驰振现象。

驰振现象的产生必须满足式(3.133)条件，也就是空气动力阻尼取负值，即 $\mu_x < 0$，$\mu_y < 0$。实验和计算都表明，$\mu_x < 0$，$\mu_y < 0$ 分别在 α 为 $0°$ 或 $90°$，即风对结构的攻角很小时，μ_x、μ_y 分别达到绝对最大负值。驰振发生在横风向。如果取 α 为 $0°$，则横风向的 μ_x 满足

$$\mu_x(0) = \int_0^H \mu_z^{1/2} \left(\frac{\mathrm{d}\overline{\mu}_L}{\mathrm{d}\alpha} \right) \left[\phi_1^x(z) \right]^2 \mathrm{d}z \tag{3.134}$$

因此，由式(3.133)可得驰振是否发生的判别式：

$$\overline{v}_c = -\frac{4\zeta_1^x \omega_1^x M_{1x}^*}{\rho D \mu_x(0)} \tag{3.135}$$

由此可知，只有 $\overline{v} < \overline{v}_c$，式(3.133)才能成立，此时结构的自激振动是稳定的。

【例 3.3】 高为 200m，截面为 20m×20m 的 50 层钢结构高层建筑，处于 B 类地貌地区，结构每层的质量为 240t，结构的阻尼比 ζ 为 0.01，基频为 1.26，近似假定第一振型为线性直线，求其中一边迎风时的驰振临界风速。

解：将结构连续化为均质悬臂杆，有

$$M_{1x}^* = \frac{240}{4} \int_0^{200} \left(\frac{z}{200} \right)^2 \mathrm{d}z = 4000(\mathrm{t})$$

$$\mu_x(0) = -2.05 \int_0^{200} \frac{35^{0.16}}{350^{0.16}} \left(\frac{z}{200} \right)^2 \mathrm{d}z = -95.28(\mathrm{m})$$

则驰振临界风速为

$$\overline{v}_c = -\frac{4 \times 0.01 \times 1.26 \times 4000}{20 \times -95.28 \times \dfrac{1}{800}} = 84.64(\mathrm{m/s})$$

思考与练习

3-1 通常可以用哪几类随机过程来描述风荷载？它们各有什么特点？

3-2 什么是谱密度函数？它在求解脉动风荷载作用下结构随机动力反应时的作用是什么？

3-3 为什么结构顺风向的风振反应计算可以忽略高振型影响？

3-4 说明产生结构横风向风振的主要原因；风力作用下结构发生空气动力失稳的条件是什么？

第4章　高层建筑结构抗风设计

近30年来，在我国的许多大中城市中，建造了众多的高层建筑结构，对于这些建筑来说，其结构设计的显著特点之一就是侧向荷载是其最主要的控制因素。除地震荷载外，高层建筑、高耸结构的主要侧向荷载是风载。由于高层建筑、高耸结构具有柔度大、阻力小、迎风面大等特点，由风荷载引起的结构静、动力反应在整个结构反应中所占的比重较大。对于非地震区及沿海等强风地区来说，风荷载往往是结构设计中的控制性荷载。风荷载是结构设计中的控制荷载，则称该建筑或结构为抗风结构。

4.1　高层建筑的动力特性

高层建筑的动力特性一般是指其自振频率、阻尼比和振型。对于高层结构风振计算，通常只考虑其某一方向的基阶自振频率、基阶振型阻尼比和基阶振型函数。

下面就高层建筑结构的基阶自振频率和基阶振型函数来做一下说明。

4.1.1　高层建筑的振型和频率

高层建筑的振型和频率与其结构形式有关，而高层建筑的结构形式主要有：框架结构、剪力墙结构、筒体结构、框架剪力墙结构、框架筒体结构。按水平荷载作用下，不同结构形式的变形特点来区分，可以将高层建筑的变形分为剪切型、弯曲型和剪弯型三种。

对于可连续化高层建筑结构计算模型来说，其振型和频率可分别按剪切型、弯曲型和剪弯型结构来分析。

对于等截面弯曲型结构，其抗弯刚度视为常数 EI，该结构的弯曲振动微分方程为

$$EI \frac{\partial^4 y}{\partial z^4} + \overline{m} \frac{\partial^2 y}{\partial t^2} = 0 \tag{4.1}$$

解上述方程可得结构基阶振型函数为

$$\phi_1(z) = c_1 \left[\cos k_1 z - \cos h k_1 z + \frac{\sin k_1 H - \sin h k_1 H}{\cos k_1 + H + \cos h k_1 H} (\sin k_1 z - \sin h k_1 z) \right]$$

式中，$k_1 = \left(\dfrac{\overline{m} \omega_1^2}{EI} \right)^{1/4}$，$c_1$ 可由 $\phi_1(H) = 1$ 确定。

基阶自振频率为

$$\omega_1 = \frac{3.515}{H^2} \sqrt{\frac{EI}{\overline{m}}} \tag{4.2}$$

对于等截面剪切型结构，其剪切刚度视为常数 GA，该结构的剪切振动微分方程为

$$GA\frac{\partial^2 y}{\mu \partial z^2} - \overline{m}\frac{\partial^2 y}{\partial^2 t} = 0 \tag{4.3}$$

式中，μ 为截面剪切形状系数。

解上述方程可得结构基阶振型函数和自振频率为

$$\phi_1(z) = \sin\frac{\pi z}{2H} \tag{4.4}$$

$$\omega_1 = \frac{\pi}{2H}\sqrt{\frac{GA}{\mu m}} \tag{4.5}$$

对于等截面弯剪型结构，其振动微分方程为

$$EI\frac{\partial^4 y}{\partial z^4} - \frac{E\overline{m}}{GA/\mu}\frac{\partial^4 y}{\partial^2 z \partial t} + \overline{m}\frac{\partial^2 y}{\partial t^2} = 0 \tag{4.6}$$

结构基阶振型函数可近似表示为

$$\phi_1(z) = \tan\left[\frac{\pi}{4}\left(\frac{z}{H}\right)^{0.7}\right] \tag{4.7}$$

基阶自振频率可由能量法求得

$$\omega_1^2 = \frac{\int_0^H EI\left[\phi_1''(z)\right]^2 \mathrm{d}z}{\int_0^H \overline{m}\phi_1^2(z)\mathrm{d}z} \tag{4.8}$$

对于等截面扭转结构，其振动微分方程为

$$GJ\frac{\partial^2 \theta}{\partial z^2} - J_m\frac{\partial^2 \theta}{\partial^2 t} = 0 \tag{4.9}$$

式中，G 为剪切弹性模量，J 为截面的极惯性矩，J_m 为单位长度结构对其轴线的转动惯量。

解上述方程可得结构基阶振型函数和自振频率为

$$\theta_1(z) = \sin\frac{\pi z}{2H} \tag{4.10}$$

$$\omega_{\theta 1} = \frac{\pi}{2H}\sqrt{\frac{GA}{\mu m}} \tag{4.11}$$

对于离散化高层建筑结构来说，其振型和频率可采用我们熟悉的多自由度的动力计算模型来求算。忽略阻尼对振型和频率的影响，那么其自由振动的微分方程为

$$[M]\{\ddot{q}\} + [K]\{q\} = \{0\} \tag{4.12}$$

上述方程的解可写成 $\{q\} = \{\phi\}\sin(\omega t + \theta)$，代入可得

$$\left[K - \omega^2 M\right]\{\phi\} = \{0\} \tag{4.13}$$

式(4.13)有非零解的充分必要条件为

$$\left|K - \omega^2 M\right| = 0 \tag{4.14}$$

求解上述行列式，可得到行列式矩阵的特征值和特征向量，这样，就可求出结构的自振频率和振型。

4.1.2 高层建筑自振周期的经验公式

在估算高层建筑的基本自振周期时，可用如下经验公式做近似计算。

对于钢结构： $T_1 = (0.1 \sim 0.15)n$

对于钢筋混凝土结构： $T_1 = (0.05 \sim 0.10)n$

式中，n 为高层建筑结构的层数。

我国《建筑结构荷载规范》（GB 50009—2012）规定：

对于钢筋混凝土框架、框剪（框筒）结构有

$$T_1 = 0.25 + 0.53 \times 10^{-3} \times \frac{H^2}{\sqrt[3]{B}} \tag{4.15}$$

对于钢筋混凝土剪力墙（筒体）结构有

$$T_1 = 0.03 + 0.03 \times \frac{H^2}{\sqrt[3]{B}} \tag{4.16}$$

式中，H、B 分别为高层建筑的高度和宽度。对于长方形的高层建筑，长边方向上的自振周期是短边方向上的 70%～90%，扭转自振周期是短边方向上的 70%。

4.2　高层建筑的顺风向响应

4.2.1 高层建筑顺风向静力位移计算

在水平平均风作用下，高层建筑静位移挠曲线，可用各振型函数拟合而得到

$$\{y_s\} = [\Phi]\{q_s\} \tag{4.17}$$

式中，$\{y_s\}$ 为静位移挠曲线；$[\Phi]$ 为振型矩阵；$\{q_s\}$ 为广义位移向量。

在水平平均风作用下，高层建筑的静力平衡方程为

$$[K]\{y_s\} = \{P_s\} \tag{4.18}$$

式中，$\{P_s\}$ 为平均风压向量。

将式（4.17）代入式（4.18），并左乘 $[\Phi]^T$，可以得到

$$[K^*]\{q_s\} = \{P_s^*\} \tag{4.19}$$

由振型的正交性可知 $[K^*]$ 为对角矩阵，其对角元素为

$$k_i^* = \{\Phi\}_i^T [K] \{\Phi\}_i \tag{4.20}$$

广义荷载向量元素为

$$p_{si}^* = \{\Phi\}_i^T \{P_s\} \tag{4.21}$$

由此，对结构的第 i 振型有

$$k_i^* q_{si} = p_{si}^* \tag{4.22}$$

求解式（4.22）后代入式（4.17），可得结构高度上任意点 i 的静力位移为

$$y_{si} = \sum_{j=1}^{n} \phi_{ij} q_{sj} = \sum_{j=1}^{n} \frac{\phi_{ij} p_{sj}^*}{M_j^* \omega_j^2} \tag{4.23}$$

就结构位移而言，其第一振型起着决定性的作用，由此式(4.23)可简化为

$$y_{si} = \frac{\mu_{s1} \phi_{i1} w_0}{\omega_1^2} \tag{4.24}$$

对于等截面连续型高层建筑，质量可视为沿高度均匀分布，那么

$$\mu_{s1} = \frac{\{\Phi\}_1^{\mathrm{T}} \{P_s\}}{\{\Phi\}_1^{\mathrm{T}} [M] \{\Phi\}_1 w_0} = \frac{\displaystyle\int_0^H p_s(z) \phi_1(z) \mathrm{d}z}{\displaystyle\int_0^H m(z) \phi_1^2(z) \mathrm{d}z \cdot w_0} \tag{4.25a}$$

$$= \frac{\displaystyle\int_0^H \mu_s \mu_z(z) B(z) \phi_1(z) \mathrm{d}z}{\displaystyle\int_0^H m(z) \phi_1^2(z) \mathrm{d}z} = V_{s1} \frac{\mu_s B}{m}$$

式中，
$$V_{s1} = \frac{\displaystyle\int_0^H \mu_z(z) \phi_1(z) \mathrm{d}z}{\displaystyle\int_0^H \phi_1^2(z) \mathrm{d}z} \tag{4.25b}$$

高层建筑的振型常为弯剪型，我国《建筑结构荷载规范》(GB 50009—2012)对高层建筑第一振型函数取为

$$\phi_1(z) = \tan\left[\frac{\pi}{4}\left(\frac{z}{H}\right)^{0.7}\right] \tag{4.26}$$

1～4阶振型的高层建筑振型系数见表4.1。

表 4.1 高层建筑振型系数

相对高度	振型序号			
z/H	1	2	3	4
0.1	0.02	−0.09	0.22	−0.38
0.2	0.08	−0.30	0.58	−0.73
0.3	0.17	−0.50	0.70	−0.40
0.4	0.27	−0.68	0.46	0.33
0.5	0.38	−0.63	−0.03	0.68
0.6	0.45	−0.48	−0.49	0.29
0.7	0.67	−0.18	−0.63	−0.47
0.8	0.74	0.17	−0.34	−0.62
0.9	0.86	0.58	0.27	−0.02
1.0	1.00	1.00	1.00	1.00

等截面的取值见表4.2，各种地貌的V_{s1}取值如下。

$$V_{s1A} = 1.062H^{0.24} \tag{4.27}$$

$$V_{s1B} = 0.618H^{0.32} \tag{4.28}$$

$$V_{s1C} = 0.355H^{0.40} \tag{4.29}$$

表 4.2　等截面高层建筑 V_{s1} 值

地表类别	H/m									
	30	40	50	60	70	80	90	100	150	200
A	2.40	2.57	2.72	2.84	2.94	3.04	3.13	3.21	3.54	3.79
B	1.84	2.01	2.16	2.29	2.41	2.51	2.61	2.70	3.01	3.37
C	1.38	1.55	1.70	1.83	1.94	2.05	2.15	2.24	2.63	2.96

4.2.2　高层建筑顺风向动力响应与风振系数

考虑到高层建筑顺风向动力反应以第一振型为主，因此，高层建筑顺风向的风振力与设计位移可在第 3 章式(3.109)、式(3.110)的基础上，进行简化，即与脉动风频率有关的脉动增大系数 ξ_1，按我国《建筑结构荷载规范》(GB 50009—2012)处理方法，可设 $\xi_1 \approx \sqrt{1+R^2}$，频率相关项 R 称为共振分量因子，其表达式参见式(4.33)；对于与脉动风频率无关的脉动影响系数 μ_1，由于高层建筑结构的体型及质量沿高度是均匀分布的，那么，体型系数 $\mu_s(z)$ 与分布质量 $m(z)$ 就是常数并将湍流强度 $\mu_f(z)$ 式(3.94)代入式(3.105) μ_1 表达式中，按我国《建筑结构荷载规范》(GB 50009—2012)处理方法，与频率无关项，称为背景分量因子，表示为

$$B_z = \frac{\phi_1(z)}{\int_0^H \phi_1^2(z)\mu_z(z)} \left[\int_0^H \int_0^H \int_0^B \int_0^B \overline{I}_z(z)\mu_z(z)\rho_x(x,x')\rho_z(z,z') \right.$$

$$\left. \times \overline{I}_z(z')\mu_z(z')\phi_1(z)\phi_1(z')\mathrm{d}x\mathrm{d}x'\mathrm{d}z\mathrm{d}z' \right]^{\frac{1}{2}} \tag{4.30}$$

则风振力可用下式来表示

$$p_d(z) = 2\mu I_{10} B_z \sqrt{1+R^2} \mu_s(z)\mu_z(z)Bw_0 \tag{4.31}$$

荷载风振系数

$$\beta_p(z) = \left(1+2\mu I_{10}B_z\sqrt{1+R^2}\right) \tag{4.32}$$

可以看出，新荷载规范将风振响应近似取为准静态的背景分量及窄带共振响应分量之和。根据《建筑结构荷载规范》(GB 50009—2012)，脉动风荷载共振分量因子 R 取为

$$R = \sqrt{\frac{\pi f_1 S_f(f_1)}{4\zeta_1}} \tag{4.33}$$

式中，S_f 为归一化风速谱，采用 Davenport 建议的风速谱密度经验公式(3.89)代入，则得到

$$R=\sqrt{\frac{\pi}{6\zeta_1}\frac{x_1^2}{\left(1+x_1^2\right)^{4/3}}}\ ,\qquad x_1=\frac{30f_1}{\sqrt{k_{\mathrm{w}}w_0}}\ ,\quad x_1>5 \tag{4.34}$$

式中，f_1 为结构第一阶自振频率 (Hz)；k_{w} 为地面粗糙度修正系数，对应 A、B、C、D 类地面粗糙度，可分别取 1.28、1.0、0.54 和 0.26；ζ_1 为结构阻尼比，对钢结构可取 0.01，对有填充墙的钢结构房屋可取 0.02，对钢筋混凝土及砌体结构可取 0.05，对其他结构可根据工程经验确定。

经过大量的计算统计，可将脉动风荷载背景分量因子 B_z 积分式简化为《建筑结构荷载规范》(GB50009—2012)中的表达式：

$$B_z=kH^{\alpha_1}\rho_x\rho_z\frac{\phi_1(z)}{\mu_z} \tag{4.35}$$

式 (4.35) 适用于体型和质量沿高度均匀分布的高层建筑和高耸结构，其中，$\phi_1(z)$ 为结构第一阶振型系数，可由表 4.1 查得；H 结构总高度 (m)，对应 A、B、C、D 类地面粗糙度，H 的取值分别不大于 300m、350m、450m 和 550m；ρ_x 为脉动风荷载水平相关系数；ρ_z 为脉动风荷载竖直相关系数；k、α_1 系数可以查表 4.3。

表 4.3　系数 k、α_1

粗糙度度类别		A 类	B 类	C 类	D 类
高层建筑	k	0.944	0.670	0.295	0.112
	α_1	0.155	0.187	0.261	0.346
高耸结构	k	1.276	0.910	0.404	0.155
	α_1	0.186	0.218	0.292	0.376

脉动风荷载相关系数取

$$\begin{cases}\rho_z=\dfrac{10\sqrt{H+60\mathrm{e}^{-H/60}-60}}{H}\\[2mm]\rho_x=\dfrac{10\sqrt{B+50\mathrm{e}^{-B/50}-50}}{B}\end{cases} \tag{4.36}$$

式中，H 为结构总高度 (m)，对于 A、B、C 和 D 类地面粗糙度，H 的取值分别不应大于 300m、350m、450m 和 550m；B 为结构迎风面宽度 (m)，$B\leqslant 2H$。

设计动力位移

$$y_{\mathrm{d}}\left(z\right)=\mu\sigma_{y1}(z)=2\mu I_{10}B_z\sqrt{1+R^2}\frac{\mu_s\mu_z Bw_0}{\omega_1^2 m} \tag{4.37}$$

由高层建筑顺风向的静位移及动力位移，可得高层建筑顺风向的总位移

$$y\left(z\right)=\frac{V_{s1}\mu_s B\phi_1\left(z\right)w_0}{\omega_1^2 m}+\frac{2\mu I_{10}B_z\sqrt{1+R^2}\mu_s\mu_z Bw_0}{\omega_1^2 m}$$

所以
$$y(z)=\left(1+\frac{2\mu I_{10}B_z\sqrt{1+R^2}}{\dfrac{\phi_1(z)}{\mu_z}\cdot V_{s1}}\right)\frac{V_{s1}\mu_s B\phi_1(z)w_0}{\omega_1^2 m}=\beta_y y_{si}(z) \tag{4.38}$$

则位移风振系数为

$$\beta_y=\left(1+\frac{2\mu I_{10}B_z\sqrt{1+R^2}}{\dfrac{\phi_1(z)}{\mu_z}\cdot V_{s1}}\right) \tag{4.39}$$

【例 4.1】 已知一钢筋混凝土高层建筑框剪结构,矩形截面,其质量和外形等沿高度均匀分布,高 H=100m,宽 B=50m,单位高度质量 m=50t/m,基本风压 $w_0=0.65\,\text{kN/m}^2$。位于 C 类地区,已知结构顺风向基本周期 $T_1=1.54\,\text{s}$,阻尼 ζ_1=0.05,求结构风振系数、基底弯矩和顶点位移。

解: 由于 $H=100\text{m}>30\text{m}$,$\dfrac{H}{B}=\dfrac{100}{50}=2>1.5$,$T_1=1.54\text{s}>0.25\text{s}$,根据《建筑结构荷载规范》(GB 50009—2012)该高层建筑需要进行抗风设计计算。

(1)对该结构进行基本参数的计算。

由 C 类地区与标准地区的基本风压的换算关系并按规范重现期取 50 年可得

$$w_{0c}=0.65\times1.1=0.715(\text{kN/m}^2)$$

然后,由于 $x_1=\dfrac{30 f_1}{\sqrt{k_w w_0}}=\dfrac{30\times(1/1.54)}{\sqrt{0.54\times0.715}}=31.35>5$,共振分量因子 $R=\sqrt{\dfrac{\pi}{6\zeta_1}\dfrac{x_1^2}{(1+x_1^2)^{\frac{4}{3}}}}$

$\sqrt{1+R^2}=2.08$。

由于该高层结构体型与质量沿高度均匀分布,所以采用 $B_z=kH^{\alpha_1}\rho_x\rho_z\dfrac{\phi(z)}{\mu_z(z)}$ 计算背景分量因子。由表 4.3 得 $k=0.295$,$\alpha_1=0.261$,沿高度方向取 10 个等分点,查表 4.1 得结构振型系数 $\phi_1(10)=0.02$,$\phi_1(20)=0.08$,$\phi_1(30)=0.17$,$\phi_1(40)=0.27$,$\phi_1(50)=0.38$,$\phi_1(60)=0.45$,$\phi_1(70)=0.67$,$\phi_1(80)=0.74$,$\phi_1(90)=0.86$,$\phi_1(100)=1.00$;查附录 1 表得风压系数 $\mu_z(10)=0.65$,$\mu_z(20)=0.74$,$\mu_z(30)=0.88$,$\mu_z(40)=1.00$,$\mu_z(50)=1.10$,$\mu_z(60)=1.20$,$\mu_z(70)=1.28$,$\mu_z(80)=1.36$,$\mu_z(90)=1.43$,$\mu_z(100)=1.50$。

宽度方向相关系数

$$\rho_x=\frac{10\sqrt{B+50e^{-B/50}-50}}{B}=\frac{10\sqrt{50+50e^{-50/50}-50}}{50}=0.858$$

高度方向相关系数

$$\rho_z=\frac{10\sqrt{H+60e^{-H/60}-60}}{H}=\frac{10\sqrt{100+60e^{-100/60}-60}}{100}=0.717$$

$$B_z(10)=0.295\times100^{0.261}\times0.858\times0.717\times\frac{0.02}{0.65}=0.6037\times\frac{0.02}{0.65}=0.0186$$

$$B_z(20)=0.6037\times\frac{0.08}{0.74}=0.0653\,,\quad B_z(30)=0.6037\times\frac{0.17}{0.88}=0.1166$$

$$B_z(40)=0.6037\times\frac{0.27}{1.00}=0.1630\,,\quad B_z(50)=0.6037\times\frac{0.38}{1.10}=0.1855$$

$$B_z(60)=0.6037\times\frac{0.45}{1.20}=0.2264\,,\quad B_z(70)=0.6037\times\frac{0.67}{1.28}=0.3160$$

$$B_z(80)=0.6037\times\frac{0.74}{1.36}=0.3285\,,\quad B_z(90)=0.6037\times\frac{0.86}{1.43}=0.3631$$

$$B_z(100)=0.6037\times\frac{1.00}{1.50}=0.4025$$

另外，体型系数 $\mu_s=0.8+0.5=1.3$。

(2) 风振系数。

由式 (4.31) $\beta(z)=\left(1+2\mu I_{10}B_z\sqrt{1+R^2}\right)$，沿高度方向取 10 个等分点，得

$$\beta(10)=1+2\times2.5\times0.23\times0.0186\times2.08=1+2.392\times0.0186=1.044$$

$$\beta(20)=1+2.392\times0.0653=1.156\,,\quad \beta(30)=1+2.392\times0.1166=1.2789$$

$$\beta(40)=1+2.392\times0.1630=1.390\,,\quad \beta(50)=1+2.392\times0.1855=1.444$$

$$\beta(60)=1+2.392\times0.2264=1.542\,,\quad \beta(70)=1+2.392\times0.3160=1.756$$

$$\beta(80)=1+2.392\times0.3285=1.786\,,\quad \beta(90)=1+2.392\times0.3631=1.869$$

$$\beta(100)=1+2.392\times0.4025=1.963$$

(3) 基底弯矩。

由平均风力和风振力引起的总风力为 $\beta\mu_s\mu_z(z)w_0A$，由此即可求出基底弯矩为

$$\begin{aligned}
M_0=\sum_{i=1}^{10}\beta_i\mu_s\mu_{zi}w_0A_iz_i=&(1.044\times0.65\times10+1.156\times0.74\times20\\
&+1.278\times0.88\times30+1.390\times1.00\times40+1.444\times1.10\times50\\
&+1.542\times1.20\times60+1.756\times1.28\times70+1.786\times1.36\times80\\
&+1.869\times1.43\times90+1.963\times1.50\times100\times1/2)\mu_sw_0\times50\times10\\
=&521549\mu_sw_0\\
=&521549\times1.3\times(0.65\times1.1)\\
\approx&0.485\times10^6(\mathrm{kN\cdot m})
\end{aligned}$$

(4) 顶点位移计算。

对于顶点的静位移，可由式 (4.24) 及表 4.2 求得

$$\begin{aligned}
y_s&=\frac{u_{s1}\phi_1(H)w_0}{\omega_1^2}=\frac{V_{s1}\mu_sB\phi_1(H)w_0}{m\omega_1^2}\\
&=\frac{2.07\times1.3\times50\times1\times0.65\times1.1}{50\times(2\pi/1.54)^2}=0.1156(\mathrm{m})
\end{aligned}$$

位移风振系数可由式 (4.39) 及表 4.2 求得

$$\beta_y = 1 + \frac{2\mu I_{10} B_z \sqrt{1+R^2} \mu_z(z)}{\phi_1(z) \cdot V_{s1}} = 1 + 0.645 = 1.645$$

则顶点位移为

$$y_H = \beta_y \times y_s = 1.645 \times 0.1156 = 0.190(\text{m})$$

4.3 高层建筑的横风向响应

高层建筑横风向动力风荷载的计算准则由比较顺风向和横风向的研究结果而确定。大量的风洞试验和实测结果都表明，低层建筑的顺风向风荷载大于横风向风荷载，但随着建筑物高度的增加，设计风速逐步接近于共振风速，由于建筑物尾流中产生的旋涡，横风向风荷载在高层建筑中起支配作用。

在具体分析与研究时，首先将最大横风向和最大顺风向响应相等的临界风速计算出来，再与不同高宽比和不同边长比建筑物的设计风速进行比较，可以得到《建筑荷载荷载规范》（GB 50009—2012）中有关矩形截面高层建筑（有关圆形截面高层建筑可参见 3.5.7 节）横向风风振等效荷载的结果，即当高层建筑满足如下条件时：

（1）建筑的平面形状和质量在高度范围内基本相同；

（2）高宽比 $H/\sqrt{BD}$ 为 4~8，深宽比 B/D 为 0.5~2，其中 B 为结构的迎风面宽度，D 为结构平面的进深（顺风向尺寸）；

（3）$v_H T_{L1}/\sqrt{BD} \leqslant 10$，$T_{L1}$ 为结构横风向第一阶自振周期，v_H 为结构顶部风速。

则矩形截面高层建筑横风向风振等效风荷载计算公式为

$$p_{LK} = \mu w_0 \mu_z C'_L \sqrt{1+R_L^2} \cdot B \tag{4.40}$$

式中，μ 为峰值因子，可取 2.5；C'_L 横风向风力系数；R_L 横风向共振因子。

横风向风力系数计算公式为

$$C'_L = (2+2\alpha) C_m \gamma_{CM} \tag{4.41}$$

$$\gamma_{CM} = C_R - 0.019 \left(\frac{D}{B}\right)^{-2.54} \tag{4.42}$$

式中，C_m 为横风向风力角沿修正系数；α 为风速剖面指数，对应 A、B、C、D 类粗糙度分别取 0.12、0.15、0.22 和 0.30；C_R 为地面粗糙度系数，对应 A、B、C、D 类粗糙度分别取 0.236、0.211、0.202 和 0.197。

横风向共振因子计算公式为

$$R_L = K_L \sqrt{\frac{\pi S_{F_L} C_{sm}/\gamma_{CM}^2}{4(\zeta_1 + \zeta_{a1})}} \tag{4.43}$$

$$K_L = \frac{1.4}{(\alpha+0.95)C_m} \cdot \left(\frac{z}{H}\right)^{-2\alpha+0.9} \tag{4.44}$$

$$\zeta_{a1} = \frac{0.0025(1-T_{L1}^{*2})T_{L1}^* + 0.000125 T_{L1}^{*2}}{(1-T_{L1}^{*2})^2 + 0.0291 T_{L1}^{*2}} \tag{4.45}$$

$$T_{L1}^{*} = \frac{v_H T_{L1}}{9.8B} \tag{4.46}$$

式(4.43)~式(4.46)中，S_{F_L} 为无量纲横风向广义风力功率谱；C_{sm} 为横风向风力功率谱的角沿修正系数；ζ_1 为结构第一振型阻尼比；ζ_{a1} 结构横风向第一振型气动阻尼比；K_L 振型修正系数；T_{L1}^{*} 折算周期。

S_{F_L} 可根据深宽比 D/B 和折算频率 f_{L1}^{*} 按图 4.1 确定。f_{L1}^{*} 可按下式计算

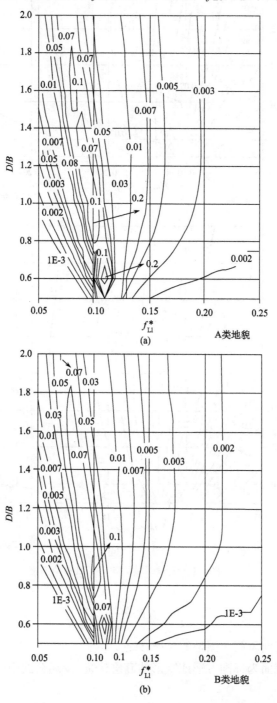

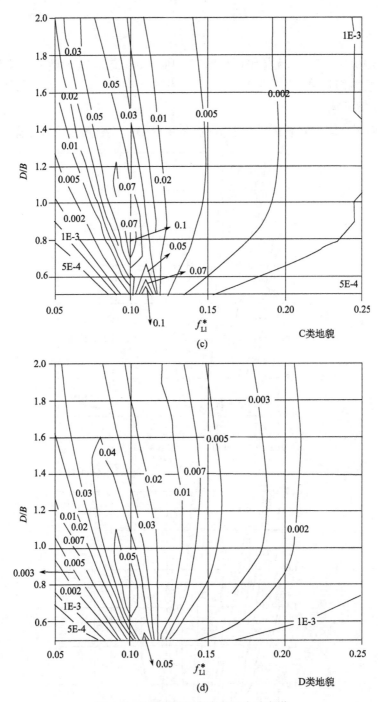

图 4.1　无量纲横风向广义风力功率谱

$$f_{L1}^{*} = \frac{B f_{L1}}{v_{H}} \tag{4.47}$$

式中，f_{L1} 为结构横向风第一振型的频率(Hz)。

另外，对于横截面为标准方形或矩形的高层建筑，上述公式中的角沿修正系数 C_m、C_{sm}

取 1.0；对于横截面为削角或凹角矩形截面如图 4.2 所示，横风向风力系数的角沿修正系数 C_m 可按下式计算：

$$C_m = \begin{cases} 1.00 - 81.6\left(\dfrac{b}{B}\right)^{1.5} + 301\left(\dfrac{b}{B}\right)^{2} - 290\left(\dfrac{b}{B}\right)^{2.5}, & 0.05 \leqslant b/B \leqslant 0.2 \text{凹角} \\[2mm] 1.00 - 2.05\left(\dfrac{b}{B}\right)^{0.5} + 24\left(\dfrac{b}{B}\right)^{1.5} - 36.8\left(\dfrac{b}{B}\right)^{2}, & 0.05 \leqslant b/B \leqslant 0.2 \text{削角} \end{cases} \tag{4.48}$$

式中，b 为削角或凹角的修正尺寸，如图 4.2 所示。

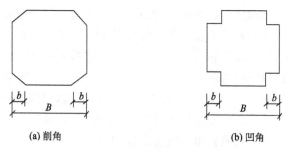

(a) 削角　　　　　　　　　(b) 凹角

图 4.2　截面的削角和凹角的示意图

另外，对于图 4.2 所示的削角或凹角矩形截面，横风向广义风力功率谱的角沿修正系数 C_{sm} 可按表 4.4 取值。

表 4.4　横风向广义风力功率谱的角沿修正系数 C_{sm}

角沿情况	地面粗糙度类别	b/B	折减频率（f_{L1}^*）						
			0.100	0.125	0.150	0.175	0.200	0.225	0.250
削角	B 类	5%	0.183	0.905	1.2	1.2	1.2	1.2	1.1
		10%	0.070	0.349	0.568	0.653	0.684	0.670	0.653
		20%	0.106	0.902	0.953	0.819	0.743	0.667	0.626
	D 类	5%	0.368	0.749	0.922	0.955	0.943	0.917	0.897
		10%	0.256	0.504	0.659	0.706	0.713	0.697	0.686
		20%	0.339	0.974	0.977	0.894	0.841	0.805	0.790
凹角	B 类	5%	0.106	0.595	0.980	1.0	1.0	1.0	1.0
		10%	0.033	0.228	0.450	0.565	0.610	0.604	0.594
		20%	0.042	0.842	0.563	0.451	0.421	0.400	0.400
凹角	D 类	5%	0.267	0.586	0.839	0.955	0.987	0.991	0.984
		10%	0.091	0.261	0.452	0.567	0.613	0.633	0.628
		20%	0.169	0.954	0.659	0.527	0.475	0.447	0.453

注：1. A 类地面粗糙度的 C_{sm} 可按 B 类取值；

2. C 类地面粗糙度的 C_{sm} 可按 B 类和 D 类插值取用。

4.4 高层建筑的扭转风振响应

在风力作用下，高层建筑结构扭转振动的产生，主要是由于质心与刚心的偏离以及脉动风压合力在截面上作用位置的变化而引起的。质心与刚心的偏离是由于结构布置等原因造成的；脉动风压是由风紊流与尾流引起的。风紊流引起的扭矩可表示为风紊流脉动风压对结构的矩函数，尾流引起的扭矩也可表示为尾流脉动风压对结构的矩函数。风洞试验的结果表明，不同机理引起的扭转动力风荷载相关性极小，因此可视为统计独立的。

扭转风向的振动是由迎风面、侧风面和背风面的不对称风压分布引起的，与横风向振动相同的是，它也是由风的紊流和建筑物尾流中的漩涡共同产生的，因此，计算扭转动力风荷载与计算横风向动力风荷载相同，这是因为在大多数情况下，作用在建筑物上的扭转风荷载都与横风向风荷载一起考虑。

由于扭转动力矩作用于建筑物的每一边均很复杂，所以很难用一个简单的代数式表达功率谱密度，但是采集响应的角加速度实验数据相对比较容易些，因此，随后给出的扭转动力风荷载计算公式是基于响应的角加速度进行的。

《建筑结构荷载规范》（GB 50009—2012）规定，当高层建筑满足如下条件时：

(1) 建筑的平面形状在整个高度范围内基本相同；

(2) 刚度及质量的偏心率（偏心距/回转半径）小于 0.2；

(3) 高宽比 $H/\sqrt{BD} \leqslant 6$，深宽比 D/B 在 $1.5 \sim 5$，$v_H T_{T1}/\sqrt{BD} \leqslant 10$，$T_{T1}$ 为结构横风向第一阶自振周期，v_H 为结构顶部风速。

当风向垂直于矩形建筑物正面时，在阵风中由建筑物尾流湍流引起 z 高度处的等效扭转动力风荷载的计算公式为

$$p_{TK} = 1.8\mu w_0 \mu_H C'_T \left(\frac{z}{H}\right)^{0.9} \sqrt{1+R_T^2} \cdot B \tag{4.49}$$

式中，μ 为峰值因子，可取 2.5；μ_H 结构顶部风压高度变化系数；C'_T 风致扭矩系数；R_T 扭转共振因子。

风致扭矩系数可按下式计算：

$$C'_T = \left\{0.0066 + 0.015 (D/B)^2\right\}^{0.78} \tag{4.50}$$

扭转共振因子可按下列公式计算：

$$R_T = K_T \sqrt{\frac{\pi F_T}{4\zeta_1}} \tag{4.51}$$

$$K_T = \frac{(B^2+D^2)}{20r^2}\left(\frac{z}{H}\right)^{-0.1} \tag{4.52}$$

式中，F_T 为扭矩谱能量因子；K_T 为扭转振型修正系数；r 为结构的回转半径(m)。

扭矩谱能量因子 F_T 可根据深宽比 D/B 和扭转折算频率 f^*_{T1} 按图 4.3 确定。扭转折算频率 f^*_{T1} 按下式计算：

$$f_{T1}^* = \frac{f_{T1}\sqrt{BD}}{v_H} \tag{4.53}$$

式中，f_{T1} 为结构第一阶扭转自振频率 (Hz)。

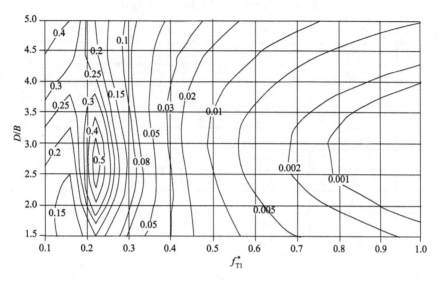

图 4.3　扭矩谱能量因子

4.5　高层建筑风载下的舒适度验算

高层建筑，特别是超高层建筑钢结构，内于高度的迅速增加，阻尼比变小，高层建筑钢结构风运动的人体舒适度则上升为首要和控制的因素。

尽管衡量人体舒适度的标准有多种，但较为公认的或在实际工程中采用较多的是最大加速度响应判别方法。下面就顺风向、横风向和扭转风向最大加速度计算方法和判别标准进行介绍。

1. 顺风向最大加速度计算

由于规则高层建筑加速度的计算一般只计及其第一振型的影响，利用第 3 章推出的式 (3.107) 以及式 (3.109)，可得结构的加速度为

$$\ddot{y}_d = \mu\sigma_{y1} = \omega_1^2 y_d = \omega_1^2 \frac{2\mu I_{10}B_z\sqrt{1+R^2}\,\mu_s\mu_z Bw_0}{\omega_1^2 m}$$

$$= \frac{2\mu I_{10}B_z\sqrt{1+R^2}\,\mu_s\mu_z Bw_0}{m} \tag{4.54}$$

工程中一般关心的是建筑物顶部最大加速度，这时，取 $\phi_1(z)=1$，令 $\eta_a=\sqrt{1+R}$ 并考虑不同重现期的标准风压，于是式 (4.54) 变为

$$\ddot{y}_{d\max} = a_{D,z} = \frac{2\mu I_{10}w_R\mu_s\mu_z B_z\eta_a B}{m} \tag{4.55}$$

式中，w_R 为重现期为 R 年的风压(kN/m^2)，可按第 2 章公式计算；η_a 顺风向风振加速度的脉动系数，其数值可由表 4.5 查得；其他符号可参见前述相关公式。

表 4.5　顺风向风振加速度的脉动系数 η_a

x_1	$\zeta_1=0.01$	$\zeta_1=0.02$	$\zeta_1=0.03$	$\zeta_1=0.04$	$\zeta_1=0.05$
5	4.14	2.94	2.41	2.10	1.88
6	3.93	2.79	2.28	1.99	1.78
7	3.75	2.66	2.18	1.90	1.70
8	3.59	2.55	2.09	1.82	1.63
9	3.46	2.46	2.02	1.75	1.57
10	3.35	2.38	1.95	1.69	1.52
20	2.67	1.90	1.55	1.35	1.21
30	2.34	1.66	1.36	1.18	1.06
40	2.12	1.51	1.23	1.07	0.96
50	1.97	1.40	1.15	1.00	0.89
60	1.86	1.32	1.08	0.94	0.84
70	1.76	1.25	1.03	0.89	0.80
80	1.69	1.20	0.98	0.85	0.76
90	1.62	1.15	0.94	0.82	0.74
100	1.56	1.11	0.91	0.79	0.71
120	1.47	1.05	0.86	0.74	0.67
140	1.40	0.99	0.81	0.71	0.63
160	1.34	0.95	0.78	0.68	0.61
180	1.29	0.91	0.75	0.65	0.58
200	1.24	0.88	0.72	0.63	0.56
220	1.20	0.85	0.70	0.61	0.55
240	1.17	0.83	0.68	0.59	0.53
260	1.14	0.81	0.66	0.58	0.52
280	1.11	0.79	0.65	0.56	0.50
300	1.09	0.77	0.63	0.55	0.49

2. 横向风最大加速度计算

建筑物横风向风振机理较为复杂，现一般是以大量试验结果为基础，再通过综合分析得到。我国《建筑结构荷载规范》(GB 50009—2012)中的最大加速度的计算公式为

$$\ddot{y}_{w\max} = a_{L,z} = \frac{2.8\mu w_R \mu_H B}{m}\phi_{L1}(z)\sqrt{\frac{\pi S_{F_L} C_{sm}}{4(\zeta_1+\zeta_{a1})}} \tag{4.56}$$

式中各符号的意义可参见前述公式。

3. 扭转加速度响应的计算

下面介绍的是加拿大西安大略大学通过风洞试验结果得到的计算公式，即建筑物顶部弹性中心处最大角加速度计算公式

$$\ddot{\theta} = \frac{2g_T T_{rms}}{Mr_m^2} \tag{4.57}$$

式中，g_T 为建筑物扭转峰因子，g_T 约为 3.8；M 为建筑物总质量(kg)；r_m 为建筑物回转半径，对方形建筑物有

$$r_m = \sqrt{(B^2 + D^2)/2} \tag{4.58}$$

式中，B、D 分别为建筑物的平面尺寸(m)。

T_{rms} 为建筑物底部动力均方根扭矩

$$T_{rms} = 0.00167 \frac{1}{\sqrt{\zeta_T}} \rho L^4 H n_T^2 \overline{v}_r^{-2.68} \tag{4.59}$$

且

$$\overline{v}_r = \overline{v}_H / n_T L \tag{4.60}$$

式(4.59)和式(4.60)中，$L = \sqrt{BD}$；ρ 为空气密度(1.25kN/m³)；H 为建筑物总高(m)；n_T 为建筑物扭转频率；ζ_T 为扭转振动阻尼比；$\overline{v}_H$ 为建筑物顶部平均风速(m/s)。

对于矩形建筑物，由于扭转在边角产生的水平加速度 $a_\theta(m/s^2)$ 为

$$a_\theta = \frac{\sqrt{B^2 + D^2}}{2} \ddot{\theta} \tag{4.61}$$

式中，$\ddot{\theta}$ 由式(4.57)确定，其余符号意义同前。

4. 顺风向、横风向和扭转风向最大加速度的向量叠加

顺风向、横风向和扭转风向最大加速度不会同时出现，一般不能直接进行向量叠加。若要进行顺风向、横风向和扭转风向最大加速度向量叠加，可参考加拿大资料，当用建筑物顶部顺风向、横风向和扭转风向最大加速度叠加为建筑物中心最大加速度 a_{ce} (m/s²)时，需乘以折减系数 0.8，即

$$a_{ce} = 0.8\sqrt{a_{D,z}^2 + a_{L,z}^2} \tag{4.62}$$

当用顺风向、横风向和扭转风向最大加速度叠加为建筑物最大加速度 a_{c0} (m/s²)时，乘以折减系数 0.8，即

$$a_{ce} = 0.8\sqrt{a_{D,z}^2 + a_{L,z}^2 + a_\theta^2} \tag{4.63}$$

式(4.62)和式(4.63)中的 a_D、a_L 和 a_θ 分别由式(4.55)、式(4.56)和式(4.61)确定。

5. 人体舒适度限值标准

人体舒适度限值标准要与前述加速度计算方法相匹配，我国规程采用了最大加速度标准，规定重现期为 10 年的最大(峰值)加速度限值标准如下：

0.28（公共建筑）

0.20（公寓建筑）

思考与练习

4-1 高层建筑的动力特性具体是指哪些物理量？

4-2 水平力作用下，高层建筑的变形（不考虑扭转变形）可分为哪几种？

4-3 简述高层建筑结构顺风向响应计算的主要步骤。

4-4 在风力作用下，有哪些主要因素导致了高层建筑结构的扭转振动？

第5章 高耸结构抗风设计

5.1 高耸结构的自振周期

高耸结构在水平力作用下的变形属于弯曲型，可以采用成等截面或变截面的悬臂杆及阶段形悬臂杆计算模型。对于截面沿高度无变化或作规则变化的高耸结构如烟囱，可按连续化即无限自由度体系模型进行动力特性分析；对于截面沿高度变化或作不规则变化的高耸结构如输电塔、电视塔等，可按离散化即有限自由度体系模型进行动力特性分析。

5.1.1 按无限自由度体系计算自振周期

对于沿高度作规则变化或无变化的高耸结构，按无限自由度体系模型进行计算，其动力方程为

$$\frac{\partial^2\left(EI\frac{\partial^2 y_d}{\partial z^2}\right)}{\partial z^2} + m(z)\frac{\partial^2 y_d}{\partial t^2} = 0 \tag{5.1}$$

由方程可以得到结构的自振频率或周期。为了便于抗风计算，这里列出了沿高度作规则变化的高耸结构四阶振型。从表5.1、表5.2可以看出，同一阶振型其型式当然是相同的。但也可以看到，随着顶部宽度的减小，即结构顶部越偏尖，振型在顶部变化也更激烈，高阶振型更甚。在顶部宽度极小时，还可能在顶部引起鞭梢效应，应予以注意。

表 5.1 高耸结构的振型系数

相对高度 z/H	振型序号			
	1	2	3	4
0.1	0.02	−0.09	0.23	−0.39
0.2	0.06	−0.30	0.61	−0.75
0.3	0.14	−0.53	0.76	−0.43
0.4	0.23	−0.68	0.53	0.32
0.5	0.34	−0.71	0.02	0.71
0.6	0.46	−0.59	−0.48	0.33
0.7	0.59	−0.32	−0.66	−0.40
0.8	0.79	0.07	−0.40	−0.64
0.9	0.86	0.52	0.23	−0.05
1.0	1.00	1.00	1.00	1.00

表 5.2　高耸结构第一振型系数

相对高度 z/H	$\dfrac{B(H)}{B(0)}=1$	0.8	0.6	0.4	0.2
0.1	0.02	0.02	0.01	0.01	0.01
0.2	0.06	0.06	0.05	0.04	0.03
0.3	0.14	0.12	0.11	0.09	0.07
0.4	0.23	0.21	0.19	0.16	0.13
0.5	0.34	0.32	0.29	0.26	0.21
0.6	0.46	0.44	0.41	0.37	0.31
0.7	0.59	0.57	0.55	0.51	0.45
0.8	0.79	0.71	0.69	0.66	0.61
0.9	0.86	0.86	0.85	0.83	0.80
1.0	1.00	1.00	1.00	1.00	1.00

注: $B(H)$、$B(0)$ 分别为顶部和底部迎风面的宽度。

5.1.2　按有限自由度体系计算自振周期

　　有限自由度体系就是将高耸结构离散成多质点力学模型。影响此模型精确度的因素有两个：一是离散质点的数目多少；二是离散质点质量的分布形式。大家知道，一般来说，离散质点的数目越多，计算分析结果的精确度越高。离散质点质量的分配，习惯按杠杆原理把单元质量分配堆聚到质点上。这种方法在理论上来说，是不确切的。因为结构振动时，从拉格朗日方程可以看出，结构的动能，它包括了质量和速度，而并不仅仅是质量本身。按质量总数全部分配到质点上并不一定形成动能相等，因而替换的团集质量体系其能量并不与原来相等，从而可能导致误差很大的不正确的结果。因此，以动能相等原则为基础，从振型分解角度出发，求得单元的团集质量系数的一般公式，应该可以提高计算的准确度。

　　下面按照动能相等原则，将任一具有分布质量的杆件单元，进行质点团集质量等效。设杆件单元的振动曲线为 $y(z,t)$，其任一时刻的动能 $T(t)$ 可写成

$$T(t)=\frac{1}{2}\int_0^h m(z)\left(\frac{\partial y(z,t)}{\partial t}\right)^2 \mathrm{d}z \tag{5.2}$$

如果将振动曲线按振型函数 $\phi(z)$ 展开，即

$$y(z,t)=\sum_{i=1}^{\infty}\phi_i(z)T_i(t) \tag{5.3}$$

式中，$\phi_i(z)$ 为第 i 振型函数；$T_i(t)$ 为相应的广义坐标。将式 (5.3) 代入式 (5.2) 得

$$T(t)=\frac{1}{2}\int_0^h m(z)\left[\sum_{i=1}^{\infty}\phi_i(z)\dot{T}_i(t)\right]^2 \mathrm{d}z \tag{5.4}$$

图 5.1 中是团集质量单元，其振动曲线与图中完全相同，则任一时刻的动能 $T'(t)$ 应为

$$T'(t) = \frac{1}{2} M_0 \dot{y}^2(0,t) + \frac{1}{2} M_h \dot{y}^2(h,t)$$

$$= \frac{1}{2} M_h \left[\sum_{i=1}^{\infty} \phi_i(0) \dot{T}_i(t) \right]^2 + \frac{1}{2} M_h \left[\sum_{i=1}^{\infty} \phi_i(h) \dot{T}_i(t) \right]^2 \tag{5.5}$$

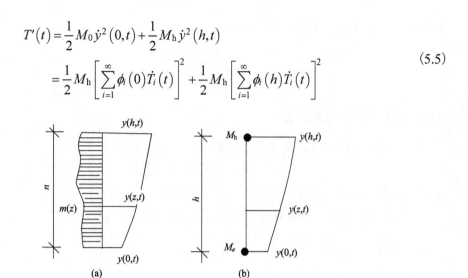

图 5.1　团集质量单元

由于是等代体系，M_0 和 M_h 可以按任一比例选择。实际上为方便计算，常选择 $M_0 = M_h = M$，此时

$$T'(t) = \frac{1}{2} M \left\{ \left[\sum_{i=1}^{\infty} \phi_i(0) \dot{T}_i(t) \right]^2 + \left[\sum_{i=1}^{\infty} \phi_i(h) \dot{T}_i(t) \right]^2 \right\} \tag{5.6}$$

按照动能相等原则，$T(t) = T'(t)$，从而得到团集质量为

$$M = \frac{\displaystyle\int_0^h m(z) \left[\sum_{i=1}^{\infty} \phi_i(z) \dot{T}_i(t) \right]^2 \mathrm{d}z}{\left[\sum_{i=1}^{\infty} \phi_i(0) \dot{T}_i(t) \right]^2 + \left[\sum_{i=1}^{\infty} \phi_i(h) \dot{T}_i(t) \right]^2} \tag{5.7}$$

在通常的计算中，第一振型起着主要作用，所以在只考虑第一振型影响的条件下，结构团集质量式 (5.7) 可简化为

$$M = \frac{\displaystyle\int_0^h m(z) \phi_1(z)^2 \mathrm{d}z}{\phi_1(0)^2 + \phi_1(h)^2} \tag{5.8}$$

运用上述公式，需要知道结构的第一振型。在未知结构的第一振型的条件下，通常可以按某种荷载（如自重）作用下的挠曲线作为近似的第一振型曲线。

应该指出，不但分布质量可按动能相等集中法团集质量，而且还可以将本来已团集的质量体系再进集（图 5.2），以使结构具有更少的自由度。当团集质量体系再按动能相等进行

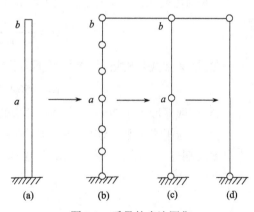

图 5.2　质量的多次团集

团集时，团集质量公式采用式(5.8)得到

$$M = \frac{\sum M_i \phi_{1i}^2}{\phi_{1a}^2 + \phi_{1b}^2}$$

(5.9)

5.1.3 自振周期的经验公式

经过统计分析，一般高耸结构自振周期的经验公式为

$$T_1 = (0.007 \sim 0.013)H$$

(5.10)

钢结构可取偏高值，钢筋混凝土结构可取偏低值。

对于另外一些具体的结构的自振周期可以采用如下的经验公式。

1. 烟囱

(1)高度小于 150m 的钢筋混凝土烟囱

$$T_1 = 0.41 + 0.001H^2 / D$$

(5.11)

(2)高度在 150～210m 的钢筋混凝土烟囱

$$T_1 = 0.53 + 0.0008H^2 / D$$

(5.12)

(3)高度不超过 60m 的砖砌烟囱

$$T_1 = 0.23 + 0.0022H^2 / D$$

(5.13)

式中，D 为烟囱 1/2 高度处的外径(m)；H 为结构的高度(m)。

2. 石油、化工塔架(图 5.3)

(1)圆柱(筒)基础塔(塔壁厚度不大于 30mm)

当 $h^2 / D < 700$ 时

$$T_1 = 0.35 + 0.85 \times 10^{-3} h^2 / D$$

(5.14)

当 $h^2 / D \geq 700$ 时

$$T_1 = 0.25 + 0.99 \times 10^{-3} h^2 / D$$

(5.15)

式中，h 为塔高(m)；D 为塔身按各段高度及外径求得的加权平均外径，即

$$D = \frac{h_1 D_1 + h_2 D_2 + \cdots + h_n D_n}{h_1 + h_2 + \cdots + h_n}$$

(2)框架架式基础塔(塔壁厚度不大于 30mm)

$$T_1 = 0.56 + 0.4 \times 10^{-3} h^2 / D$$

(5.16)

(3)塔壁厚度大于 30mm 的框架式基础塔按相关理论计算。

(4)当若干塔由平台连成一排时，垂直于排列方向的各塔基本周期 T_1 可采用主塔的基本自振周期值；平行于排列方向的各塔基本周期 T_1 可采用主塔的基本自振周期值乘以折减系数 0.9。

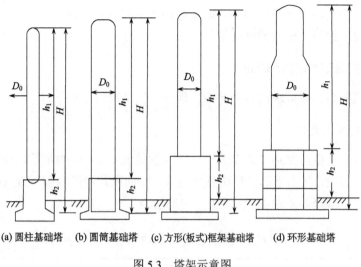

(a) 圆柱基础塔　　(b) 圆筒基础塔　　(c) 方形(板式)框架基础塔　　(d) 环形基础塔

图 5.3　塔架示意图

5.2　高耸结构风作用下的弯曲响应

5.2.1　顺风向平均风作用下的弯曲响应

在平均风作用下，高耸结构的变形属于弯曲型结构，它的位移和内力可按结构力学的方法进行计算，其中位移也可按振型分解法进行求算。对于等截面的高耸结构，$\dfrac{\mu_s B}{m}$ 为常数，V_{s1} 仍可按式(4.25b)进行计算，第一振型曲线可采用均布荷载下的挠曲线近似表示，即

$$\phi_1(z) = 2\frac{z^2}{H^2} - \frac{4}{3}\frac{z^3}{H^3} + \frac{1}{3}\frac{z^4}{H^4} \tag{5.17}$$

此时将 u_s 及上式的振型函数 $\phi_1(z)$ 代入(4.25b)，可得

$$V_{s1A} = 1.133 H^{0.24} \tag{5.18}$$

$$V_{s1B} = 0.665 H^{0.32} \tag{5.19}$$

$$V_{s1C} = 1.384 H^{0.40} \tag{5.20}$$

为便于工程应用，等截面的 V_{s1} 值，已制成计算用表 5.3。

表 5.3　等截面高耸结构 V_{s1} 计算用表

地貌类型	H/m														
	10	20	30	40	50	60	70	80	90	100	150	200	250	300	350	≥400
A	1.97	2.33	2.56	2.75	2.90	3.03	3.14	3.24	3.34	3.42	3.77	4.04	4.26	4.45	4.62	4.77
B	1.39	1.73	1.98	2.17	2.33	2.47	2.59	2.70	2.81	2.90	3.31	3.62	3.89	4.13	4.33	4.52
C	0.97	1.27	1.50	1.68	1.84	1.98	2.10	2.22	2.32	2.42	2.85	3.20	3.50	3.76	4.00	4.22

如高耸结构的截面积随高度减小，其振型函数也将有所不同。等截面和随高度截面积逐渐减小的高耸结构第一振型的振型值列于表 5.2。

5.2.2 顺风向脉动风作用下的弯曲响应

只要求出风振力，即可求出各种响应。现分不同情况讨论如下。

1. 截面沿高度无变化

结构的体型、宽度与质量沿高度无变化，也就是 μ_s、B、m 为常数。计算高耸结构一般只需考虑第一振型，又由于高耸结构迎风面窄，脉动风背景影响因子 B_z 的计算无需考虑宽度方向的积分，参照第 4 章的式(4.30)，可写出

$$B_z = \frac{\left[\int_0^H \int_0^H \overline{I}_z(z) \overline{I}_z(z') \mu_z(z) \mu_z(z') \rho_z(z,z') \phi_1(z) \phi_1(z') \mathrm{d}z \mathrm{d}z' \right]^{1/2}}{\int_0^H \phi_1^2(z) \mathrm{d}z} \frac{\phi_1(z)}{\mu_z} \tag{5.21}$$

同样，可将 B_z 简化写为

$$B_z = kH^{\alpha_1} \rho_z \frac{\phi_1(z)}{\mu_z} \tag{5.22}$$

因此，等截面高耸结构的顺风荷载风振系数和位移风振系数的表达式分别与第 4 章的式(4.31)、式(4.38)相同。

2. 截面沿高度规则变化

对于截面沿高度规则变化的高耸结构，只要采用上面等截面计算的结果加以修正，就可得到简单的结果，这也是《建筑结构荷载规范》(GB 50009—2012)所采用的方法。

高耸结构截面沿高度的规则变化可归为 3 种类型：直线、内凹或外凸曲线，它们的变化可统一表示为

$$B(z) = B(0) \left\{ 1 + \frac{z}{B} \left[\left(\frac{B(H)}{B(0)} \right)^{1/e} - 1 \right] \right\}^e \tag{5.23}$$

根据 $\dfrac{B(H)}{B(0)}$ 及 e 值的大小来区别不同的外形，如图 5.4 所示。

对于结构的质量沿高度的变化规律可分为两种情况。

(1)结构的纵向尺寸(深度)与横向尺寸(宽度)以同一规律变化，一般各种截面的电视塔、烟囱属于这种情况，若按圆截面考虑有

$$\frac{m(z)}{m(0)} = \frac{\rho \pi B^2(z)/4}{\rho \pi B^2(0)/4} = \frac{B^2(z)}{B^2(0)} \tag{5.24}$$

式中，ρ 为结构单位体积的质量。

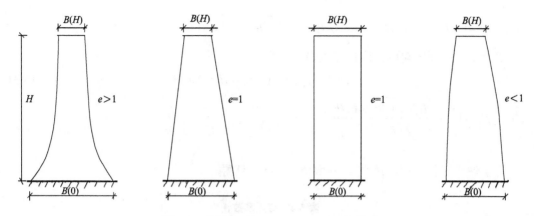

图 5.4　结构外形与 e 及 $B(H)/B(0)$ 的关系

(2) 结构的纵向尺寸不变, 这时有

$$\frac{m(z)}{m(0)} = \frac{B(z)}{B(0)} \tag{5.25}$$

对于等截面高耸结构, 由于式 (4.30) 脉动背景因子为

$$B_z = \frac{u_1 m(0) \mu_z(0)}{\mu_s B(0) \phi_1(0)} = \frac{u_1 m(0)}{\mu_s B(0)} \tag{5.26}$$

利用这一表达式, 变截面高耸结构的脉动影响系数可表示为

$$B_z^* = \frac{u_1^* m(z)}{\mu_s B(z)} = \frac{u_1 m(0)}{\mu_s B(0)} \cdot \frac{u_1^* B(0) m(z)}{u_1 m(0) B(z)}$$

$$= B_z \theta_v \frac{B(0) m(z)}{m(0) B(z)} = B_z \theta_v \theta_B \tag{5.27}$$

式中, $\theta_v = u_1^* / u_1$ 为变截面高耸结构的 u_1^* 与该结构底部截面积的等截面高耸结构 u_1 之比。

$$\theta_B = \frac{B(0) m(z)}{m(0) B(z)} \tag{5.28}$$

对于结构的纵向尺寸深度不变的情况, 计算分析表明, θ_v 近似等于 1。对于结构的纵向尺寸与横向尺寸以同一规律变化的这种情况, e 值对 θ_v 的影响不大, 主要影响 θ_v 的是 $B(H)/B(0)$。因此, 截面沿高度作规则变化的高耸结构荷载风振系数可表示为

$$\beta_p(z) = 1 + 2\mu I_{10} \sqrt{1+R^2} B_z^* = 1 + 2\mu I_{10} \sqrt{1+R^2} B_z \theta_v \frac{B(0) m(z)}{B(z) m(0)}$$

$$= 1 + 2\mu I_{10} \sqrt{1+R^2} B_z \theta_v \theta_B \tag{5.29}$$

如质量沿高度均匀分布且上下变化不大, 则式 (5.29) 与等截面高耸结构风振荷载系数表达式相同, 所以对于深度 D 沿高度不变化的变截面高耸结构, 其风振荷载系数与等截面高耸结构风振荷载系数的不同在于振型函数。

截面沿高度作规则变化的高耸结构上高度 z 处的顺风向总风荷载为

$$p(z) = p_j(z) + p_d(z) = \left[1 + 2\mu I_{10}\sqrt{1 + R^2} B_z \theta_v \theta_B\right]\mu_s \mu_z(z)B(z)w_0 = \beta_p(z)p_j(z) \tag{5.30}$$

高度 z 处的顺风向设计位移可以表示为

$$y(z) = y_j(z) + y_d(z) = \beta_y(z)y_j(z) \tag{5.31}$$

式中，$\beta_y = 1 + \dfrac{2\mu I_{10}\sqrt{1 + R^2} B_z \theta_v \theta_B}{\dfrac{\phi_1(z)}{\mu_z} \cdot V_{s1}}$

为了便于工程应用，系数 θ_v 的数值由表 5.4 查得。

表 5.4　修正系数 θ_v

$B(H)/B(0)$	1	0.9	0.8	0.7	0.6	0.5	0.4	0.3	0.2	$\leqslant 0.1$
θ_v	1.00	1.10	1.20	1.32	1.50	1.75	2.08	2.53	3.30	5.60

3. 截面沿高度不规则变化的高耸结构

有些高耸结构由于适用上的要求，在不同的高度常有较大的附加质量，如电视塔、微波塔上面的机房平台等。这样的结构截面和质量沿高度的变化是不规则，这种结构可令

$$\mu_1 = \frac{\int_0^H \mu_y(z)\mu_f(z)\mu_z(z)B(z)\phi_1(z)\mathrm{d}z}{\int_0^H m(z)\phi_1^2(z)\mathrm{d}z} \eta_{z1}^* \tag{5.32}$$

式中，$\eta_{z1}^* = \dfrac{\left[\displaystyle\int_0^H\int_0^H \mu_y(z)\mu_y(z')\mu_f(z)\mu_f(z')B^2(z)\rho_z(z,z')\mu_z(z)\mu_z(z')\phi_1(z)\phi_1(z')\mathrm{d}z\mathrm{d}z'\right]^{1/2}}{\displaystyle\int_0^H \mu_y(z)\mu_f(z)\mu_z(z)B(z)\phi_1(z)\mathrm{d}z}$

为高耸结构考虑风压空间相关性折算系数。又由于高耸结构较窄，只考虑上下相关性，计算表明，结构截面外形的变化对 η_{z1}^* 的影响很小，所以

$$\eta_{z1}^* = \dfrac{\left[\displaystyle\int_0^H\int_0^H \mu_y(z)\mu_y(z')\mu_f(z)\mu_f(z')B^2(z)\rho_z(z,z')\mu_z(z)\mu_z(z')\phi_1(z)\phi_1(z')\mathrm{d}z\mathrm{d}z'\right]^{1/2}}{\displaystyle\int_0^H \mu_y(z)\mu_f(z)\mu_z(z)B(z)\phi_1(z)\mathrm{d}z} \tag{5.33}$$

式 (5.33) 为等截面高耸结构考虑空间相关性折算系数。由于地貌和振型的影响不大，式 (5.33) 的值主要由结构高度决定，如表 5.5 所示。

μ_1 的离散化表达式为

$$\mu_1 = \frac{\displaystyle\sum_{i=1}^n \mu_y(z_i)\mu_z(z_i)\mu_f(z_i)B(z_i)\Delta H_i}{\displaystyle\sum_{i=1}^n m(z_i)\phi_1^2(z_i)\Delta H_i} \tag{5.34}$$

表 5.5　高耸结构考虑空间相关性折算系数

H	10	20	30	40	50	60	70	80
η_{z1}	0.98	0.97	0.95	0.93	0.92	0.9	0.89	0.87
H	90	100	110	120	130	140	150	160
η_{z1}	0.86	0.85	0.79	0.74	0.70	0.67	0.64	0.61

沿高度作不规则变化高耸结构的荷载风振系数为

$$\beta_p(z) = 1 + \frac{\xi_1 V_1^* \phi_1(z)}{\mu_z(z)} = 1 + \frac{\mu_1 m(z) \xi_1 \phi_1(z)}{\mu_z(z)\mu_y(z)B(z)} \tag{5.35}$$

5.2.3　高耸结构的横风向风振响应

高耸结构的横风向风振主要是由于漩涡发放引起的。为了工程的应用，简化分析计算，我国对高耸结构规范作了如下简化。

(1)高耸结构的横风向风振响应分析只针对圆形截面结构，如烟囱圆截面电视塔。非圆截面高耸结构的涡激振动具有随机性，且计算理论也不够成熟，其响应与确定性共振响应要小得多，所以一般不考虑。

(2)圆形截面高耸结构的横风向风振响应分析只验算跨临界范围，非跨临界范围不需要验算。即不考虑超临界范围的随机振动，而对于亚临界范围内的确定性振动，通常称为微风横风向共振，这种结构由于振幅很小，会使结构发生疲劳破坏，工程上采用螺旋箍条等构造提高结构共振临界风速的方法来避免发生。

(3)只考虑等截面圆柱高耸结构的横风向共振响应，将非等截面圆锥体结构当斜率在2%以下时取 2/3 高度外径作为直径的等截面圆柱体结构处理。斜率大于 2/3 的可借此方法估算。

(4)当结构作用不同的风速时，对于等截面高耸结构来讲虽然共振临界风速为定值，但作用的共振区域不一样了，在工程应用中，考虑到共振区一段结构的上部，一般为结构全高的 2/3 以上，而非共振区较短，且靠近固定端，因此将横风向共振风力分布改为沿全长分布，共振临界风速沿结构的全高不变。

(5)对于悬臂型高耸结构，由于结构自振频率稀疏，高振型临界风速一般超过了设计风速，因此只考虑第一振型涡激共振效。对于频率较为密集的多层拉绳桅杆等结构，根据具体情况考虑振型数不大于 4。

(6)对于圆柱形高耸结构，$Re = 69000vd$，当雷诺数 $Re \geqslant 3.5 \times 10^6$，且 $1.2v_H > v_{cr,j}$，此时，应验算结构横向共振响应。横向共振引起的等效静风荷载应按下式计算：

$$p_{L1}(x) = \frac{\mu_L v_{cr,j}^2 \phi_{ji} \lambda_j}{3200 \zeta_j} \tag{5.36}$$

$$H = H_1 \left(\frac{v_{\mathrm{cr},j}^2}{1.2 v_{\mathrm{H},\alpha}} \right)^{\frac{1}{\alpha}} \tag{5.37}$$

$$v_{\mathrm{cr},j} = \frac{d}{St \times T_j} = \frac{5d}{T_j} \tag{5.38}$$

$$v_{\mathrm{H}} = 40\sqrt{\mu_{\mathrm{H}} w_0} \tag{5.39}$$

式(5.36)~式(5.39)中，ϕ_{ji} 为 j 振型在 i 点的相对位移；$v_{\mathrm{cr},j}$ 是 j 振型的共振临界风速；$v_{\mathrm{H},\alpha}$ 是地面粗糙度指数为 α 时结构顶部的速度；ζ_j 为结构阻尼系数，对于第一振型无维护的钢结构取 0.01；有维护的钢结构取 0.02；混凝土结构取 0.05；μ_{L} 为横向系数，其值取 0.25；λ_j 为共振系数，参见表 5.6 取值；H_1 为共振临界风速起始高度。

表 5.6 λ_j 计算用表

振型序号	H_1/H										
	0	0.1	0.2	0.3	0.4	0.5	0.6	0.7	0.8	0.9	1.0
1	1.56	1.55	1.54	1.49	1.42	1.31	1.15	0.94	0.68	0.37	0
2	0.83	0.82	0.76	0.60	0.37	0.09	−0.16	−0.33	−0.38	−0.27	0
3	0.52	0.48	0.32	0.06	−0.19	−0.30	−0.21	0.00	0.20	0.23	0
4	0.30	0.33	0.02	−0.20	−0.23	0.03	0.16	0.15	−0.05	−0.18	0

对于式(3.119)只考虑第一振型，高耸结构高度 z 处横风向位移幅值为

$$x_1(z) = \frac{\mu_{\mathrm{L}} \phi_1(z)}{3200 \zeta_1 M_1^* \omega_1^2} \int_{H_1}^{H_2} v_{\mathrm{c}}(z) B(z) \phi_1(z) \mathrm{d}z \tag{5.40}$$

对于等截面高耸结构有 $B(z) = B$，$M_1^* = m \int_0^H \phi_1^2(z)\mathrm{d}z$；并采用我国规范的规定将式(5.40)变为

$$x_1(z) = \frac{\mu_{\mathrm{L}} B \phi_1(z)^{-2} v_{\mathrm{c}} \int_0^H \phi_1(z)\mathrm{d}z}{3200 \zeta_1 m \omega_1^2 \int_0^H \phi_1^2(z)\mathrm{d}z} \tag{5.41}$$

等截面悬臂杆第一振型取式(5.17)，则有

$$\frac{\int_0^H \phi_1(z)\mathrm{d}z}{\int_0^H \phi_1^2(z)\mathrm{d}z} \approx 1.6 \tag{5.42}$$

则式(5.41)变成

$$x_1(z) = \frac{\mu_{\mathrm{L}} B \phi_1(z)^{-2} v_{\mathrm{c}}}{2000 \zeta_1 m \omega_1^2} \tag{5.43}$$

高耸结构高度 z 处横风向风振力幅值为

$$p_{L1}(x) = m\omega_1^2 x_1(z) = \frac{\mu_L B \phi_1(z)^{-2} v_c}{2000\zeta_1} \tag{5.44}$$

式 (5.44) 为我国《高耸结构设计规范》(GB 50135—2006) 采用的横风向共振引起的等效静风荷载计算公式，式中 μ_L 取 0.25。

5.2.4 高耸结构安全度、适用度与极限风荷载

1. 高耸结构的抗风控制条件

1) 刚度

我国《高耸结构设计规范》(GB 50135—2006) 结构刚度的控制条件有两个。

(1) 在设计风荷载作用下，高耸结构任意点的水平位移不得大于离地面高度的 1%。

(2) 对于装有方向性较强的或者工艺要求严格的设备的高耸结构，在设计风荷载的作用下，设备所在位置的转角应满足工艺要求。

2) 强度

高耸结构的主体结构在设计风荷载作用下不发生破坏。

3) 舒适度与适用度

对设有旅游观光等居人设施的高耸结构，在风荷载的作用下加速度应满足一定的舒适度要求。对微波塔、电视发射塔的设备所在位置风荷载作用下的应满足其正常工作所要求的适用度。

2. 几种主要结构的控制条件

1) 塔架

塔架式桁架式结构，其结构由多根杆件组成。塔架是以顺风向静风荷载和风振力为主要风荷载的结构。即使塔架的杆件为圆截面，由于杆较细，相应的涡激共振临界风速很低，且多根杆的尾流相互干扰，不能形成统一的尾流涡道，则其横风向涡激振动力很小，可忽略不计。

(1) 塔架的强度：对于输电线塔架来讲，其倒塌的主要原因是强度不够造成的。对于塔架来讲，强度是决定其设计风荷载的主要因素。如果塔架是 m 次超静定结构，当结构 $m+1$ 根杆的内力达到极限内力时结构就会破坏，其内力分析比较复杂，特别是确定哪 $m+1$ 根杆先达到内力极限内力。对于一些特定类型的塔架可由经验决定。第 $m+1$ 根杆的极限平衡条件是

$$S_{m+1} = S_{m+1}^0 + \sum_{i=1}^{m} S_{m+1}(i) + \sum_{i=1}^{m} \beta_i \mu_{yi} \mu_{zi} A_i \omega_{01} \overline{S}_{m+1}(i) \tag{5.45}$$

式中，S_{m+1} 为第 $m+1$ 根杆的极限内力；S_{m+1}^0 为第 m 根杆达到极限内力后的静力结构其他荷载引起的第 $m+1$ 根杆的内力；$S_{m+1}(i)$ 为第 i 根杆的极限内力引起的静力结构第 $m+1$ 根杆的内力；β_i 为静力结构第 i 点的荷载风振系数；ω_{01} 为该结构所能承受的极限标准风压；$\overline{S}_{m+1}(i)$ 为结构高度 i 点的单位水平力引起的静定结构第 $m+1$ 根杆的内力。

则此类塔架的极限风压为

$$\omega_{\mathrm{ol}} = \frac{S_{m+1} - S_{m+1}^0 - \sum\limits_{i=1}^{m-1} S_{m+1}(i)}{\sum\limits_{i=1}^{n} \beta_i \mu_{yi} \mu_{zi} A_i \, \overline{S}_{m+1}(i)} \tag{5.46}$$

对于静定塔架，结构任一根 m 杆达到极限内力，结构进入极限状态，同理可得其极限风压为

$$\omega_{\mathrm{ol}} = \frac{S_m - S_m^0}{\sum\limits_{i=1}^{n} \beta_i \mu_{yi} \mu_{zi} A_i \, \overline{S}_m(i)} \tag{5.47}$$

(2) 塔架的刚度和舒适度：塔架的刚度控制条件可由下式确定

$$y(z) = y_j(z) + \frac{\xi_1 u_1 u_r \omega_0 \phi_1(z)}{\omega_1^2} \leqslant \left[y(z) \right] \tag{5.48}$$

式中，$\left[y(z) \right]$ 为结构在高度 z 处容许最大水平位移，通常为 $z/100$；对于高压输电塔，结构中部有机房、观光设施的电视塔架，上面公式进行离散化计算。

舒适度由塔架的具体功能决定，对于具有旅游观光等居人设施的塔架，设其居人高度为 L，结构的舒适度控制条件为

$$a(z) = \xi_1 u_1 \omega_a \phi_1(z) < \left[a \right] \tag{5.49}$$

式中，ω_a 为结构舒适度设计风压；$\left[a \right]$ 可取 $0.15\,\mathrm{m/s}^2$。

2) 烟囱和圆截面塔

圆截面塔风载包括顺风、横风向两个方向，对于钢烟囱这样的高耸结构，其横风向风荷载一般比顺风向荷载要大。

(1) 强度：圆形截面高耸结构的强度条件可由其危险截面的内力来控制。设 k 为危险截面，其内力为

$$S_k = S_k^0 + (S_{kx}^2 + S_{ky}^2)^{1/2} \tag{5.50}$$

式中，$S_{kx} = \dfrac{\mu_1 \omega_c}{1.25 \zeta_1} \sum\limits_{i=1}^{n} \phi_1(z_1) \overline{S}_{ki} A_i$，$S_{ky} = \sum\limits_{i=1}^{n} \beta_1 \mu_{yi} \mu_{zi} \overline{S}_{ki} A_i \omega_c$；$\overline{S}_{ki}$ 为作用在 i 点上的单位力引起 k 截面的内力；A_i 为 i 质点处的迎风面面积，如果结构是圆锥形则 $A_i = B(2H/3) \cdot \Delta H_1$；$\omega_c$ 为涡振风压，当 ω_c 比结构设计风压小得多时，应以设计风压为计算风压，且只考虑顺风向荷载来验算 k 截面强度条件；S_k^0 为其他荷载引起 k 截面的内力。

(2) 刚度：刚度条件由一定高度的风力引起的结构总位移来控制

$$R(z) = \left[x^2(z) + y^2(z) \right]^{1/2} \leqslant \left[R(z) \right] \tag{5.51}$$

式中，$x(z) = \dfrac{\mu_1 \phi_1(z) B \overline{v}_c^2}{2000 \zeta_1 m \omega_1^2} = \dfrac{\phi_1(z) B \omega_c}{5 \zeta_1 m \omega_1^2}$，对于圆锥形结构，$B$、$m$ 取 2/3 高度处的值；

$y(z) = y_j(z) + \dfrac{\xi_1 \mu_1 \omega_0 \phi_1(z) \omega_c}{\omega_1^2}$；$\left[R(z) \right]$ 为高度 z 处容许最大水平位移，通常为 $z/100$；当 ω_c 比结构设计风压小得多时，应以设计风压为计算风压，且只考虑顺风向位移来对结构进行刚度验算。

(3)舒适度：对有旅游观光等居人设施的结构，应验算居人的舒适度。当 $\omega_c \leqslant 1.2\omega_a$ 时有

$$a(z) = \left[\ddot{x}^2(z) + \ddot{y}^2(z)\right]^{1/2} \leqslant [a] \tag{5.52}$$

式中，$\ddot{x}(z) = \dfrac{B\phi_1(z)\omega_c}{5\xi_1 m}$，$\ddot{y}(z) = \zeta_1 \mu_1 \phi_1(z)\omega_c$；$z$ 为塔楼的高度；B、m 分别为结构等效迎风宽度和等效分别质量；$[a]$ 可取 $0.15\,\mathrm{m/s^2}$。圆截面电视塔通常为钢筋混凝土结构，当 ω_c 比 ω_a 小得多的时候，应以 ω_a 为计算风压，且只考虑顺风向响应，再对结构舒适度进行验算。当 $\omega_c > 1.2\omega_a$ 只考虑当 ω_a 作用下结构顺风向风振舒适度的响应。

思考与练习

5-1　简述计算高耸结构静力风位移的特点。

5-2　简述在顺风向风振响应计算方面，等截面高耸结构与高层建筑结构有什么不同？

5-3　简述变截面高耸结构抗风验算的特点。

5-4　简述计算不规则高耸结构风振响应的特点。

第6章　大跨屋盖结构抗风设计

随着现代建筑材料和施工技术的发展，以及人们对使用空间要求的日益提高，大跨度屋盖结构不断涌现，并广泛应用于候机厅、体育馆、会展中心、展览馆等公共建筑。大跨度屋盖结构具有质量轻、柔度大、自振频率低、阻尼小等特点，因而风荷载成为控制屋盖结构设计的主要荷载。而且这类结构往往比较低矮，在大气边界层中处于风速变化大、湍流度高的区域，再加上屋顶形状往往不规则，其绕流和空气动力作用十分复杂，所以这种大跨屋面结构对风荷载十分敏感，尤其是风的动态响应。

1989 年 9 月，美国加利福尼亚州遭受 Hugo 飓风袭击，实地调查结果表明，49％的建筑物仅有屋面受损，损害的情形各异，有局部的屋面覆盖物或屋面桁架被吹走或破坏，甚至整个屋面结构被吹走。从破坏部位来看，大多数屋面风致破坏发生在屋面转角、边缘和屋脊等部位。2004 年 6 月河南省体育馆在 9 级风作用下，体育中心东罩棚中间位置最高处铝板和固定槽钢被风撕裂并吹落，三副 30m^2 的大型采光窗被整体吹落，雨棚吊顶被吹坏。2003 年 8 月 2 日下午，雷暴雨中突如其来的旋风，居然把上海大剧院的屋顶掀去了一大块。剧院东侧顶部中间的一大块钢板屋顶被卷起，移动了约 20m，又砸在剧院顶部中间的高平台上。屋顶东侧中部已露出了一个约 250m^2 的大"窟窿"。卷起的这一大块钢板屋顶，被旋风撕裂成两段，被揉成如同皱褶不堪的纸团，20 多名工作人员合力都难以搬动；3cm 宽的避雷钢带，被卷成了麻花形；顶楼平台上直径达 10cm 粗的不锈钢防护栏，也有 10 多米被旋风扭曲。

因此深入研究大跨度柔性屋面结构的风荷载及风振响应具有重要意义。

6.1　屋盖结构的自振周期

表征结构动力特性的量包括结构的自振频率、主振型及阻尼。其中，阻尼的大小可由试验测定，自振频率及振型可通过计算来确定。结构的自振频率及振型对于结构动力响应分析具有重要意义。严格说来，任何弹性体系都是无限自由度体系，但人们常采用集中质量法、能量法和有限元法等将其简化为有限自由度体系进行计算，这些方法的物理模型都存在不同程度的近似，因而对弹性体系在动力荷载作用下的描述是不完整的。以有限元法为例，欲求解高阶频率和振型或提高精度必须以增加单元数为代价，故要实现精确求解任意阶频率和主振型，无论是在理论上还是在实践上都存在困难。

6.1.1　解析法

解析法适用于比较简单的规则弹性体，因为其微分方程的求解比较容易，而且结构体系不是很复杂，计算的模型相对比较简单。随着常微分方程(即 Ordinary Differential Equation，ODE)数值解法的发展，尤其近 10 年来一系列 ODE 求解器(Ordinary Differential

Equation Solver)通用程序相继问世，使直接针对结构自由振动微分方程的数值解析法成为可能。该方法物理模型精确，是数值解析法，可达到用户所指定的任意精度。

目前通行的 ODE 求解器都是求解常微分方程的边值问题，不能直接用于求解结构自由振动的广义特征值问题。不过，可以应用一系列数学技巧，将结构自由振动的广义特征值问题转换为典型常微分方程边值问题，建立相应的常微分方程组，并调用 ODE 求解器求解。

在平面上规则布置的屋盖结构中，只有一些典型结构有准确解答。在此仅简单介绍矩形弹性薄板的计算。弹性薄板是厚度比平面尺寸小得多的弹性体。弹性薄板弯曲的 Kirchhoff 假设是：

(1)板振动时的挠度比其厚度要小得多，中面((x, y)平面与中面重合)为中性面，中面上无应变。

(2)垂直于中面的法线在板弯曲变形后仍然是一根直线，并垂直于挠曲后的中性面，即忽略剪切变形，设 $\gamma_{yz} = \gamma_{zz} = 0$，称为直法线假设。

(3)板弯曲变形时，板的厚度变化可忽略不计，即 $\varepsilon_z = 0$。

(4)板的惯性主要由平动的质量提供，忽略由于弯曲而产生的转动惯量。

设板厚为 h，材料密度 ρ，弹性模量 E，泊松比 μ。在笛卡儿坐标下，等厚度各向同性弹性薄板振动基本方程为

$$\rho h \frac{\partial^2 w(x,y,t)}{\partial t^2} + D\nabla^4 w(x,y,t) = p(x,y,t) \tag{6.1}$$

式中，$p(x,y,t)$ 为单位面积上的动力荷载；$D = \dfrac{Eh^3}{12(1-\mu^2)}$ 为板的抗弯刚度；$\nabla^4 = \dfrac{\partial^4}{\partial x^4} + 2\dfrac{\partial^4 w}{\partial x^2 \partial y^2} + \dfrac{\partial^4}{\partial y^4}$ 为直角坐标系中的二重 Laplace 算子。

$p(x,y,t)=0$ 时，方程(6.1)为齐次方程，采用分离变量法，把

$$w(x,y,t) = W(x,y)T(t)$$

代入方程(6.1)中，得到

$$\frac{D}{\rho h} \frac{\nabla^4 W(x,y)}{W(x,y)} = -\frac{1}{T(t)} \frac{\mathrm{d}^2 T(t)}{\mathrm{d}t^2} = \omega^2 \tag{6.2}$$

于是，给出了

$$\nabla^4 W(x,y) - k^4 W(x,y) = 0 \qquad \left(k^4 = \frac{\rho h}{D}\omega^2 \right) \tag{6.3}$$

$$\ddot{T}(t) + \omega^2 T(t) = 0 \tag{6.4}$$

方程(6.3)一般情况下是不能用变量分离法求解的。来考察一下什么情况下变量分离法适用：令 $W(x,y) = X(x)Y(y)$，代入式(6.3)，得

$$X^{(4)}(x)Y(y) + 2X''(x)Y''(y) + X(x)Y^{(4)}(y) - k^4 X(x)Y(y) = 0$$

可变形为

$$(X^{(4)} - k^4 X)Y + 2X''Y'' + XY^{(4)} = 0 \tag{6.5}$$

或

$$(Y^{(4)} - k^4 Y)X + 2X''Y'' + YX^{(4)} = 0 \tag{6.6}$$

对于式(6.5)，如果有 $X^{(4)} = -\alpha^4 X$，$X'' = -\beta^2 X$，式中负号是为了得到能够满足边界条件的解，则 $X^{(4)} = -\alpha^4 X = -\beta^2 X'' = \beta^4 X$，即 $-\alpha^4 = \beta^4$，式(6.5)变成

$$(\beta^4 - k^4)XY - 2\beta^2 XY'' + XY^{(4)} = X\left[Y^{(4)} - 2\beta^2 Y'' + (\beta^4 - k^4)Y\right] = 0 \tag{6.7}$$

于是变量得到了分离。满足 $X^{(4)} = \beta^4 X$，$X'' = -\beta^2 X$ 的函数仅是三角函数

$$X(x) = \sin(\beta x) \quad 或 \quad \cos(\beta x) \tag{6.8}$$

同理可得另外一个平行的能够使变量分离的条件

$$Y(y) = \sin(\beta y) \quad 或 \quad \cos(\beta y) \tag{6.9}$$

设 x 方向板的长度为 a，y 方向板的长度为 b。由式(6.8)可以看出，当 $x = 0$，$x = a$ 边为简支时

$$X(x) = \sin\frac{m\pi x}{a} \quad 0 < x < a, \quad m = 1, 2, 3, \cdots \tag{6.10}$$

满足边界条件 $\left(\beta = \dfrac{m\pi}{a}\right)$。

同理，当 $y = 0$，$y = a$ 边为简支时

$$Y(y) = \sin\frac{n\pi y}{b} \quad 0 < y < b, \quad n = 1, 2, 3, \cdots \tag{6.11}$$

满足边界条件 $\left(\alpha = \dfrac{n\pi}{b}\right)$。

因此，若当 $x = 0$，$x = a$ 边为简支时，$W(x, y) = Y(y)\sin\dfrac{m\pi x}{a}$，当 $y = 0$，$y = a$ 边为简支时，$W(x, y) = X(x)\sin\dfrac{n\pi y}{b}$。四边铰支时，可设试探解

$$W(x, y) = W_0 \sin\frac{m\pi x}{a} \sin\frac{n\pi y}{b} \tag{6.12}$$

代入式(6.3)，得出固有频率方程为

$$\omega_{mn} = \pi^2 \sqrt{\frac{D}{\rho h}}\left(\left(\frac{m}{a}\right)^2 + \left(\frac{n}{b}\right)^2\right) \quad m, n = 1, 2, \cdots \tag{6.13}$$

相应的固有振型函数为

$$W(x, y) = \sin\frac{m\pi x}{a} \sin\frac{n\pi y}{b} \quad m, n = 1, 2, \cdots \tag{6.14}$$

当 a/b 为有理数时，矩形板的固有频率会出现重频，对应重频的固有振型具有无限多种形态。

对于一些典型拱形屋盖、壳形屋盖自振周期的求解，可参阅文献(胡卫兵，何建，2003)。

6.1.2　能量法

结构力学问题的求解，从其表述形式来看，可分为下列两类：

第一类解法——应用平衡方程(在动力学中为运动方程)、几何方程和物理方程(或称本构方程)求解结构的内力和位移。这种解法称为平衡(运动)-几何-物理方法,在静力分析中也称为静力法。

第二类解法——把平衡(运动)方程、几何方程用相应的虚功方程或能量方程来代替,这种解法称为虚功法或能量法。

大型结构的分析现在通行的是离散化的数值解法。由于大跨屋盖结构往往比较复杂,用解析法其自振频率十分困难,只能通过近似方法来分析其振动特性和动响应。近似方法的理论基础是能量法。能量法以能量守恒定律为依据,任一时刻总能量为一常数。当体系在振动中达到幅值时,速度为零从而动能为零,而此时变形能达到最大值 U_{max}。当体系经过平衡位置时,其速度最大,而变形为零从而动能达到最大 T_{max}。由此得到 $0 + U_{max} = 0 + T_{max}$,即

$$U_{max} = T_{max} \tag{6.15}$$

由于自由振动是简谐振动,即 $y(x,t) = y(x)\sin(wt + \theta)$,因此变形能及动能为

$$U(t) = \frac{1}{2}\int_0^H EI\left[y''(z,t)\right]^2 dz = \frac{1}{2}\sin^2(\omega t + \theta)\int_0^H EI\left[y''(z)\right]^2 dz$$

$$= \sin^2(\omega t + \theta)U_{max}$$

$$T(t) = \frac{1}{2}\int_0^H m(z)\left[\dot{y}(z,t)\right]^2 dz = \frac{1}{2}\omega^2 \sin^2(\omega t + \theta)\int_0^H m(z)\left[\dot{y}(z,t)\right]^2 dz$$

$$= \cos^2(\omega t + \theta)T_{max} = \cos^2(\omega t + \theta)\omega^2 \overline{T}_{max}$$

将上式中 U_{max}、T_{max} 代入式(6.15)得到

$$\omega^2 = \frac{U_{max}}{\overline{T}_{max}} \tag{6.16}$$

上式的一个表达式为

$$\omega^2 = \frac{\displaystyle\int_0^H EI\left[y''(z)\right]^2 dz}{\displaystyle\int_0^H m(z)y^2(z)dz} \tag{6.17a}$$

应该强调指出,式(6.16)可以有不同表达式,例如有集中质量式,式(6.17a)可变成

$$\omega^2 = \frac{\displaystyle\int_0^H EI\left[y''(z)\right]^2 dz}{\displaystyle\int_0^H m(z)y^2(z)dz + \sum_{i=1}^n M_i y_i^2} \tag{6.17b}$$

分子是变形能,它等于引起该变形的荷载所做的功,因而又可写成

$$\omega^2 = \frac{\displaystyle\int_0^H p(z)y(z)dz + \sum_{i=1}^n P_i y_i}{\displaystyle\int_0^H m(z)y^2(z)dz + \sum_{i=1}^n M_i y_i^2} \tag{6.17c}$$

如果考虑扭转,上式又可进一步改变形式,因此应理解自振频率平方是等于该结构的

变形能最大值除以参考动能所得的结果，而表达形式可以是各种各样的。对于有限自由度体系，如果U_{max}及$\overline{T}_{max}$采用矩阵表达式，则式(6.16)又可以写成

$$\omega^2 = \frac{\{y\}^{\mathrm{T}}[K]\{y\}}{\{y\}^{\mathrm{T}}[M]\{y\}} \tag{6.17d}$$

如果$y(z)$正好是某个振型曲线，各式将得出精确解。实际上计算时并未知道真正的$y(z)$，因此可近似假设振型曲线进行计算，此时得出的频率亦为近似值。计算表明，如果假定振型曲线满足边界条件，则第1频率精确度非常高，以后频率精度逐渐下降。因此能量法最适于第1频率的计算。常用的假定第1振型曲线的方法是将质量作为横向荷载所得到的变形曲线。实际上，假定任意横向荷载作用，只要振型曲线与第1振型相似，精确度也是可以的。

由于屋顶结构的平面常不规则，因而采用能量法计算对于最低自振频率较为方便。对一些平面规则但无现成的自振频率公式可用的情况，也常采用能量法。

如果全部采用分段计算，采用能量法时，式(6.17)可转写成

$$\omega^2 = \frac{\sum_{i=1}^{n} P_i y_i}{\sum_{i=1}^{n} M_i y_i^2} = \frac{\sum_{i=1}^{n} P_i \Delta S_i y_i}{\sum_{i=1}^{n} m_i \Delta S_i y_i^2} \tag{6.18}$$

式中y应理解为振型函数，如果无合适资料，常取各分块质量从M_i乘以g作为竖向荷载P_i或该块分布质量m_i乘以g作为分布力p_i再乘以该块面积ΔS_i作为竖向荷载下的位移作为近似振型，此时的y位移应为竖向分位移(如拱，总位移方向不为竖向)。对于充气结构，振动形式基本上由风荷载控制，则可取风荷载作用下的位移作为近似振型，此时风荷载垂直于表面，式中位移y应取法向位移(其他各向位移很小可略去)进行计算。

【例6.1】 有一充气薄膜结构，如图6.1(a)所示。内压$p_i = 0.6\mathrm{kN/m}^2$，外压为平均风速压，风速$v = 37\mathrm{m/s}$，即风压$p_0 = 0.85\mathrm{kN/m}^2$，结构可作为曲线平面结构计算，分段风压由风洞试验如表6.1所示。各段$m_i = 0.003\mathrm{kN \cdot s}^2/\mathrm{m}^3$，求最小自振频率。

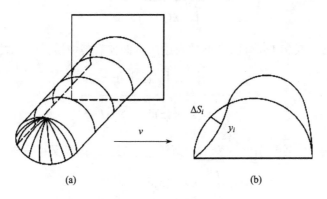

图6.1 充气薄膜结构

表 6.1 充气薄膜结构计算

ϕ	10°	30°	50°	70°	90°	110°	130°	150°	170°
μ_s	0.70	0.65	0	−1.0	0.95	−0.55	−0.55	−0.55	−0.55
p_0	0.595	0.552	0	−0.85	−0.810	−0.467	−0.467	−0.467	−0.467
$p_0 - p_i$	−0.005	0.048	−0.600	−1.450	−1.410	−1.067	−1.067	−1.067	−1.067
$y(m)$	0.018	0.023	0	−0.014	−0.0092	−0.0037	−0.0036	−0.002	−0.001

解：充气薄膜结构的振动形式由风力和内压控制，垂直于表面。根据试验资料，平均风力下的位移如图 6.1 所示，其值也列于表 6.1 中。此时自振频率计算公式应写成

$$\omega^2 = \frac{\sum_{i=1}^{n}(p_w - p_i)\Delta S_i y_i}{\sum_{i=1}^{n} m_i \Delta S_i y_i^2}$$

将表 6.1 中数字代入，得到

$$\omega^2 = 123.683 (\text{rad}/\text{s})^2$$

即 $\qquad \omega = 11.121 \text{rad}/\text{s} \qquad$ 或 $\qquad f = \omega/2\pi = 1.77(\text{Hz})$

6.1.3 其他近似方法

近似计算方法很多，除了上面所说的能量法外，还有 Ritz 法、迭代法、子空间迭代法、逆迭代法、集中质量法、等效团集质量法等。这里仅介绍迭代法。

迭代法是运用数学上矩阵特征值的迭代方法来求振动体系的自振频率和主振型，该方法是采用逐步逼近的方法来确定多自由度体系的主振型和频率。它的主要特点是：首先假设一个初始的振动状态；然后根据主振型所应满足的基本方程逐步调整振动状态，直至调整前后两个振动形状充分接近为止，这样就确定了主振型；最后根据求得的主振型来确定相应的频率。

定义动力矩阵 $[D] = [\delta][M]$，$[\delta]$ 为柔度矩阵，$[M]$ 为质量矩阵，则

$$[D]\{\varphi\} = \frac{1}{\omega^2}\{\varphi\} = \lambda\{\varphi\} \qquad\qquad (6.19)$$

式中，$\{\varphi\}$ 为主振型向量(特征向量)；λ 为特征值；式(6.17)即为线性代数中的特征值问题。

其迭代步骤如下：

(1)选取一个经过标准化的主振型(越合理越好) $\{\overline{\varphi}\}_0$，这里的标准化是指把向量中的某个元素的值规定为 1。将 $\{\overline{\varphi}\}_0$ 代入式(6.19)的左端，得到新的向量 $\{\tilde{\varphi}\}_1$，再进行标准化，得到一个新的主振型 $\{\overline{\varphi}\}_1$，即

$$[D]\{\overline{\varphi}\}_0 = \{\tilde{\varphi}\}_1 = \alpha_1\{\overline{\varphi}\}_1$$

(2) $\{\overline{\varphi}\}_1 = \{\overline{\varphi}\}_0$，一般说明 $\{\overline{\varphi}\}_1$ 还不是准确的解答，需要第二次迭代，于是将 $\{\overline{\varphi}\}_1$ 作为第二次主振型的近似值，重复上述过程，得到

$$[D]\{\overline{\varphi}\}_1 = \{\tilde{\varphi}\}_2 = \alpha_2\{\overline{\varphi}\}_2$$

(3)若$\{\overline{\varphi}\}_2 = \{\overline{\varphi}\}_1$，继续重复上述步骤，直至$\{\overline{\varphi}\}_{n+1}$十分接近$\{\overline{\varphi}\}_n$为止。

此时，$\{\overline{\varphi}\}_{n+1}$即为所求的第一主振型$\{\varphi\}_1$，对应的$\alpha_{n+1}$就是$\lambda_1$，可求出$\omega_1$。

【例题6.2】 设一悬臂梁模型的质量矩阵$[M]$，柔度矩阵$[\delta]$如下，求第一主振型和频率。

$$[M] = \begin{bmatrix} m & & \\ & m & \\ & & m \end{bmatrix} \qquad [\delta] = \frac{h^3}{162EI} \begin{bmatrix} 2 & 5 & 8 \\ 5 & 16 & 28 \\ 8 & 28 & 54 \end{bmatrix}$$

解： 为了使收敛较快，迭代次数减少，最好假定接近于第一振型的值，如

$$\{\overline{\varphi}\}_0 = \{1.0000 \quad 3.0000 \quad 6.0000\}^T$$

则可得

$$[D]\{\overline{\varphi}\}_0 = \frac{Mh^3}{162EI} \begin{bmatrix} 2 & 5 & 8 \\ 5 & 16 & 28 \\ 8 & 28 & 54 \end{bmatrix} \begin{Bmatrix} 1.0000 \\ 3.0000 \\ 6.0000 \end{Bmatrix} = \frac{Mh^3}{162EI} \begin{Bmatrix} 65.0000 \\ 221.0000 \\ 416.0000 \end{Bmatrix} = \frac{0.4012Mh^3}{EI} \begin{Bmatrix} 1.0000 \\ 3.4000 \\ 6.4000 \end{Bmatrix}$$

可见$\{\overline{\varphi}\}_1 = \{1.0000 \quad 3.4000 \quad 6.4000\}^T$与$\{\overline{\varphi}\}_0$还有一定差距，尚需进行第二轮计算，现将$\{\overline{\varphi}\}_1$代入(6.19)，得

$$[D]\{\overline{\varphi}\}_1 = \frac{Mh^3}{162EI} \begin{bmatrix} 2 & 5 & 8 \\ 5 & 16 & 28 \\ 8 & 28 & 54 \end{bmatrix} \begin{Bmatrix} 1.0000 \\ 3.4000 \\ 6.4000 \end{Bmatrix} = \frac{Mh^3}{162EI} \begin{Bmatrix} 70.2000 \\ 238.6000 \\ 448.8000 \end{Bmatrix} = \frac{0.4333Mh^3}{EI} \begin{Bmatrix} 1.0000 \\ 3.3989 \\ 6.3932 \end{Bmatrix}$$

这时$\{\overline{\varphi}\}_2 = \{1.0000 \quad 3.3989 \quad 6.3932\}^T$与$\{\overline{\varphi}\}_1$已经很接近了，再进行一轮迭代

$$[D]\{\overline{\varphi}\}_1 = \frac{Mh^3}{162EI} \begin{bmatrix} 2 & 5 & 8 \\ 5 & 16 & 28 \\ 8 & 28 & 54 \end{bmatrix} \begin{Bmatrix} 1.0000 \\ 3.3989 \\ 6.3932 \end{Bmatrix} = \frac{Mh^3}{162EI} \begin{Bmatrix} 70.1401 \\ 238.3920 \\ 448.4020 \end{Bmatrix} = \frac{0.4333Mh^3}{EI} \begin{Bmatrix} 1.0000 \\ 3.3988 \\ 6.3929 \end{Bmatrix}$$

此时$\{\overline{\varphi}\}_3 = \{1.0000 \quad 3.3988 \quad 6.3929\}^T$与$\{\overline{\varphi}\}_2$相当接近了，可以停止迭代。

则第一主振型为$\{\varphi\}_1 = \{1.0000 \quad 3.3988 \quad 6.3929\}^T$，相应的$\omega_1$为

$$\omega_1 = \sqrt{\frac{1}{\lambda_1}} = \sqrt{\frac{EI}{0.4330Mh^3}} = 1.5179\sqrt{\frac{EI}{Mh^3}}$$

迭代法还可以继续求解高阶主振型及其频率。当第一主振型$\{\varphi\}_1$求出之后，再求第二主振型及其频率时，可用第一、第二主振型之间的正交性，获得第二振型坐标之间的关系式，从而使得式(6.19)降低一阶，然后假定一个主振型，重复上述迭代法的全过程，便得到$\{\varphi\}_2$及其相应频率ω_2。

如果需要更高阶的主振型及其频率，同样可以利用主振型之间的正交性，降低若干阶数，例如求第三主振型及其频率时，可利用第一、三和二、三之间主振型的正交关系，使式(6.17)降低两阶，其余皆重复前面的计算过程，以此类推。

6.2 屋盖结构的风振响应

目前，屋盖结构的风荷载研究主要采用风洞实验、灾后调查、全尺寸实测以及计算机

仿真数值模拟分析等手段。研究内容主要包括屋盖结构形式的改进、风荷载的影响因素以及计算理论和屋盖抗风减震措施等。

由于风荷载作用是复杂的，它在平均值上下波动，有紊流、漩涡脱落等效应，不仅引起剪力和倾覆效应，还对结构整体引起动力波动荷载。用于预测风的复杂流动和它对建筑物及构件的效应的分析方法，还未发展为常规的设计方法。在复杂结构的设计中，使用风洞方法已被确认为是得到设计风荷载的一种高度精确的方法。虽然由于自然风的复杂特性，使风洞试验存在着一些不确定因素，但在现今的工程实践和研究中，风洞试验结果是确定复杂结构风荷载的最新技术。在风荷载设计中，通常采用平均风压与风振系数乘积的形式。所谓风振系数通常定义为在一定的时间范围内的最大响应值与平均值之比。如果是位移的最大值与平均值之比，则为位移风振系数，荷载的最大值与平均值之比就是荷载风振系数。我国现行《建筑结构荷载规范》（GB 50009—2012）采用荷载风振系数。

对于高层结构风载设计中的风振系数，我国规范采用简便的近似计算方法，而在大跨度屋盖中由于结构形式的多样性和分析的复杂性，我国规范在这一方面还是空白，也是当前风工程的研究热点之一。通常对于大跨度屋盖结构风振响应分析和风振系数的求解方法有4种。

第一种是频域法。由通用的风速谱，通常是 Davenport 谱基于准定常假设而推得风压谱、力谱，然后通过动力传递系数得到结构的动力反应谱，由随机理论可以通过反应谱得积分得到结构的动力响应。这种方法计算简单、方便。

第二种是修正频域法。由于准定常假设在大跨度屋盖结构中不成立，因此可以采用风洞试验中测得的风压时程通过傅立叶变换直接转化为风压谱进而运用谱分析法计算屋盖响应分析。这种方法计算简单、方便，但是它对测点的布置有一定的要求且不能计算结构的非线形。

第三种是时程分析法。即直接运用风洞试验测得的风压时程作用于屋盖结构而进行风振响应时程分析。首先建立屋盖结构的有限元模型，然后通过动力计算得到结构的动力响应，统计结构动力响应从而算得结构的风振系数。这种方法思路简单，计算复杂而且耗时较多，但精度高，可靠性好，适用性强，可以计算结构非线形。

第四种方法是模态力法。这种方法的优点是计算简便，缺点是不能考虑结构的非线形。

风作用下，各种屋盖结构都受到了很大的吸力。在某些情况下屋盖出现压力，但大部分地区却出现的是吸力，而且吸力不论是范围或数值都比压力大，吸力占据主要的地位。与单独的悬臂型结构如烟囱等不同，屋盖结构上屋盖部分占据了大片面积，从而使得风引起的响应主要是垂直于屋盖表面的。如果屋盖坡度很平坦，则响应主要是竖向的。文献(张相庭，1990)指出，没有一个屋盖结构的试验发生过空气动力失稳现象，因此空气动力失稳可以不予考虑。

这里特别要指出的是，风作用的方向可以是任意的。在阵风作用下，既有大量的水平分量的风力，也有小量竖向方向的风力。风水平分量远大于竖向分量。对于像高层建筑、高耸结构、桅杆等，水平分量起着决定作用，竖直分量的风只影响悬臂型结构的竖向轴力，对结构不起什么大的影响。对于像桥梁、架空管道、输电线等结构，横风向即竖向振动也不是主要的，且不会引起跨临界范围涡流脱落共振，因而也不是一个主要的作用成分。但是对于有广大屋盖面积的屋盖结构来说，情形就大不相同。即使在水平风力下，屋盖结构的响应也是垂直于屋盖，接近于竖向。因此在竖向风力作用下，将增大上述水平风力引起的响应，这样就不能不引起我们的注意。在风力作用下，既需考虑水平风力分量，又需考虑风力竖向分量，是屋盖结构抗风计算的特点，屋盖结构考虑风力作用时，必须把这两项作用的特性考虑在内。

6.2.1 水平风力

在水平风力作用下，屋顶结构大部分区域上为吸力，因而响应一般应是向上的。风力分为平均风和脉动风，其综合的风荷载在屋顶处为

$$w_{zH} = \beta_{zH}\mu_s\mu_z w_0 \tag{6.20}$$

式中，$\beta_{zH} = 1 + \xi_1 u_1 \eta$，$\eta = \dfrac{m(H)\phi_1(H)}{\mu_s(H)\mu_z(H)l_z(H)}$。

脉动增大系数 ξ_1 与第 2 章所述完全相同。振型系数 ϕ_1 由于结构不再是一根直杆形式，因而可有法向位移分量切向位移分量等。但是在大部分屋顶结构中，法向位移分量占据主要的地位。

影响系数 u_1 可视结构的不同而不同，应当注意的是，在 u_1 中分子为脉动风对振型所做的功，由于风力是垂直表面的，因而振型响应是法向位移分量。例如框架屋盖结构

$$u_1 = \frac{\sum \int_0^l \mu_f(z)\mu_s(z)\mu_z(z)l_z(z)\phi_{1f}(z)\mathrm{d}z}{\sum \int_0^l m(z)\phi_1^2(z)\mathrm{d}z} \eta_{xyz1} \tag{6.21}$$

式 (6.21) 与悬臂型高耸、高层结构不同的点是，分子中 $\phi_{1f}(z)$ 是振型函数在法向即脉动风作用方向的分位移。只有忽略各向位移的基础上，式 (6.21) 才与高耸、高层结构的形式相同。另一不同点是，风压空间相关性要考虑三个方向，采用近似拆开法

$$\eta_{xyz1} \approx \eta_x \eta_y \eta_{z1} \tag{6.22}$$

式中，η_{z1} 为高度方向风压空间相关性折算系数，由于屋盖部分高度变化很小，取 $\eta_{z1} = 1$；η_x、η_y 分别为水平 x 方向和 y 方向风压空间相关性折算系数。

6.2.2 竖向风力

工程上只考虑 $-10° \sim 10°$ 风的竖向分力作用。

1. 平均风力

其大小可按水平风力乘以 $\tan 10° \approx 0.18$ 而得到，即

$$w_{zv}(z) = \mu_{sv}(z)\mu_z(z)w_{0v} = 0.18\mu_{sv}(z)\mu_z(z)w_0 = \mu_{sv}\mu_z w_{0v} \tag{6.23}$$

$$w_{0v} = 0.18w_0 \tag{6.24}$$

式中，竖向风力下体型系数应由风洞试验给出，对较平坦屋盖可取 1。

2. 脉动风下等效风力

参考第 2 章其式为

$$w_{zv} = \beta_{zv}\mu_{sv}(z)w_{0v} \tag{6.25}$$

$$\beta_{zv} = \xi_{1v} u_1 \eta \tag{6.26}$$

式中，ξ_{1v} 为竖向风力脉动增大系数，由于竖向风谱常采用 H.A.Panofsky 实测统计风谱，其式为

$$\xi_{1v} = \sqrt{1 + \frac{\pi x_1}{\zeta_1 (1 + 4x_1)^2}}, \qquad x_1 = \frac{m_1 z}{v_{10}} \approx \frac{z}{41\sqrt{w_0 T_1^2}} \tag{6.27}$$

由式(6.27)可知，ξ_{1v} 除了与水平脉动增大系数 ξ_1 一样与阻尼比 ζ_1 及 $w_0 T_1^2$ 有关以外，还增加了与高度 z 的位置的关系。

6.2.3 水平和竖向风力的总响应

如果可以忽略切向位移而只考虑法向位移的影响，此时风振力的方向与垂直于表面积的风力相同，因而也可采用风振系数进行计算。水平平均风力乘以水平风振系数 β 就等于整个水平风的作用，竖向平均风力乘以竖向风振系数 β_v 就等同于整个竖向风力的作用。总响应为两者作用的叠加，即总风力为

$$p(z) = \beta_z \mu_s(z) \mu_z(z) l_x(z) w_0 + \beta_{zv} \mu_{sv}(z) \mu_z(z) l_x(z) w_{0v} \tag{6.28}$$

由于 $w_{0v} = 0.18 w_0$，则得

$$p(z) = [\beta_z \mu_s(z) + 0.18 \beta_{zv} \mu_{sv}(z)] \mu_z(z) l_x(z) w_0 \tag{6.29}$$

有了总风力，其内力计算按结构力学方法即可求得。

思考与练习

6-1 北京火车站大厅具有周边简支的双曲球扁壳，如图 6.2 所示。底为方形 $a \times a = 35\text{m} \times 35\text{m}$，矢高 7m，厚为 8cm，$E = 2 \times 10^7 \text{kN/m}^2$，$\mu = 1/6$，$\gamma = 20 \text{kN/m}^3$。试求最小自振频率。

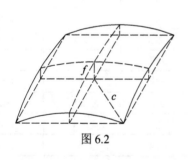

图 6.2

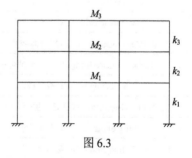

图 6.3

6-2 用矩阵迭代法计算图 6.3 所示框架的自振频率和振型。已知各层质量为 $M_1 = M, M_2 = 0.67M$，$M_3 = M$（忽略柱的质量），$M = 5.0\text{t}$，各层剪切刚度分别为 $k_1 = 1.6k, k_2 = 1.4k, k_3 = 1.0k$，$k = 4000 \text{kN/m}$。

6-3 大跨度屋盖结构风振响应的研究方法主要有哪些？各自的优缺点如何？

6-4 简述风振系数的定义。

6-5 大跨度屋盖结构风振响应分析以及风振系数的求解方法主要有哪些？各有什么优缺点？

6-6 大跨度屋盖结构与高耸结构受力的异同点？

6-7 如何求解大跨度屋盖结构的水平风力、竖向风力以及总响应？

第7章 桥梁结构上的风荷载及风振响应

7.1 概　述

桥梁是交通运输的咽喉，在国民经济中占有极重要的地位，应能经受各种自然灾害而不轻易使交通中断。风作为一种主要自然灾害，每年都给人民的生命财产带来巨大损失，作为重要交通设施的桥梁也经常受到风的威胁甚至危害。人们正是在各种桥梁风毁事故发生后开始重视桥梁结构抗风设计，并逐渐形成桥梁抗风设计理论。

1759 年苏格兰科学家 Smeaton 就提出结构设计时要考虑风压问题，开始有了风荷载的概念，但当时对风压的认识是不够的，桥梁的设计建造是否考虑风压及如何考虑风压也没有科学的依据，在 19 世纪末到 20 世纪初出现了一系列桥梁的风毁事故，见表 7.1。桥梁的风毁事故最早可以追溯到 1818 年，苏格兰的 Dryburgh Abbey 桥因风的作用而遭到毁坏。1879 年，英国的 Tay 桥受到暴风雨袭击而垮塌，造成 75 人死亡的惨剧，使人们开始重视风的作用，但人们对风作用的考虑只是风压产生的静力作用。

表 7.1　部分桥梁风毁事故

桥　名	所在地	跨径/m	毁坏年份
Dryburgh Abbey Bridge(干镇修道院桥)	苏格兰	79	1818
Union Bridge(联合桥)	德国	140	1821
Nassau Bridge(纳索桥)	苏格兰	75	1834
Brighton Chain Pier Bridge(布兰登桥)	苏格兰	80	1836
Montrose Bridge(蒙特罗斯桥)	苏格兰	130	1838
Menai Straits Bridge(梅奈海峡桥)	威尔士	180	1839
Roche-Bermard Bridge(罗奇-伯纳德桥)	法国	195	1852
Wheeling Bridge(威灵桥)	美国	310	1854
Niagara-Lewiston Bridge(尼亚加拉-利文斯顿桥)	美国	317	1864
Firth of Tay Bridge(泰河湾桥)	苏格兰	75.3	1879
Niagara-Clifton Bridge(尼亚加拉-克立夫顿桥)	美国	386	1889

1940 年美国 Tacoma 悬索桥的风毁事故(图 7.1)震惊桥梁工程界。该桥在设计时吸取了 Tay 桥事故的教训，其抗风压的设计对 60m/s 的风速都是安全的，但最后却在 19m/s 左右的风速吹拂下，产生强烈扭曲而破坏。Tacoma 桥在实际风速远小于设计风速的情况下发生破坏，引发了学者们的好奇，这次事故使工程界注意到桥梁风致振动的重要性，促使人们对桥梁风工程进行了广泛深入研究，促进了桥梁风洞试验和空气动力学分析的发展。

图 7.1　Tacoma 悬索桥的风毁事故资料照片

近几年来，随着我国大跨度桥梁的建设，桥梁风害也时有发生，如广东南海九江公路斜拉桥施工中吊机被大风吹倒，砸坏主梁；江西九江长江公路铁路两用钢拱桥吊杆的涡激共振、上海杨浦大桥拉索的涡振和雨振损坏索套等。此外 2010 年 5 月 19 日，俄罗斯伏尔加河大桥（该桥为连续梁桥）在 13～16m/s 吹拂下发生纵向波浪式起伏，振幅高达 40～70cm，并发出震耳欲聋的尖锐声音，所幸振动很快停止，桥梁未受明显损伤。虽然截至目前还没有发生大的毁桥事故，但应该从世界各国的毁桥事故中接受教训，认识桥梁抗风设计的重要性，真正做到防患于未然。

我国是受台风影响较严重的国家，而且近年来，大跨度桥梁尤其是跨海大桥建设发展迅速，这些特殊桥梁的抗风往往作为一个专题进行研究，如东海大桥、港珠澳大桥等，可以说风荷载是大跨度桥梁设计的首要考虑因素。因此，桥梁设计者有必要对桥梁上的风荷载及风振响应有所了解，从而进一步在桥梁设计过程中提前预见桥梁施工及运营过程中可能出现的风荷载效应，并采取有效的预防措施。

通过第 1 章我们了解了风的基本特性，如平均风随高度变化规律、风的脉动及重现期等。由于设计使用年限及桥梁结构本身特点与建筑结构有所差别，因此在桥梁结构的抗风设计中，对于风荷载的考虑亦有所不同，本章主要结合《公路桥梁抗风设计规范》（JTG/T D60-01—2004）对桥梁结构上的风荷载及风振响应进行介绍。

7.2　基本风速和设计基准风速

7.2.1　基本风速

《公路桥梁抗风设计规范》（JTG/T D60-01—2004）中将基本风速定义为开阔平坦地貌条件下，地面以上 10m 高度处，100 年重现期 10min 平均年最大风速。

拟建或已建桥梁的基本风速可由桥址处实测资料统计分析得到，但在大多数情况下，桥址处没有或缺少足够的风速观测资料，无法直接推算桥梁的设计风速值，需要通过间接的风速资料确定桥梁的设计风速。最容易获得的是桥梁所在地区的气象台站的风速资料，当桥梁所在地区的气象台站具有足够的连续风速观测数据时，可采用当地气象台站年最大风速的概率分布类型，由 10min 平均最大风速推算 100 年重现期的数学期望值作为基本风速。对于概率分布模型的选取可以采用极值 I 型，或皮尔逊III型。

采用极值 I 型概率分布模型时，由第 2 章可知其概率分布函数为

$$F_1(x) = \exp\{-\exp[-(x-\mu)/\sigma]\}$$

(7.1)

式中，两个参数 μ 和 σ 可由下面两式计算

$$E(x) = \mu + 0.5772\sigma$$

$$\sigma_x = \frac{\pi}{\sqrt{6}}\sigma$$

(7.2)

其中 $E(x)$ 和 σ_x 可由实测资料求得，即为实测数据样本的均值和标准差。

从而保证率 F_1 的风速为

$$x_1 = \mu - \sigma\ln(-\ln F_1)$$

(7.3)

式中当重现期为 100 年时，保证率 $F_1 = 1 - 1/T = 0.99$。

考虑到实测资料对应的风速仪高度、平均时距及重现期可能与基本风速定义中的 10m、10min、100 年不一致，因此根据实测资料确定基本风速时要注意几项变换。

1. 高度变换

高度风速沿高度的变化是十分复杂的，在第 2 章中已有所介绍。目前工程上普遍采用的风速随高度变化的公式是对数律公式或指数律公式。

（1）对数律公式

$$V_{Z2} = V_{Z1}\frac{\ln(Z_2/z_0)}{\ln(Z_1/z_0)}$$

(7.4)

式中，V_{Z1}、V_{Z2} 分别为 Z_1 高度和 Z_2 高度处的风速(m/s)；z_0 为地表粗糙高度(m)。

（2）指数律公式

$$V_{Z2} = V_{Z1}\left(\frac{Z_2}{Z_1}\right)^{\alpha}$$

(7.5)

式中，α 为粗糙度系数。

出于使用上的方便，规范上采用指数律公式。

2. 时距变换

目前我国规范规定风速时距都是取 10min，但早期的实测资料也可能是取 2min。此外，亦有国外的规范所取的时距与我国规范不尽相同，如美国、印度规范采用的时距是 3s。关于时距的换算目前规范中没有给出换算公式，本书第 2 章给出了一个换算表格，也可以按照美国标准 ASCE7-10 规范提供的 t 秒的平均最大风速与 1h 平均风速之比曲线对不同时距的风速进行换算。此外，还有一些文献提到其他的换算方法。应用时可根据实际情况选择时距换算方法。

3. 重现期变换

《公路桥梁抗风设计规范》规定的基本风速是重现期为 100 年的平均年最大风速。而《建筑结构荷载规范》（GB 50009—2012），对基本风速定义的重现期采用 50 年。关于重现期不同对风速、风压的影响在第 2 章中已有所介绍，此处不再赘述。

对于少数特别重要或对抗风有特殊要求的桥梁结构，其重现期可由 100 年转为按 150 年考虑，此时，基本风速宜增大 50%。

【例 7.1】 某大桥的设计风速推算。该大桥靠近海边，根据当地气象局档案资料，得到 1954～2001 年的年最大风速及风速仪离地高度见下表。求该桥设计时取用的基本风速。

年份	1954	1955	1956	1957	1958	1959	1960	1961	1962	1963
风速/(m/s)	25.4	14.9	13.1	30.7	14.0	11.4	30.7	18.4	25.4	18.4
高度/m	6.9	6.9	6.9	6.9	6.9	6.9	6.9	13.4	13.4	13.4
年份	1964	1965	1966	1967	1968	1969	1970	1971	1972	1973
风速/(m/s)	30.7	16.6	18.4	14.9	18.4	15.8	14.9	27.0	12.0	14.0
高度/m	13.4	13.4	12.2	12.2	10	10	10	10	10	10
年份	1974	1975	1976	1977	1978	1979	1980	1981	1982	1983
风速/(m/s)	13.3	15.0	11.3	10.3	17.0	21.0	15.0	9.3	12.3	19.0
高度/m	10	10	10	10	10	10	10	10	10	10
年份	1984	1985	1986	1987	1988	1989	1990	1991	1992	1993
风速/(m/s)	10.0	12.3	14.3	20.3	15.0	16.7	13.7	16.0	17.3	18.7
高度/m	10	10	10	10	10	10	10	10	10	10
年份	1994	1995	1996	1997	1998	1999	2000	2001		
风速/(m/s)	15.1	16.9	14.0	18.6	11.4	21.9	12.8	11.4		
高度/m	10	10	10	10	10	10	10	10		

注：表中高度是指风速仪离地高度。

解：先对风速仪高度不是 10m 的数据进行高度换算，换算公式为

$$V_{10} = V_Z \left(\frac{10}{Z} \right)^{\alpha}$$

该桥位靠近海岸，故地表粗糙度指数按比海面、海岸略大取 0.13，根据已知条件，仅需对 1954～1967 年的风速进行高度换算，得到这些年份换算后风速如下表所示。

年份	1954	1955	1956	1957	1958	1959	1960	1961
风速/(m/s)	26.7	15.6	13.7	32.2	14.7	12.0	32.2	17.7
高度/m	10	10	10	10	10	10	10	10
年份	1962	1963	1964	1965	1966	1967		
风速/(m/s)	24.5	17.7	29.6	16.0	17.9	14.5		
高度/m	10	10	10	10	10	10		

采用极值Ⅰ型计算重现期 100 年的数学期望值。由 1954～2001 年 48 个风速数据求得均值和标准差：

$$\bar{x} = E(x) = \frac{1}{n}\sum_{i=1}^{48} x_i = 16.81$$

$$\sigma_x = \left[\frac{\sum_{i=1}^{48}(x_i - \bar{x})^2}{48 - 1}\right]^{1/2} = 5.438$$

极值Ⅰ型分布函数的尺度参数

$$\sigma = \frac{\sqrt{6}}{\pi}\sigma_x = 4.24$$

分布众值

$$\mu = \bar{x} - 0.5772\sigma = 16.81 - 0.5772 \times 4.24 = 14.36$$

从而得到 100 年一遇的极值Ⅰ型分布的设计最大风速，即基本风速为

$$x = \mu - \sigma\ln\left[-\ln\left(1 - \frac{1}{T}\right)\right] = 14.36 - 4.24 \times \ln(-\ln 0.99) = 33.87 \ (\text{m/s})$$

查公路桥涵设计规范知深圳市 100 年一遇的基本风速 38.4m/s。在桥梁抗风设计时可按 38.4m/s 考虑。

大部分桥梁可以根据所在地区气象站资料得到基本风速。对于重要的大跨径桥梁，特别是沿海等较大风速影响区内的桥梁，抗风设计可能成为桥梁设计的控制因素，为了更准确地评估桥址的风特性及其对桥梁结构的影响，应在规划初期设立风速观测站以获得必要的风速资料，再用实测资料与附近气象台站资料综合推算桥位处的基本风速。当桥梁所在地区缺乏风速观测资料时，可由全国基本风速分布图选取(参考《公路桥梁抗风设计规范》)。

7.2.2　设计基准风速

高度不同，风速亦不同。桥梁结构或构件往往是处于不同基本风速定义高度的位置上，要根据风速沿高度变化的规律进行换算，因此桥梁抗风设计中需引入设计基准风速。所谓设计基准风速是在基本风速基础上，考虑局部地表粗糙度影响，桥梁结构或结构构件基准高度处 100 年重现期的 10min 年最大风速。

1. 地表粗糙度影响

空气经过粗糙不平的地表面，受到摩擦力的作用，空气流动的速度即风速会发生变化，地表粗糙度越大，作用于空气的摩擦力也越大，相应的风速减小就越多，因此在考虑具体结构的设计基准风速时要计入地表粗糙度的影响。

《公路桥梁抗风设计规范》将地表分为四类，如表 7.2 所示。

表 7.2   地表分类

地表类别	地表状况	地表粗糙度系数 α	粗糙高度 z_0/m	梯度风高度 Z_G/m
A	海面、海岸、开阔水面、沙漠	0.12	0.01	300
B	田野、乡村、丛林、平坦开阔地及低层建筑物稀少地区	0.16	0.05	350
C	树木及低层建筑物等密集地区、中高层建筑物稀少地区、平缓的丘陵地	0.22	0.3	400
D	中高层建筑物密集地区、起伏较大的丘陵地	0.30	1.0	450

确定地表粗糙度系数的影响范围如图 7.2 所示。

当考虑范围内存在两种粗糙度相差较大的地表类别时，地表粗糙度系数可取两者的平均值；当所考虑范围内存在两种相近类别时，可按较小者取用；当桥梁上下游侧地表类别不同时，可按较小一侧取值。

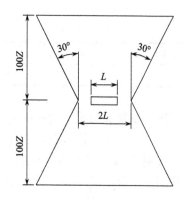

图 7.2   确定地表粗糙度系数的影响范围

2. 桥梁构件基准高度

桥梁是由各个构件组成的一个综合结构，如斜拉桥由主梁、拉索、桥塔（墩）、基础组成，悬索桥由主梁、主缆、吊杆、桥塔（墩）、锚碇等组成。露出水面或地表的构件就会受到风的作用，而这些构件位于不同的高度上，因此规范规定了桥梁构件的基准高度，如表 7.3 所示。

表 7.3   桥梁构件基准高度

基准高度/m	桥型	悬索桥、斜拉桥	其他桥型
Z	主梁	主跨桥面距水面或地表面或海面的平均高度(河流以平均水位，即一年中有半年不低于该水位的水面为基准面，海面以平均海面或平均潮位为基准面)	取下列两条中的较大值：①支点平均高度+(桥面最大标高-支点平均标高)×0.8；②桥梁设计高度
	吊杆、索、缆	跨中主梁底面到塔顶的平均高度处	
	桥塔(墩)	水面或地面以上塔(墩)高 65%高度处	

3. 设计基准风速计算

考虑粗糙度影响后桥梁构件基准高度处的设计基准风速可按下述公式计算

$$V_d = V_{s10}\left(\frac{Z}{10}\right)^{\alpha} \quad \text{或} \quad V_d = K_1 V_{10} \tag{7.6}$$

式中，V_d 为设计基准风速(m/s)；V_{10} 为基本风速(m/s)；V_{s10} 为桥址处的设计风速，即地面或水面以上 10m 高度处，100 年重现期的 10min 平均年最大风速(m/s)；Z 为构件基准高度(m)；K_1 为风速高度变化修正系数，根据地表粗糙度不同可按以下公式计算，亦可查规范中的相应表格。

$$K_{1A} = 1.174\left(\frac{Z}{10}\right)^{0.12}, \quad K_{1B} = 1.0\left(\frac{Z}{10}\right)^{0.16}, \quad K_{1C} = 0.785\left(\frac{Z}{10}\right)^{0.22}, \quad K_{1D} = 0.564\left(\frac{Z}{10}\right)^{0.30}$$

4. 施工阶段设计风速

对于施工阶段的桥梁，可降低安全保证率，按不同的重现期考虑，即在设计基准风速基础上考虑风速重现期调整系数，计算公式为

$$V_{sd} = \eta V_d \tag{7.7}$$

式中，η 为风速重现期系数，可按表 7.4 选用。

表 7.4　风速重现期系数

重现期/年	5	10	20	30	50	100
η	0.78	0.84	0.88	0.92	0.95	1

当桥梁地表以上结构的施工期少于 3 年时，可采用不低于 5 年重现期的风速；当施工期多于 3 年或桥梁位于台风多发地区时，可适当提高风速重现期系数值。

【例 7.2】　某大桥为独塔双索面预应力混凝土斜拉桥，根据其所在地区气象及水文资料得到 100 年一遇 10m 高的设计基本风速为 V_{10}=25m/s，设计平均水位标高 20m，主跨桥面标高 30.5m，桥址所在地表属于 A 类地表，求该桥主梁的设计基准风速。

解：　主梁基准高度 Z=30.5–20=10.5（m），该桥位于 A 类地表区，则风速高度变化系数为

$$K_{1A} = 1.174\left(\frac{Z}{10}\right)^{0.12} = 1.174\left(\frac{10.5}{10}\right)^{0.12} = 1.18$$

从而得到成桥阶段主梁的设计基准风速为

$$V_d = K_1 V_{10} = 1.18 \times 25 = 29.5 \text{ (m/s)}$$

对于施工阶段主梁的设计基准风速，采用 10 年重现期考虑，则查表 7.4 得重现期系数 $\eta = 0.84$，则施工阶段主梁的设计基准风速为

$$V_{sd} = \eta V_d = 0.84 \times 29.5 = 24.78 \text{ (m/s)}$$

7.3　桥梁结构上的静力风荷载及其组合

由于自然风的特征以及桥梁结构形式的断面形状的不同，风对桥梁结构的作用会表现出多种不同的形式，是一个十分复杂的问题。但从桥梁设计分析角度入手，人们希望对风的作用进行一定的简化，因此把风的作用效应概括起来分为静力和动力两大类。本节介绍桥梁结构上的静力风荷载。

7.3.1　静阵风风速

作用在桥梁上的风荷载由平均风作用、脉动风的背景脉动作用及结构惯性动力作用叠加而成。20 世纪 60 年代 Davenport 把经典抖振理论引入结构风荷载计算中，将风速中的脉

动分量看作一个平稳高斯过程，并在频域中将其表示为依赖于平均风速和地形粗糙度但与高度无关的功率谱密度，计算出结构响应的最大值，将结构响应最大值与其在平均风荷载作用下响应的比值称为阵风荷载系数或阵风效应系数。Davenport 提出的风荷载计算的基本理论和方法被世界各国风荷载规范广泛引用。

同济大学土木工程防灾国家重点实验室在桥梁等效风荷载理论及实用计算方法的研究方面做了许多工作，其部分成果被应用在我国《公路桥梁抗风设计规范》中。

为便于工程应用，我国《公路桥梁抗风设计规范》将平均风作用与脉动风的背景作用两部分合并作为桥梁上的静力风荷载(静阵风荷载)，它是基于静阵风风速计算得到，通过引入等效静阵风系数，由平均风速乘以静阵风系数得到静阵风风速，即

$$V_g = G_V V_Z \tag{7.8}$$

式中，V_g 为静阵风风速(m/s)；G_V 为静阵风系数，可按表 7.5 取值；V_Z 为基准高度 Z 处的风速(m/s)。

静阵风系数是和地表粗糙度、离地面(或水面)高度以及水平加载长度相关的系数，如表 7.5 所示。

表 7.5 静阵风系数 G_V

水平加载长度/m 地表类别	<20	60	100	200	300	400	500	650	800	1000	1200	>1500
A	1.29	1.28	1.26	1.24	1.23	1.22	1.21	1.20	1.19	1.18	1.17	1.16
B	1.35	1.33	1.31	1.29	1.27	1.26	1.25	1.24	1.23	1.22	1.21	1.20
C	1.49	1.48	1.45	1.41	1.39	1.37	1.36	1.34	1.33	1.31	1.30	1.29
D	1.56	1.54	1.51	1.47	1.44	1.42	1.41	1.39	1.37	1.35	1.34	1.32

表 7.5 是对应高度 40m，基本风速 40m/s 计算得到的静阵风系数。其中水平加载长度的选取按以下情况考虑：

(1)成桥状态下，水平加载长度为主桥全长。

(2)桥塔自立阶段的静阵风系数按水平加载长度小于 20m 选取。

(3)悬臂施工中的桥梁的静阵风系数按水平加载长度为该施工状态已拼装主梁的长度选取。

需要注意的是，静阵风风速仅考虑了平均风和脉动风的背景作用，没有考虑结构惯性力作用，在进行横桥向抗风分析时，还需要考虑结构的惯性动力作用。

7.3.2 桥梁构件上的静阵风荷载

1. 主梁上的静阵风荷载

作用在桥梁主梁上的静阵风荷载可分解为三个分量，升力 F_V、阻力 F_H 与扭矩 M_T，称为三分力，如图 7.3 所示。图中的三分力是按桥梁断面本身的体轴坐标系来分解定义的，因此称为体轴坐标系下的三分力。

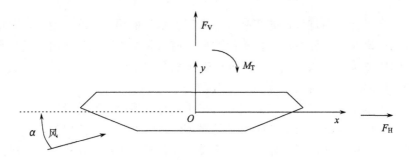

图 7.3　风荷载在体轴坐标系下的三分力

单位长度上这三个静阵风荷载分量可表示为

阻力
$$F_H = \frac{1}{2}\rho V_g^2 C_H H \tag{7.9}$$

升力
$$F_V = \frac{1}{2}\rho V_g^2 C_V B \tag{7.10}$$

扭矩
$$M_T = \frac{1}{2}\rho V_g^2 C_M B^2 \tag{7.11}$$

式中，V_g 为静阵风风速(m/s)；ρ 为空气密度(kg/m³)，取 1.25 kg/m³；B 为主梁断面宽度(m)；H 为主梁投影高度(m)，宜计入栏杆或防撞护栏以及其他桥梁附属物的实体高度。

C_H、C_V、C_M 分别为体轴坐标系下的阻力系数、升力系数及扭矩系数，统称为三分力系数。由图 7-3 可以看出，静力风荷载与风攻角 α 有关，因此三分力系数是攻角的函数。

静阵风对结构产生的阻力、升力和力矩作用，可能引起桥梁的强度、变形破坏和静力失稳。作用在大跨桥梁断面上的升力和扭矩一般由平均风作用下的静力和抖振惯性力组成，且惯性力部分是主要的，只能通过风洞试验和详细的抖振响应分析得到。风致静力失稳往往发生在大跨径桥梁中；对于跨度较小、刚性较大的桥梁可只考虑静阵风荷载作用下的强度问题。因此，静风荷载分析时一般只考虑阻力，其主要影响是顺风向的截面强度、变形及可能的侧向弯曲失稳。

阻力是顺风向(横桥向)作用下在主梁单位长度上静阵风荷载，其中常规断面的阻力系数可按以下方式计算：

(1) "工"形、"Ⅱ"形或箱形截面主梁的阻力系数 C_H 可按下式计算：

$$C_H = \begin{cases} 2.1 - 0.1\left(\dfrac{B}{H}\right), & 1 \leqslant \dfrac{B}{H} < 8 \\ 1.3, & 8 \leqslant \dfrac{B}{H} \end{cases} \tag{7.12}$$

式中，B 为桥梁宽度(m)；H 为梁高(m)。

当主梁的截面带有斜腹板时，阻力系数可以进行折减，以竖直方向为基准，每倾斜 1° 折减 0.5%，最多可折减 30%。

(2)主梁为桁架结构时的阻力系数可按表 7.6 确定。

当主梁为两片或两片以上桁架时，迎风桁架的阻力系数取 ηC_H，η 为遮挡系数，按 7.7 确定。

(3)桥面系构造的风载阻力系数 $C_H = 1.3$。

(4)复杂断面的三分力系数宜结合风洞试验综合确定。

表 7.6 桁架的风载阻力系数

实面积比	矩形与 H 形截面构件	圆柱形构件(D 为圆柱直径)	
		$DV_0 < 6 \text{ m}^2/\text{s}$	$DV_0 \geqslant 6 \text{ m}^2/\text{s}$
0.1	1.9	1.2	0.7
0.2	1.8	1.2	0.8
0.3	1.7	1.2	0.8
0.4	1.7	1.1	0.8
0.5	1.6	1.1	0.8

注：表中实面积比=桁架净面积/桁架轮廓面积。

表 7.7 桁架遮挡系数 η

间距比	实面积比				
	0.1	0.2	0.3	0.4	0.5
≤1	1.0	0.90	0.80	0.60	0.45
2	1.0	0.90	0.80	0.65	0.50
3	1.0	0.95	0.80	0.70	0.55
4	1.0	0.95	0.80	0.70	0.60
5	1.0	0.95	0.85	0.75	0.65
6	1.0	0.95	0.90	0.80	0.70

注：间距比=两桁架中心距/迎风桁架高度。

【例 7.3】 苏通大桥主航道桥是全长 2088m 的七跨连续钢箱梁双塔斜拉桥，主跨 1088m。主梁全宽 41.0m，主梁高度 4.0m，采用全封闭扁平流线型钢箱梁。根据苏通大桥气象观测、风参数研究报告，桥位 10m 高度处 100 年重现期的基本风速 $V_{10} = 38.9$m/s，桥位处地表属于 A 类，$\alpha = 0.12$，成桥状态主梁设计基准风速为 49.7m/s。通过试验确定主梁静力三分力系数在成桥状态时阻力系数 $C_H = 0.9791$。试按规范计算主梁上的等效静阵风荷载。

解：查表 7.5，加载长度>1500m，A 类地表，$G_V = 1.16$。

故得等效静阵风荷载(阻力)为

$$F_H = \frac{1}{2}\rho V_g^2 C_H H = \frac{1}{2} \times 1.25 \times (49.7 \times 1.16)^2 \times 0.9791 \times 4 = 8136 \text{ (kg/m)}$$

前面提到主梁上三分力之一的阻力是横桥向作用在主梁单位长度上静阵风荷载，而在桥梁设计计算中有时也会用到顺桥向风荷载，对于顺桥向风荷载可分两种情况进行简化计算：

(1)跨径小于 200m 的桥梁，主梁上顺桥向单位长度的风荷载：对实体桥梁断面可取其横桥向风荷载的 0.25 倍；对桁架桥梁断面可取其横桥向风荷载的 0.50 倍。

(2)跨径等于或大于 200m 的桥梁，主梁为非桁架断面时，其顺桥向单位长度上的风荷载可按风和主梁表面的摩擦力计算：

$$F_{\mathrm{fr}} = \frac{1}{2}\rho V_{\mathrm{g}}^2 c_{\mathrm{f}} s \tag{7.13}$$

式中，c_{f} 为摩擦系数，按表 7.8 计算；s 为主梁周长(m)。

表 7.8　摩擦系数 c_{f} 取值

桥梁上下表面情况	摩擦系数 c_{f}
光滑表面(光滑混凝土、钢)	0.01
粗糙表面(混凝土表面)	0.02
非常粗糙表面	0.04

2. 墩、塔、吊杆、斜拉索和主缆上的静风荷载

桥墩、桥塔、吊杆上的风荷载、横桥向作用在斜拉桥斜拉索和悬索桥主缆上的静风荷载可按下式计算：

$$F_{\mathrm{H}} = \frac{1}{2}\rho V_{\mathrm{g}}^2 C_{\mathrm{H}} A_{\mathrm{n}} \tag{7.14}$$

式中，A_{n} 为桥梁各构件顺风向投影面积(m^2)，对吊杆、斜拉索和悬索桥的主缆取为其直径乘以其投影高度；C_{H} 为阻力系数，桥墩或桥塔的阻力系数可按表 7.9 选取。主缆的中心间距为直径的 4 倍及以上时，每根主缆单独算且单根阻力系数可取 0.7；当主缆中心距不到直径的 4 倍时，可按一根主缆计算，其阻力系数宜取 1.0；当悬索桥吊杆的中心距为直径的 4 倍及以上时，每根吊杆的阻力系数可取 0.7。斜拉索的阻力系数在考虑与活载组合时可取 1.0；在设计基准风速下可取 0.8。

其他符号意义同前。

表 7.9　桥墩或桥塔的阻力系数 C_{H}

断面形状	$\dfrac{t}{b}$	桥墩或桥塔的高宽比						
		1	2	4	6	10	20	40
风向 $\rightarrow$ □ (t, b)	≤1/4	1.3	1.4	1.5	1.6	1.7	1.9	2.1
$\rightarrow$ □	1/3 1/2	1.3	1.4	1.5	1.6	1.6	2.0	2.2
$\rightarrow$ □	2/3	1.3	1.4	1.5	1.6	1.8	2.0	2.2
$\rightarrow$ □	1	1.2	1.3	1.4	1.5	1.6	1.8	2.0
$\rightarrow$ □	3/2	1.0	1.1	1.2	1.3	1.4	1.5	1.7

断面形状	$\dfrac{t}{b}$	桥墩或桥塔的高宽比						
		1	2	4	6	10	20	40
→▭	2	0.8	0.9	1.0	1.1	1.2	1.3	1.4
→▭	3	0.8	0.8	0.8	0.9	0.9	1.0	1.2
→▭	≥4	0.8	0.8	0.8	0.8	0.8	0.9	1.1
→◇ →⬡		1.0	1.1	1.1	1.2	1.2	1.3	1.4
12 边形 →⬡		0.7	0.8	0.9	0.9	1.0	1.1	1.3
光滑表面圆形且 $DV_0 \geqslant 6\ \text{m}^2/\text{s}$ →○		0.5	0.5	0.5	0.5	0.5	0.6	0.6
1. 光滑表面圆形且 $DV_0 < 6\ \text{m}^2/\text{s}$ →○ 2. 粗糙表面或有凸起的圆形		0.7	0.7	0.8	0.8	0.9	1.0	1.2

注：①上部结构架设后，应按高宽比为 40 计算 C_H 值。

②对于带有圆弧角的矩形桥墩，其风载阻力系数应从表中查得 C_H 值后，再乘以折减系数 $\left(1 - 1.5\dfrac{r}{b}\right)$ 或 0.5，取其二者之较大值，在此 r 为圆弧角的半径。

③对于带三角尖端的桥墩，其 C_H 值应按包括该桥墩外边缘的矩形截面计算。

④对随高度有锥度变化的桥墩，C_H 值应按桥墩高度分段计算，每段的 t 及 b 取该段的平均值，高宽比则应以桥墩总高度对每段的平均宽度之比计。

顺桥向风作用下斜拉索上单位长度上的风荷载按下式计算：

$$F_H = \frac{1}{2}\rho V_g^2 C_H D \sin^2 \alpha \tag{7.15}$$

式中，α 为斜拉索的倾角(°)；D 为斜拉索的直径(m)。

作用在主梁上的横桥向风荷载，除考虑等效静阵风荷载外，还应考虑由于抖振响应引起的惯性荷载。对于跨径小于 200m 时，可忽略因抖振所产生的结构惯性动力风荷载，当跨大于 200m 时，若判定其对风的动力作用敏感，则应通过风洞试验取得必要的参数，然后由抖振分析得到结构惯性动力荷载。

3. 施工阶段桥梁上的静阵风荷载

悬臂施工的桥梁，应对其最大双悬臂状态和最大单悬臂状态进行详细的风荷载分析；双悬臂状态时除了对称加载外，还应考虑不对称加载工况，一侧悬臂可取另一侧悬臂上风荷载的 0.5 倍，计算桥墩或桥塔根部的扭转力矩。

7.3.3 桥梁静力风荷载组合

作用在桥梁上的静力风荷载是可变作用，可与其他永久作用、可变作用进行组合，用来验算桥梁结构的强度、刚度、稳定性等。参与组合的荷载数量及类型可根据桥梁的受力阶段及可能出现的不利状况选取，比如安庆长江大桥设计时采用了以下几种荷载组合。

组合 1：恒载+汽车荷载。

组合 2：恒载+挂车荷载。

组合 3：恒载+满人荷载。

组合 4：恒载+汽车荷载+温度影响力+风荷载+制动力。

组合 5：恒载+温度影响力+风荷载。

组合 6：恒载+汽车荷载+船舶撞击力。

荷载组合时需要注意分项系数、组合系数等的选取，以作用基本组合为例，其组合效应设计值表达式如下：

$$S_{ud} = \gamma_0 S \left(\sum_{i=1}^{m} \gamma_{Gi} G_{ik} \gamma_{Q_1} \gamma_L Q_{1k} \psi_c \sum_{j=2}^{n} \gamma_{Lj} \gamma_{Qj} Q_{jk} \right) \tag{7.16}$$

式中，S_{ud} 为承载能力极限状态下作用基本组合的效应设计值；$S(\cdot)$ 为作用组合的效应函数，一般情况下作用和作用效应按线性考虑，可采用代数相加的形式；γ_0 为结构重要性系数，对应于设计安全等级一级、二级、三级分别取 1.1、1.0、0.9；γ_{Gi} 为第 i 个永久作用的分项系数；G_{ik} 为第 i 个永久作用的标准值；γ_{Q_1} 为汽车荷载(含汽车冲击力、离心力)的分项系数。采用车道荷载计算时取 1.4，采用车辆荷载计算时取 1.8。当某个可变作用效应值超过汽车荷载效应时，则该作用取代汽车荷载，相应的分项系数取为 1.4；γ_L、γ_{Lj} 为结构设计使用年限荷载调整系数；γ_{Qj} 为在作用组合中除汽车荷载(含汽车冲击力、离心力)、风荷载以外的其他第 j 个可变作用的分项系数，取 $\gamma_{Qj} = 1.4$，但风荷载的分项系数取 $\gamma_{Qj} = 1.1$；Q_{1k} 为汽车荷载(含汽车冲击力、离心力)的标准值；Q_{jk} 为在作用组合中除汽车荷载(含汽车冲击力、离心力)外的第 j 个可变作用标准值；ψ_c 为在作用组合中除汽车荷载(含汽车冲击力、离心力)外的其他可变作用的组合值系数，取 $\psi_c = 0.75$。

在荷载组合中需要注意以下几点：

(1)在基本组合中，当风荷载作用效应超过汽车荷载效应时，它在组合中取代汽车荷载的位置，其分项系数需要由 1.1 变为 1.4。

(2)此外当风荷载参与汽车荷载组合时，桥面高度处的风速取 $V_Z = 25 \text{m/s}$，这主要是考虑到风速过大时，桥上需实行交通管制甚至临时封闭交通，因此对组合最大风速进行限制。

(3)风荷载的频遇值系数 $\psi_f = 0.75$，准永久值系数 $\psi_q = 0.75$。

7.4 桥梁结构风致振动响应

桥梁结构在近地紊流风作用下的振动响应是许多因素共同作用的结果。其振动响应大致可分为两大类：一是在平均风作用下，振动的桥梁从流动的风中吸收能量，产生一种自激振动，具体表现为弛振或颤振的形式，一般而言其振动较大；二是脉动风作用下桥梁结构产生的强迫振动，表现形式是抖振或涡振，一般振动相对较小。下面对这几种振动作详细介绍。

7.4.1 颤振

颤振是振动的桥梁通过气流的反馈作用不断吸取能量，振幅逐步增大直到使结构破坏的发散性自激振动。根据桥梁断面的情况，发生颤振有两种驱动机制。对于近流线形的扁平断面可能发生类似机翼的弯扭古典耦合颤振，此时高速流动的风引起的刚度效应将改变结构的弯曲和扭转频率，使两者接近，在临界风速下使之耦合成统一的颤振频率，并驱动振动的发散，即弯扭耦合颤振。非流线形断面则容易发生分离流的扭转颤振，由于流动的风对断面的扭转运动会产生一种负阻尼效应，当达到临界风速时，空气的负阻尼将克服结构自身的正阻尼从而导致振动的发散，即扭转颤振。

目前颤振方面的研究主要采用三种方法，即经典理论方法、直接试验方法和试验加理论方法。经典理论方法是以 Theodorsen 机翼颤振理论为基础的。

1935 年，Theodorsen 首先从理论上研究了薄平板的空气作用力，他对二维理想平板(图 7.4)，用势能原理求得了作用于振动平板上的非定常空气力的解析表达式。

$$L = \pi \rho b \left\{ -b\ddot{h} - 2VC(k)\dot{h} - [1 + C(k)]Vb\dot{\alpha} - 2V^2 C(k)\alpha \right\}$$

$$M = \pi \rho b^2 \left\{ VC(k)\dot{h} - \frac{b^2\ddot{\alpha}}{8} + \left[-\frac{1}{2} + \frac{1}{2}C(k) \right] Vb\dot{\alpha} + V^2 C(k)\alpha \right\} \tag{7.17}$$

式中，L 为单位长度上的升力；M 为单位长度上的扭矩；b 为夹板的半宽，桥宽 $B=2b$；V 为空气来流速度；h 为截面竖向位移；α 为截面扭转角；$C(k)$ 为 Theodorsen 函数，其中 $k = \dfrac{b\omega}{V}$ 为折算频率，ω 为振动圆频率。

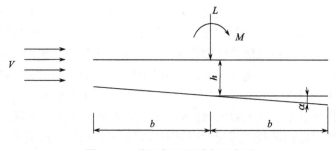

图 7.4　二维理想平板受力示意图

由 Theodorsen 推导的升力和扭矩公式可以看出，升力和扭矩与竖向位移的速度及加速度、扭转角及其速度、加速度为线性关系，说明气动力的大小随平板本身的运动状态变化而变化，因此属于自激力。

Theodorsen 平板理论后经 Bleich、Kloppel 和 Thiele、Selberg 和 Van der Vput 等的努力，将这样一理论用于悬索桥颤振的近似计算。该方法仅适用于流线型截面的颤振计算，对于流线型扁平箱梁该方法具有一定的精度，但桥梁结构大都有具钝体截面，因此该方法只适合用来对颤振临界风速的粗略估计。

Theodorsen 平板理论是建立在势流沿着平板表面流动的基础上的，当气流有分离时，这一假定失效，当气流绕过振动着的非流线型截面时，迎风面的棱角处气流将发生分离，同时产生涡旋脱落，也可能再附，其流态十分复杂。Scanlan 认为，对于非流线型的钝体截面，不可能从流体力学原理推导出类似于 Theodorsen 函数那样的气动函数，他引入了无量纲的气动力参数——颤振导数，建立了自激力表达式：

$$L = \frac{1}{2}\rho V^2 B\left[KH_1^*(K)\frac{\dot{h}}{V} + KH_2^*(K)\frac{B\dot{\alpha}}{V} + K^2 H_3^*(K)\alpha \right]$$
$$M = \frac{1}{2}\rho V^2 B^2\left[KA_1^*(K)\frac{\dot{h}}{V} + KA_2^*(K)\frac{B\dot{\alpha}}{V} + K^2 A_3^*(K)\alpha \right] \quad (7.18)$$

式中，H_i^*、A_i^* 分别为 h 和 α 方向的颤振导数，可通过专门设计的节段模型风洞试验来测定；K 为折算频率，$K = \dfrac{B\omega}{V} = 2k$，其他符号意义同前。

之后 Scanlan 等又在上述气动力基础上计入各自由度之间的耦合项，提出了更广义的气动力计算公式，桥梁分离流颤振实验加理论方法得到进一步发展。

7.4.2 驰振

驰振是指振动的桥梁从气流中不断吸取能量，使非扁平截面的细长钝体结构的振幅逐步增大的发散性弯曲自激振动。1932 年 Den Hartog 在研究结冰电缆时，首次阐述了驰振现象及其发生机理，并提出了判据。驰振是针对结构物一维的振动，驰振的产生机理在于其升力曲线具有负斜率，因此空气升力具有负阻尼作用，结构从空气中持续吸收能量，造成结构发散振动。驰振可分为尾流驰振和横流驰振。尾流驰振常发生于斜拉桥的拉索。横流驰振一般发生在具有棱角的非流线型截面柔性轻质结构中，如悬索桥的吊杆、自立状态的高耸桥塔也可能发生驰振现象。

结构是否可能发生驰振，主要取决于结构横截面的外形，可能发生驰振的结构称为驰振不稳定结构，只有非圆形断面如矩形、"D"字形等的构件才可能发生驰振失稳。但是学者观察到阵雨条件下，斜拉桥的圆形截面拉索会发生比晴天时更大的风致振动现象，这是由于雨水沿缆索下流时的水道改变了拉索原有的圆形截面，造成类似结冰电缆驰振的机制,形成拉索风雨共振现象，如图 7.5 所示。此外并排拉索的斜拉桥中可以观察到来流方向的后排拉索比前排拉索发生更大的风致振动，这就是拉索的尾流驰振现象。

横流驰振中风对结构横截面的相对攻角直接取决于结构的横风向速度，驰振基本上是由准定常力控制的，可把驰振现象设想为二维性质，用解析法处理。图 7.6 所示为均匀流以攻角 α 速度 V 渡过一个细长体的断面，在风轴坐标下，阻力 D 和升力 L 分别为

阻力
$$D(\alpha) = \frac{1}{2}\rho V^2 B C_D(\alpha) \quad (7.19)$$

升力
$$L(\alpha) = \frac{1}{2}\rho V^2 B C_L(\alpha) \quad (7.20)$$

图 7.5 斜拉索风雨振

它们在竖直方向(y 轴向)的作用力为

$$F_y = -D(\alpha)\sin\alpha - L(\alpha)\cos\alpha$$

$$= \frac{1}{2}\rho V^2 B(-C_D(\alpha)\sin\alpha - C_L(\alpha)\cos\alpha) \tag{7.21}$$

$$= \frac{1}{2}\rho V_H^2 B(-C_D(\alpha)\sin\alpha - C_L(\alpha)\cos\alpha) \cdot \frac{1}{\cos^2\alpha}$$

式中，V_H 为 V 的水平分量，将式(7.21)化简记为

$$F_y = \frac{1}{2}\rho V_H^2 B(-C_D\tan\alpha - C_L) \cdot \sec\alpha = \frac{1}{2}\rho V_H^2 B C_{Fy} \tag{7.22}$$

式中，$C_{Fy} = (-C_D\tan\alpha - C_L) \cdot \sec\alpha$。

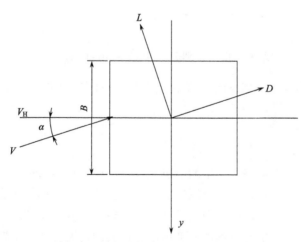

图 7.6 均匀流流过细长体断面示意图

考虑物体在速度为 V_H 的气流中沿横风向的振荡，气流相对于运动物体的相对速度记作 V_r，则

$$V_r = (V_H^2 + \dot{y}^2)^{1/2} \tag{7.23}$$

物体单位长度质量为 m，则其运动方程为

$$m(\ddot{y} + 2\xi\omega\dot{y} + \omega^2 y) = F_y \tag{7.24}$$

对于微小运动，即 $\dot{y} \approx 0$ 的状况，此时

$$\frac{\dot{y}}{V_H} \approx 0 \tag{7.25}$$

则有

$$F_y \cong \left.\frac{\partial F_y}{\partial \alpha}\right|_{\alpha=0} \alpha = \frac{1}{2}\rho V_H^2 B \cdot \left.\frac{\mathrm{d}C_{Fy}}{\mathrm{d}\alpha}\right|_{\alpha=0} \cdot \frac{\dot{y}}{V_H} \tag{7.26}$$

其中

$$\left.\frac{\mathrm{d}C_{Fy}}{\mathrm{d}\alpha}\right|_{\alpha=0} = -\left.\left(\frac{\mathrm{d}C_L}{\mathrm{d}\alpha} + C_D\right)\right|_{\alpha=0} \tag{7.27}$$

将式 (7.27)、式 (7.26) 代入式 (7.24) 得

$$m(\ddot{y} + 2\xi\omega\dot{y} + \omega^2 y) = -\frac{1}{2}\rho V_H^2 B \cdot \left.\left(\frac{\mathrm{d}C_L}{\mathrm{d}\alpha} + C_D\right)\right|_{\alpha=0} \cdot \frac{\dot{y}}{V_H} \tag{7.28}$$

若把方程式 (7.28) 右端项看作是对整个系统阻尼的贡献，和左边第二项合并，得到系统的净阻尼系数为

$$2m\xi\omega + \frac{1}{2}\rho V_H B \cdot \left.\left(\frac{\mathrm{d}C_L}{\mathrm{d}\alpha} + C_D\right)\right|_{\alpha=0} = d \tag{7.29}$$

式中，第一项为机械阻尼，第二项可称为气动阻尼。根据黏性阻尼的线性振动理论，当 $d>0$ 时，系统趋于振荡稳定；当 $d<0$ 时，则趋于不稳定。由于机械阻尼比 ξ 一般为正数，所以至少要

$$\left.\left(\frac{\mathrm{d}C_L}{\mathrm{d}\alpha} + C_D\right)\right|_{\alpha=0} < 0 \tag{7.30}$$

时才会出现不稳定。这就是邓-哈托准则。式中 $\dfrac{\mathrm{d}C_L}{\mathrm{d}\alpha}$ 亦可记为 C_L'。

邓-哈托准则常用来初步判断结构是否趋于驰振不稳定，即求出截面升力系数和阻力系数，然后判别攻角为 0 时 $C_L' + C_D$ 的符号。

7.4.3 抖振

桥梁的抖振是指在紊流场作用下的随机振动。结构的抖振可分为三类：一是来流中的大气紊流成分所造成的、结构物自身尾流造成的、上游邻近结构物尾流中的紊流引起的。后两类紊流影响较小，因此在桥梁中的抖振主要考虑大气紊流引起的。根据现有的研究成果，抖振不会像颤振那样引起灾难性的破坏，但过大的抖振会在施工期间危及施工人员和机械的安全，在运营期间影响人和车的舒适性及影响构件的疲劳寿命。桥梁结构在随机风荷载作用下的响应计算可分为频域法和时域法两大类。目前国内外桥梁抖振分析理论主要有三种：Davenport 随机抖振理论、Scanlan 颤抖振理论和抖振反应谱理论。

1. Davenport 随机抖振理论

Davenport 在随机振动理论的基础上将机翼抖振分析的方法应用到桥梁抖振分析,开辟了桥梁气动弹性研究的新领域。Davenport 建议的准定常抖振力模型可表示为

$$
\begin{cases}
D_\mathrm{b}(t) = \dfrac{1}{2}\rho V^2 B \left[2C_\mathrm{D} \dfrac{u(t)}{V} + C_\mathrm{D}' \dfrac{\omega(t)}{V} \right] \\[2mm]
L_\mathrm{b}(t) = \dfrac{1}{2}\rho V^2 B \left[2C_\mathrm{L} \dfrac{u(t)}{V} + (C_\mathrm{L}' + C_\mathrm{D}) \dfrac{\omega(t)}{V} \right] \\[2mm]
M_\mathrm{b}(t) = \dfrac{1}{2}\rho V^2 B \left[2C_\mathrm{M} \dfrac{u(t)}{V} + C_\mathrm{M}' \dfrac{\omega(t)}{V} \right]
\end{cases}
\tag{7.31}
$$

式中,C_D、C_L、C_M 分别为阻力、升力与扭矩系数;C_D'、C_L'、C_M' 分别为阻力、升力、扭矩系数对攻角 α 的导数,这六个系数均可在风洞试验室中测得;V 为平均风速;u、w 分别为水平及垂直向的脉动风速。

Davenport 抖振力模型是基于准定常假定推导出来的。对于低频段的紊流该假定比较吻合实际结构受力情况;但对于高频率段的紊流,其抖振力模型与结构真实受力状态有较大差距,因此引入气动导纳函数来修正准定常抖振力模型,从而考虑抖振力的非定常特性。修正后的模型为

$$
\begin{cases}
D_\mathrm{b}(t) = \dfrac{1}{2}\rho V^2 B \left[2C_\mathrm{D}\chi_\mathrm{D} \dfrac{u(t)}{V} + C_\mathrm{D}' \chi_\mathrm{D}' \dfrac{\omega(t)}{V} \right] \\[2mm]
L_\mathrm{b}(t) = \dfrac{1}{2}\rho V^2 B \left[2C_\mathrm{L}\chi_\mathrm{L} \dfrac{u(t)}{V} + (C_\mathrm{L}' + C_\mathrm{D}) \chi_\mathrm{L}' \dfrac{\omega(t)}{V} \right] \\[2mm]
M_\mathrm{b}(t) = \dfrac{1}{2}\rho V^2 B \left[2C_\mathrm{M}\chi_\mathrm{M} \dfrac{u(t)}{V} + C_\mathrm{M}' \chi_\mathrm{M}' \dfrac{\omega(t)}{V} \right]
\end{cases}
\tag{7.32}
$$

式中,χ_D、χ_D'、χ_L、χ_L'、χ_M、χ_M' 为气动导纳函数,其他符号意见同前。

2. Scanlan 颤抖振理论

Davenport 虽然引入气动导纳函数修正了准定常气动力的误差,但该抖振力未考虑结构振动对风荷载的反馈作用(即自激力)。实际上结构与风场具有耦合作用,即振动的结构会改变风场,而风场的改变又反馈影响到结构的振动,这种耦合从形式上表现为结构的阻尼特性与刚度特性的改变,称为气动阻尼与气动刚度。在较低风速下,气动阻尼会抑制结构振动作用,表现为正阻尼的形式,此时若忽略自激力作用,抖振响应的计算结果偏大。

因此,Scanlan 在其建立的颤振分析理论基础上,提出考虑结构运动引起的自激力以及紊流风产生的抖振力同时作用的颤抖振分析理论。Scanlan 引入自激力修正后桥梁结构所受的阻力、升力及扭矩可表示为

$$
\begin{cases}
D = D_\mathrm{b} + D_\mathrm{ae} \\
L = L_\mathrm{b} + L_\mathrm{ae} \\
M = M_\mathrm{b} + M_\mathrm{ae}
\end{cases}
\tag{7.33}
$$

式中,下标 b 表示 Davenport 抖振力,详细表达式见式(7-31);下标 ae 表示气动自激力,

当忽略模态与模态之间气动力的耦合时，均匀来流 V 的作用下自激力，即为 7.4.1 节中提到过的 Scanlan 自激力，即为

$$
\begin{cases}
D_{ae} = \dfrac{1}{2}\rho V^2 B\left[KP_1^*\dfrac{\dot{p}}{V} + KP_2^*\dfrac{B\dot{a}}{V} + K^2 P_3^* a \right] \\[2ex]
L_{ae} = \dfrac{1}{2}\rho V^2 B\left[KH_1^*\dfrac{\dot{h}}{V} + KH_2^*\dfrac{B\dot{a}}{V} + K^2 H_3^* a \right] \\[2ex]
M_{ae} = \dfrac{1}{2}\rho V^2 B\left[KA_1^*\dfrac{\dot{h}}{V} + KA_2^*\dfrac{B\dot{a}}{V} + K^2 A_3^* a \right]
\end{cases}
\tag{7.34}
$$

Scanlan 颤抖振理论在抖振响应分析中较为全面地考虑了自激力的作用，但偏安全地忽略了气动导纳的影响。

7.4.4 涡振

涡振(涡激振动)是气流流经钝体桥梁结构断面时，由于周期性交替脱落的旋涡引起的一种桥梁自激振动，是大跨度桥梁在低风速下很容易出现的一种风致振动现象。涡激振动结构反过来对涡脱形成某种反馈作用，使得涡振振幅受到限制，因此涡振也是一种限幅振动。

关于涡振机理的研究，早在 1898 年 Stronhal 就研究了风竖琴的振动现象，发现流体绕过圆柱体后，在尾流中将出现交替脱落的旋涡，且旋涡脱落频率 f，风速 V 和圆柱直径 d 之间有一定的关系，表达如下

$$
S_t = \frac{fd}{V}
\tag{7.35}
$$

式中，S_t 为 Stronhal 数，对于圆柱体，$S_t \approx 0.2$。

1911 年 Von Karman 研究了绕圆柱体流动的机理，提出 Karman 涡街，并实验研究了雷诺数 Re 对光滑圆柱绕流的影响。发现旋涡脱落随着雷诺数 Re 的增加由一开始的周期脱落过渡到随机脱落再过渡到规则脱落。

当空气浇过其他的钝体如方形、矩形或各种桥面，亦有类似的旋涡脱落现象，钝体截面背后的周期性旋涡脱落将产生周期变化的空气作用力——涡激力，其涡激频率为

$$
f_v = S_t \frac{v}{B}
\tag{7.36}
$$

式中，B 为截面投影到与气流垂直的平面上的特性尺度，对圆柱体为直径，对于一般钝体截面，可取迎风面的高度。

当被绕流的物体是一个振动体系时，周期性的涡激力就引起体系的涡激振动，并在旋涡脱落频率和结构自振频率接近或相等时发生涡激共振，此时，结构振动频率反过来控制涡激频率，使得一定范围内的风速变化无法改变涡激频率，形成涡激振动所特有的频率"锁定"现象，使得发生涡激共振的风速范围扩大。需要注意的是，涡激振动可以激起弯曲振动，也可以激起扭转振动。

在工程应用中，涡振振幅是人们比较关心的问题，因此有必要确定涡激力，至今，涡激力的经典解析表达式主要有以下几种。

1. 简谐力模型

这一模型假定涡激力是和升力系数成正比的简谐力，即可按下式求解：

$$m(\ddot{y} + 2\zeta\omega_n\dot{y} + \omega_n^2 y) = \frac{1}{2}\rho U^2 B C_L \sin(\omega_s t + \phi) \tag{7.37}$$

该模型的主要缺点是不能正确反映涡振振幅随风速的变化关系。

2. 升力振子模型

20 世纪 60 年代，Scruton 提出升力振子模型，基本形式为

$$m(\ddot{y} + 2\zeta\omega_n\dot{y} + \omega_n^2 y) = \frac{1}{2}\rho U^2 B C_L(t) \tag{7.38}$$

式中，升力系数是随时间变化的系数，它与结构振动速度假定为有如下关系：

$$\ddot{C}_L + a_1\dot{C}_L + a_2\dot{C}_L^3 + a_3 C_L = a_4\dot{y} \tag{7.39}$$

式中 4 个系数通过试验来识别确定。

升力振子模型的主要缺点是模型参数的确定需要大量的试验，而升力系数随时间的变化规律需要通过测压试验的数据来仔细分析，而测压时结构阻尼特性的影响使得难以得到理想的实验数据。

3. 经验线性模型

由 Simiu 和 Scanlan 于 1986 年提出的一种经验线性模型，这一模型假定一个线性机械振子给予气动激振力、气动阻尼及气动刚度。

$$m(\ddot{y} + 2\zeta\omega_n\dot{y} + \omega_n^2 y) = \frac{1}{2}\rho U^2 B\left[Y_1(K_1)\frac{\dot{y}}{U} + Y_2(K_1)\frac{y}{B} + \frac{1}{2}C_L(K_1)\sin(\omega_n t + \phi)\right] \tag{7.40}$$

式中，$K_1 = B\omega_n/U$、Y_1、Y_2、C_L、ϕ 为待拟合的参数。

该模型通过线性函数来描述旋涡脱落这一非线性气动现象，带有一定的近似，且不能解释锁定现象。

4. 经验非线性模型

这一模型是由 Ehsan 和 Scanlan 于 1990 年在经验线性模型的基础上提出的，增加一个非线性的气动阻尼项，把涡激力的描述引入到非线性的范围内，得到振动方程为

$$m(\ddot{y} + 2\zeta\omega_n\dot{y} + \omega_n^2 y) = \frac{1}{2}\rho U^2 B\left[Y_1\left(1 - \varepsilon\frac{y^2}{B^2}\right)\frac{\dot{y}}{U} + Y_2\frac{y}{B} + \frac{1}{2}C_L(K_1)\sin(\omega_n t + \phi)\right] \tag{7.41}$$

以上涡激力都是采用半理论半实验的方法获得，确定涡激力之后就可以由振动方程获得涡振振幅。涡激共振不是一种危险性的发散振动，通过增加阻尼，或适当的整流装置可以将振幅限制在可以接受的范围内。

7.5 本章小结

风作用在桥梁上的现象及作用机制概括如表 7.10 所示。

表 7.10 风作用在桥梁上的现象及作用机制

分类	现象					作用机制
静力作用	静风载引起的内力和变形					静风压产生的阻力、升力和力矩作用
	静力不稳定		扭转发散			静(扭转)力矩作用
			横向屈曲			静阻力作用
动力作用	抖振(紊流风响应)			限幅振动		紊流风作用
	自激振动	涡振				旋涡脱落引起的涡激力作用
		驰振		单自由度	发散振动	自激力的气动负阻尼效应——阻尼驱动
		扭转颤振				
		古典耦合颤振		二自由度		自激力的气动刚度驱动

思考与练习

7-1 已知东海大桥主桥长 830m，现由邻近测站风速(m/s)统计分析得到的结果如下表，则该桥的设计基本风速是多少？假设该桥主梁基准高度 54m，求其设计基准风速及阵风风速；若施工阶段设计风速按 10 年重现期考虑，则其设计基准风速是多少？

离地高度/m	25 年一遇	50 年一遇	100 年一遇	200 年一遇
10	35.54	38.89	42.16	45.42
20	38.09	41.68	45.19	48.68
30	39.67	43.41	47.06	50.69
40	40.82	44.67	48.43	52.17
50	41.75	45.68	49.52	53.35

7-2 桥梁风荷载效应有哪几种？

7-3 同例 7.3 已知条件，若施工阶段设计基准风速为 45.2m/s。通过试验确定主梁静力三分力系数在最大双悬臂施工状态时阻力系数 $C_H = 0.3529$。求此时作用于主梁上的静阵风荷载。

7-4 试列举大跨连续刚构桥桥墩计算中的几种荷载组合方式。

7-5 风致振动响应中哪几种是发散的？

7-6 涡激共振的作用机理是什么？

第8章　桥梁结构抗风设计

8.1　概　　述

在第 7 章中已经对桥梁上的风荷载及结构风响应进行了介绍，本章主要结合桥梁结构的动力特性，介绍桥梁抗风设计。桥梁抗风设计的目的在于保证结构体系具有足够的抗风强度、刚度和稳定性，保证在施工阶段和建成后的营运阶段能够安全承受可能发生的最大风荷载的静力作用和由于风致振动引起的动力作用，且风致振动不影响行车安全、结构疲劳和使用舒适性。

桥梁抗风设计首先应掌握桥址处的风环境和了解当地气象台站的实测资料，弄清架桥地点的风特性，从而推算基本风速和桥梁的设计基准风速，并据此推算风对桥梁的作用，校核抗风安全性，如果有可能出现有害的振动或变形，就应考虑适当的防止对策或进行设计变更。一般的刚性桥梁需要考虑静风荷载，而大跨柔性桥梁如悬索桥和斜拉桥、刚性桥梁中的柔性构件如拱桥中的吊杆都必须进行桥梁抗风设计和研究。抗风设计状态的选取要结合实际施工过程选取不利的施工阶段及成桥阶段，如悬索桥应对索塔自立状态、加劲梁安装阶段和成桥状态进行验算；斜拉桥对索塔裸塔状态、主梁施工到最大双悬臂状态和最大单悬臂状态时、成桥状态进行抗风验算。

在桥梁设计不同阶段，可采用不同精度的抗风设计方法和风洞试验手段，对于一般的大桥，初步设计阶段的抗风分析可采用近似的计算公式对各方案的静风载内力和气动稳定性进行估算，待方案确定后再通过节段模型的风洞试验测定各种参数，进行抗风验算和风振分析。对于重要桥梁，宜在初步设计阶段通过风洞试验进行气动选型，为确定主梁断面提供依据。在技术设计阶段再对选定的断面方案进行详细的抗风验算和风振分析，还应通过全桥模型的风洞试验对分析结果予以确认。桥梁抗风设计的过程参见图 8.1(T_h 西奥多森 Theodorson 数)。

桥梁抗风设计包括抗风概念设计及抗风计算两大部分内容，其中抗风概念设计是从桥梁结构的总体布置、构件构造等方面出发，通过合理采用构造措施来提高抗风性能；抗风计算则是对设计风速、风荷载、动力特性、抗风稳定性及风振响应进行计算和验算，其中抗风稳定性和风振响应应采用桥梁模型风洞试验结果或经过有效性验证的数值计算结果。

在桥梁抗风设计中需要掌握几个重要因素，主要包括：

(1)风特性参数。应通过调查和收集气象资料掌握桥址处的风特性，并采用正确的方法确定合理的参数供抗风设计使用。特别要注意桥址处特殊的地形、地貌和风向条件，以便对常规的取值进行必要的修正。

(2)桥梁的动力特性。需采用合理的力学模型，并注意边界支承条件的正确处理。对计算结果要通过与相似桥梁的比较检验其合理性和可靠性，其中特别是对于主梁前二阶对称和反对称的竖向弯曲、侧向弯曲和扭转振型要做出正确的判断。

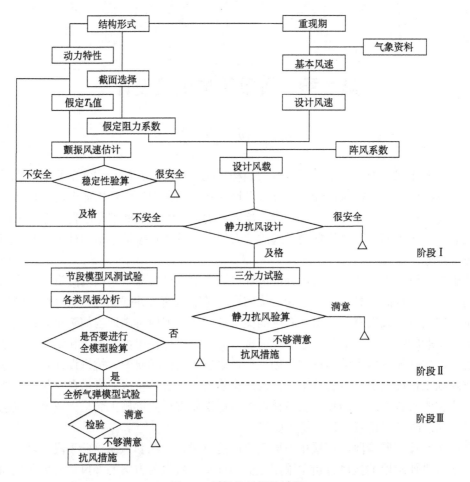

图 8.1 桥梁抗风设计过程

8.2 桥梁结构抗风概念设计

已有的实践和研究表明，桥梁主梁断面的几何形状及一些细节构造对气动效应有着重要的影响。通过风洞试验探索，适当改变桥梁的外形布置或者附加一些导流装置，往往可以改判风致振动，已建成的部分大跨径桥梁中，就采取了一些有效的抗风构造措施，如表 8.1 所示。

表 8.1 部分已建桥梁风振问题及改善措施

桥名	桥型	主跨/m	主梁形式	风振问题	措施
日本明石海峡大桥		1991	桁架	颤振	中央稳定板
舟山西堠门大桥	悬索桥	1650	分体钢箱	涡振、颤振	中央开槽、梁底倒角、水平翼板、可变挡风板
丹麦大海带东桥		1624	扁平钢箱	涡振	导流板
润杨长江大桥		1490	扁平钢箱	颤振	中央稳定板

桥名	桥型	主跨/m	主梁形式	风振问题	措施
英国亨伯尔大桥	悬索桥	1410	扁平钢箱	颤振	水平翼板
香港青马大桥		1377	扁平钢箱	颤振	开槽
苏通大桥		1088	扁平钢箱	索振	凹槽
香港昂船洲大桥	斜拉桥	1018	分体钢箱	颤振、索振	中央开槽、凹槽
鄂东长江大桥		926	扁平钢箱	涡振、索振	调整检修车轨道、螺旋线

根据工程经验及试验探索性研究，改善风致振动的措施可分为三大类：结构措施、气动措施和机械措施。

1. 结构措施

改善风振的结构措施是调整桥梁结构体系，对悬索桥一般可采取以下措施：

(1)在主跨中央主缆和加劲梁之间设置中央扣；中央扣可提高结构非对称竖向振动、横向振动和扭转振动的频率，进而提高颤振稳定性。

(2)设计交叉吊索或水平拉索，可提高结构刚度。

对斜拉桥一般可采取以下措施：

(1)提高结构刚度，包括增加塔梁刚度，采用空间索以及边跨设辅助墩与背索等。

(2)索塔、主梁采用能改善空气动力稳定性的截面外形，包括主梁采用带风嘴的流线形，主塔进行倒角等。

(3)斜拉索外表面采用螺旋、条形或麻点凸纹，设内置或外置式阻尼器，长索间设抑振索连接等。

(4)控制桥梁宽跨比、主梁宽高比。建议桥宽与跨径之比不小于1/30，桥宽与梁高之比不小于8。

(5)施工阶段在主梁上设下拉临时索。

2. 气动措施

常用的气动措施有：

(1)优化加劲梁断面、检修车轨道和桥面护栏等，可改善结构抗风性能。

(2)在加劲梁上设置风嘴、导流板、分流板、中央稳定板、水平气动翼板等。

(3)采用分体式钢箱加劲梁。

(4)对索塔塔斯社柱截面切角、倒角、安装导流板等，有利于抑制索塔涡激振动。

(5)作吊索表面处理、增设阻尼器等，可抑制吊索风振。

(6)一个吊点采用多根并列吊索时，可采用刚性联结器或阻尼联结器联结。

箱梁的常见气动措施布置如图8.2所示。

由于流体与结构的复杂交互作用，目前还没有完整的理论解析，气动措施的设置往往需要依赖风洞试验来选择和布置。

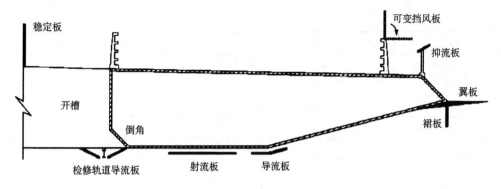

图 8.2　箱梁断面常用气动措施示意图

8.3　桥梁结构动力特性

对桥梁抗风设计最重要的是主梁最低阶对称和反对称的竖向弯曲、侧向弯曲和扭转共六个模态。大部分桥梁自振周期随着跨度增加而增加，为 0.25～1s。首先介绍各种桥梁的自振特性的确定。

8.3.1　按结构动力学计算

按结构动力学可计算任一结构自振频率和振型，再由频率和周期的关系可地求出结构各阶振型下的自振周期。

以等截面简支梁为例，用哈密顿原理建立梁弯曲固有振动方程为

$$EI\frac{\partial^4 y}{\partial x^4} + m\ddot{y} = 0 \tag{8.1}$$

这是一个常系数线性齐次微分方程，用分离变量法求解。设

$$y(x,t) = \varphi(x)q(t) \tag{8.2}$$

则方程(8.1)变为

$$EI\frac{\partial^4 \varphi(x)}{\partial x^4}q(t) + m\ddot{q}(t)\varphi(x) = 0 \tag{8.3}$$

即

$$\frac{\varphi^{(4)}(x)}{\varphi(x)} + \frac{m}{EI}\frac{\ddot{q}(t)}{q(t)} = 0$$

要使上式成立，必有

$$\frac{\varphi^{(4)}(x)}{\varphi(x)} = -\frac{m}{EI}\frac{\ddot{q}(t)}{q(t)} = C \tag{8.4}$$

令 $C = \alpha^4 = \dfrac{\omega^2 m}{EI}$，则式(8.4)可分成

$$\begin{cases} \dfrac{\mathrm{d}^4 \varphi(x)}{\mathrm{d}x^4} - \alpha^4 \varphi(x) = 0 \\ \ddot{q}(t) + \omega^2 q(t) = 0 \end{cases} \tag{8.5}$$

解式 (8.5) 中的第二个方程得

$$q(t) = A(\sin \omega t + \theta) \tag{8.6}$$

式中，A 和 θ 由梁振动的初始条件确定。

解式 (8.5) 中的第一个方程得

$$\varphi(x) = B_1 e^{i\alpha x} + B_2 e^{-i\alpha x} + B_3 e^{\alpha x} + B_4 e^{-\alpha x} \tag{8.7a}$$

上式用三角函数及双曲函数表示为

$$\varphi(x) = A_1 \sin \alpha x + A_2 \cos \alpha x + A_3 \sinh \alpha x + A_4 \cosh \alpha x \tag{8.7b}$$

式中常数亦根据边界条件确定。

简支梁的边界条件为两端满足：$\varphi = 0, \dfrac{\mathrm{d}^2 \varphi}{\mathrm{d}x^2} = 0$。

由 $x = 0$ 边界条件代入式 (8.7b) 得

$$\begin{cases} A_2 + A_4 = 0 \\ -A_2 + A_4 = 0 \end{cases} \tag{8.8}$$

解得 $A_2 = A_4 = 0$。

由 $x = l$ 边界条件代入 (8.7b) 得

$$\begin{cases} A_1 \sin \alpha l + A_3 \sinh \alpha l = 0 \\ -A_1 \sin \alpha l + A_3 \sinh \alpha l = 0 \end{cases} \tag{8.9}$$

解得 $A_3 = 0$。故 A_1 不能为零，即得频率方程

$$\sin \alpha l = 0$$

于是

$$\alpha = \frac{n\pi}{l} \quad (n = 1, 2, 3, \cdots)$$

可得梁振动的固有圆频率为

$$\omega_n = \left(\frac{n\pi}{l} \right)^2 \sqrt{\frac{EI}{m}} = (n\pi)^2 \sqrt{\frac{EI}{ml^4}} \tag{8.10}$$

于是得到简支梁前三阶弯曲自振圆频率及振型如图 8.3 所示 ($\omega^* = \sqrt{\dfrac{EI}{ml^4}}$)。

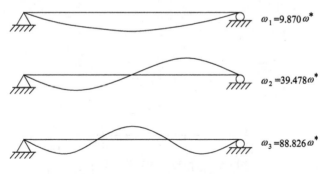

图 8.3　简支梁前三阶弯曲自振频率及振型示意图

类似地可得悬臂梁和三跨连续梁前三阶弯曲自振圆频率及振型分别如图 8.4 所示。

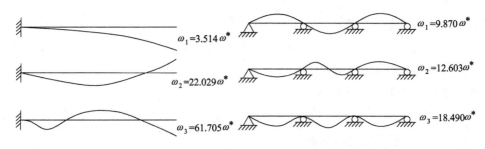

$$\omega_1 = 3.514\omega^* \qquad \omega_1 = 9.870\omega^*$$
$$\omega_2 = 22.029\omega^* \qquad \omega_2 = 12.603\omega^*$$
$$\omega_3 = 61.705\omega^* \qquad \omega_3 = 18.490\omega^*$$

图 8.4 悬臂梁及三跨连续梁前三阶弯曲自振频率及振型示意图

除了以上的解析方法，更常用的是有限元法，根据结构自由振动的一般方程（8.11）进行求解：

$$[M]\{\ddot{X}\} + [C]\{\dot{X}\} + [K]\{X\} = 0 \tag{8.11}$$

式中，$\{X\}$、$\{\dot{X}\}$、$\{\ddot{X}\}$ 分别为 n 维结构的位移、速度和加速度向量，$[M]$、$[C]$ 和 $[K]$ 分别为 $n \times n$ 维结构质量、阻尼和刚度矩阵。结构第 i 振型的圆频率和阻尼比 ω_i 和 ζ_i 可由下面关系求得：$[2\zeta\omega] = [M]^{-1}[C]$，$[\omega^2] = -[M]^{-1}[K]$，其中 $[2\zeta\omega]$、$[\omega^2]$ 分别为对角元素为 $2\zeta_i\omega_i$ 和 ω_i^2 的 $n \times n$ 阶对角矩阵。

由于斜拉桥、悬索桥等构件组成复杂，用解析法求解动力特性难以实现，故一般可按经验公式或采用空间有限元法进行分析。

8.3.2 按经验公式计算

1. 钢桥跨梁结构

根据实测资料汇总，苏联学者 C.A.Бериштейн 在 1929 年推荐，用下述经验公式近似表达简支桁架梁的竖向自振频率，即

$$f_z = 10^4 / (47l - 0.1l^2) \quad 或 \quad f_z = 10^4 / (39l) \tag{8.12}$$

式中，l 为跨度(m)，$l = 5\sim70\text{m}$。

自振频率与跨度的关系见图 8.5。

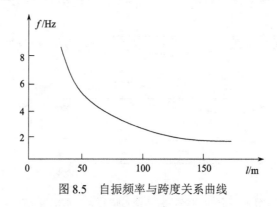

图 8.5 自振频率与跨度关系曲线

苏联《铁路、公路、城市道路桥涵设计技术规范》（CH200—62）中提出，简支钢桁梁桥横向自振周期 T 应符合下式关系：

$$T \leqslant 0.01l$$

通常可取:

$$0.0085l < T < 0.01l \tag{8.13}$$

美国曾提出经验公式为

$$T = 31 \times 10^{-4} l \tag{8.14}$$

20 世纪 50 年代初, 又出现了半经验半理论的公式:

$$T = 0.9 \sqrt{\frac{\sigma_q}{E}} \frac{1}{\sqrt{h}} \tag{8.15a}$$

或

$$T = 0.9 \left(\sqrt{\frac{[\sigma]}{E} \frac{q}{q+p}} \right) \frac{1}{\sqrt{h}} \tag{8.15b}$$

式中, q 为桥跨结构的平均线恒载; p 为对于桥跨中央处的换算线活载(考虑动力系数); h 为跨度中央处主桁的计算高度(m); σ_q 为跨度中央处主桁弦杆由于恒载所产生的应力(按净面积计算); $[\sigma]$ 为材料的容许应力; 0.9 为根据大量铁路桥跨结构试验所得的经验系数。

式(8.15a)、式(8.15b)还可用于公铁两用桥的计算。经验认为, 公铁两用简支钢桁梁的周期 T 按下式更接近实测值:

$$T = (8 + 0.39l)10^{-2} \tag{8.16}$$

2. 钢筋混凝土、预应力混凝土桥跨梁结构

苏联鲍达尔提出简支梁自振周期的经验范围为

$$0.0072l \geqslant T \geqslant 0.0072l - 0.05 \quad (l = 5 \sim 32\text{m})$$
$$0.01l \geqslant T \geqslant 0.02s \quad (l < 5\,\text{m}) \tag{8.17}$$

对于跨度大于 18m 的简支梁, 亦可用下式计算:

$$T \approx 0.58 \sqrt{\frac{\sigma_q}{E}} \frac{1}{\sqrt{x}} \tag{8.18}$$

式中, σ_q 为恒载所引起的受压边缘的计算应力, $\sigma_q = \dfrac{M}{I} y$, 其中 M 为恒载所引起的跨中弯矩, I 为跨中截面的惯性矩, y 为中性轴至受压边缘的高度。

3. 悬索桥

1) 反对称竖向弯曲基频

悬索桥的一阶竖向弯曲频率在常用的矢跨比范围内一般是反对称的。对于单跨简支的悬索桥, 一阶反对称竖向弯曲频率的近似公式为

$$f_b = \frac{1}{L} \sqrt{\frac{EI \left(\dfrac{2\pi}{L} \right)^2 + 2H_g}{m}} \tag{8.19}$$

式中, L 为悬索桥主跨跨径(m); EI 为加劲梁竖弯刚度($\text{N} \cdot \text{m}^2$); H_g 为恒载作用下的单根

主缆水平拉力(N)；m 为桥面和主缆的单位长度质量，$m = m_d + 2m_c$，m_d 为桥面单位长度质量(kg/m)，m_c 为单根主缆单位长质量(kg/m)。

500m 以上大跨度悬索桥，加劲梁刚度和重力刚度相比一般较小，若忽略加劲梁刚度的贡献，则上式可简化得

$$f_b = \frac{1.16}{\sqrt{f}} \tag{8.20}$$

式中，f 为主索矢高。

2) 反对称扭转基频

中跨加劲梁为简支的悬索桥，一阶反对称扭频的计算公式为

$$f_b = \frac{1}{L}\sqrt{\frac{EI_\omega\left(\frac{2\pi}{L}\right)^2 + \left(GI_d + \frac{H_g B_c^2}{2}\right)}{m_d r^2 + m_c \frac{B_c^2}{2}}} \tag{8.21}$$

式中，EI_ω、GI_d 分别为加劲梁截面的约束扭转刚度和自由扭转刚度($N \cdot m^4$ 和 $N \cdot m^2$)；对闭口箱梁，约束扭转刚度可忽略；r 为加劲梁的惯性半径(m)；B_c 为两边主缆的中心距(m)。其余符号意义同前。

3) 竖向对称弯曲基频率

中跨简支的悬索桥的一阶竖向对称弯曲频率可按下式计算：

$$f_b = \frac{0.1}{L}\sqrt{\frac{E_c A_c}{m}} \tag{8.22}$$

式中，E_c 为主缆弹性模量(N/m^2)；A_c 为单根主缆截面积(m^2)。

4) 对称扭转基频

悬索桥的一阶对称扭转频率可按下式计算：

$$f_b = \frac{1}{2L}\sqrt{\frac{GI_d + 0.05256 E_c A_c (B_c/2)^2}{m_d r^2 + m_c \frac{B_c^2}{2}}} \tag{8.23}$$

式中符号意义同前。

应当注意的是，采用扁箱梁的大跨度悬索桥，其一阶竖向弯曲和扭转频率有可能都是对称的，应当用动力分析程序计算自振特性，从中判断最主要的各阶频率。

4. 斜拉桥

在斜拉桥中，主梁侧弯和扭转往往是强烈耦合的，要避免将侧弯为主稍带扭转的振型误认为扭转振型。振型判断困难时建议对各阶振型分别计算其六个运动方向的广义质量和质量惯性矩，通过相互比较可以更准确地判断振型的性质。斜拉桥基频有如下经验公式。

1) 双塔斜拉桥的一阶竖向弯曲频率的经验公式

(1) 在初步设计阶段进行抗风估算时，可以采用下列基于统计资料的经验公式：

对无辅助墩的斜拉桥

$$f_{b1} = 110/L_c \tag{8.24}$$

对有辅助墩的斜拉桥

$$f_{b1} = 150 / L_c \tag{8.25}$$

式中，L_c 为主跨跨径。

(2) 双塔斜拉桥的一阶竖向对称弯曲频率的简化计算公式为

$$f_{b1} = \frac{1}{2\pi}\sqrt{\frac{K_b}{m}} \tag{8.26}$$

式中

$$K_b = \left(\frac{\pi}{L_c}\right)^4 (E_g I_g + 2E_t I_t) + \frac{E_c A_c}{2aL_s}\sin^2\alpha$$

其中，E_c 为拉索的弹性模量(N/m^2)；E_g 为主梁材料弹性模量(MPa)；E_t 为桥塔塔根材料弹性模量(MPa)；A_c 为中跨最长拉索的截面积(m^2)；L_s 为中跨最长拉索的长度(m)；L_c 为主跨跨径(m)；a 为平均索距(m)；α 为中跨最长按索的倾角(°)；I_g 为主梁截面竖向惯矩(m^4)；I_t 为塔根截面顺桥向惯矩(m^4)。

2) 斜拉桥一阶扭频的经验公式

在初步设计阶段进行抗风估算时，可以采用下列经验公式估算双塔斜拉桥的一阶扭转频率：

$$f_{t1} = C / \sqrt{L_c} \tag{8.27}$$

式中，C 为与桥塔和主梁形状以及主梁材料有关的系数，可按表 8.2 取值。

表 8.2 斜拉桥扭转基频的经验系数

索面	主梁截面形状	钢桥	混凝土桥
平行索面	开口	10	9
	半开口	12	12
	闭口	17	14
斜索面	开口	12	11
	半开口	14	12
	闭口	21	17

以上经验性的基频计算公式，仅适用于桥梁的初步设计阶段或技术设计阶段或用于总体判断。进行结构动力特性分析时，一般应采用三维的有限元模型进行空间动力分析。

【例 8.1】 广东虎门悬索桥跨径 $L=888m$，梁宽 $B=35.6m$，梁高 $H=3.012m$，主缆间距 $B_c=33m$，矢跨比 $\dfrac{f}{L}=\dfrac{1}{10.5}$，加劲梁相关数据如下：面积 $A=1.229m^2$，扭转惯矩 $J_d=5.0955m^4$，横向惯矩 $I_2=124.3917m^4$，竖向惯矩 $I_3=1.9786m^4$，单位长度质量 $m=18.3357\times10^3 kg/m$，弹性模量 $E=2.1\times10^5 MPa$，剪切模量 $G=8.077\times10^4 MPa$。主缆相关数据如下：单根面积 $A_c=0.2853m^2$，单位长度质量 $m_c=2.3969\times10^3 kg/m$，弹性模量 $E_c=2.0\times10^5 MPa$。

试求该桥的动力特性。

解： (1) 一阶对称竖向弯曲频率，按式(8.22)计算得

$$f_b^s = \frac{0.1}{L}\sqrt{\frac{E_c A_c}{m}} = \frac{0.1}{888}\sqrt{\frac{2.0\times10^8\times0.2853}{(18.3357+2\times2.3969)}} = 0.1769 \ (Hz)$$

(2) 一阶反对称竖向弯曲频率，按式（8.20）计算得

$$f_b^a = \frac{1.16}{\sqrt{f}} = \frac{1.16}{\sqrt{888/10.5}} = 0.1261 \,(\text{Hz})$$

(3) 一阶对称扭转频率，按式（8.23）计算

$$f_t^s = \frac{1}{2L}\sqrt{\frac{GJ_d + 0.05256 E_c A_c B_c^2 / 4}{m_d r^2 + m_c \frac{B_c^2}{2}}}$$

$$= \frac{1}{2 \times 888}\sqrt{\frac{8.077 \times 10^7 \times 5.0955 + 0.05256 \times 2.0 \times 10^8 \times 0.2853 \times 33^2 / 4}{18.3357 \times (124.3917 + 1.9786)/1.229 + 2.3969 \times 33^2 / 2}}$$

$$= 0.3493 (\text{Hz})$$

(4) 一阶反对称扭转频率，按式（8.21）计算，闭口箱梁，忽略约束扭转刚度：

先计算恒载单根的主索水平拉力：

$$H_g = \frac{(m_d + 2m_c)gl^2}{16 f_s} = \frac{23.1295 \times 9.81 \times 888^2}{16 \times 888/10.5} = 132226 \,(\text{kN})$$

于是可得

$$f_t^a = \frac{1}{L}\sqrt{\frac{GJ_d + \frac{H_g B_c^2}{2}}{m_d r^2 + \frac{B_c^2}{2}m_c}} = \frac{1}{888}\sqrt{\frac{8.077 \times 10^7 \times 5.0955 + 132226 \times 33^2 / 2}{3190}}$$

$$= 0.4384 (\text{Hz})$$

8.3.3 桥梁的阻尼

桥梁的阻尼是确定桥梁振动特性的重要参数之一，阻尼消耗能量，使振动衰减，对桥梁的安全是有利的。阻尼的估算主要基于实际的测量，尚无被广泛接受的理论估算方法。进行桥梁风振分析和风洞试验时，一般偏安全地取用结构阻尼统计值的下限值。如无实测资料，在进行风振分析时，一般可采用表8.3中的阻尼下限值。

表8.3 桥梁的阻尼比

桥梁种类	阻尼比 ξ	对数衰减率 $\delta = 2\pi\xi$
钢桥	0.005	0.031
结合梁桥	0.01	0.063
混凝土桥	0.02	0.125

悬索桥的实测阻尼比表明，在悬索桥中，以上阻尼比取值略微偏高，故在设计分析中也可按表8.4取。

表8.4 悬索桥阻尼比

加劲梁类型	阻尼比 ξ	对数衰减率 $\delta = 2\pi\xi$
钢箱梁	0.002～0.004	0.031～0.025

加劲梁类型	阻尼比 ξ	对数衰减率 $\delta = 2\pi\xi$
钢桁架	0.003~0.005	0.019~0.031
钢-混凝土组合梁	0.005~0.008	0.031~0.050
钢筋混凝土箱梁	0.010~0.015	0.063~0.094

8.4 桥梁结构抗风稳定性验算

风对桥梁的作用可分为静力作用和动力作用，从静力角度考虑风对桥梁的影响主要有两部分内容：一是静力风荷载作为一种可变荷载引起的桥梁构件的内力和变形；二是静力风荷载引起的桥梁结构的失稳。而动力作用的影响亦可分为两大部分：一是发散振动引起的结构失稳；二是限幅振动引起结构疲劳、影响行车等。因此风致失稳包括两大类：静力失稳和动力失稳，其中静力失稳可能是升力矩过大发生的扭转失稳，也可能是顺风向阻力过大引起的横向屈曲失稳；而动力失稳可能是颤振(扭转颤振或弯扭耦合颤振)引起，也可能是弯曲型的驰振引起。本节介绍桥梁结构抗风稳定性验算，抗风稳定验算主要包括三项：静风稳定性验算、驰振稳定性验算、颤振稳定性验算。

8.4.1 桥梁风致静力稳定性验算

风的静力效应是人类很早就认识到的问题，但是由于大跨径桥梁结构的颤振临界风速一般都低于静力失稳的发散风速，因而对静风荷载作用下大跨径桥梁极限承载力问题的研究开展较晚。1976 年日本东京大学 Hirai 教授在悬索桥的全桥模型风洞试验中首次观察到了静力扭转发散的现象，同济大学在 1997 年对广东汕头海湾二桥的风洞试验中也发现了这一现象。大跨桥梁结构的空气静力失稳问题逐渐引起了各国桥梁界的重视，但目前的研究还不够完善。静力稳定问题在刚度较大的桥梁可不予考虑，对于主跨跨径大于 400m 的斜拉桥和主跨跨径大于 600m 的悬索桥应计算静力稳定性。

大跨度桥梁结构的静力失稳有两种形式：一种是以主梁的扭转变形出现的失稳，叫做扭转发散；另一种是以主梁的横向弯曲形式出现的失稳，叫做横向屈曲。在空气静力扭转力矩作用下，当风速达到临界值时，主梁扭转变形的附加攻角所产生的空气力矩增量超过结构抵抗力矩的增量时，而出现扭转角不断增大的静力失稳现象，即为静力扭转发散。而横向屈曲是由于作用在桥梁主梁上的横向静风载超过主梁横向屈曲的临界荷载时出现的静力失稳。

对于缆索承重结构如大跨度悬索桥或单索面斜拉桥，可能的失稳模式有扭转发散与侧向弯扭屈曲。对于大跨度拱桥，其静风荷载主要是主拱结构上的阻力，且风荷载对主拱或者加劲梁的变形依赖性不强，因此可能失稳的模式表现为主拱的侧向屈曲失稳。

1. 横向屈曲验算

悬索桥在静风荷载作用下，当竖向弯曲刚度和扭转刚度较小时，可能出现侧向失稳，其形态为反对称形式，对应的临界均匀水平风载计算公式为

$$q_{1b} = \frac{8\pi^3 \sqrt{\overline{EI} \cdot \overline{GI_d}}}{L^3 \sqrt{K} \sqrt{K+1+\dfrac{C_L'}{C_H}\dfrac{B_c}{H}}} \tag{8.28}$$

$$\overline{EI} = EI + \frac{1}{2\pi^2}H_g, \quad \overline{GI_d} = GI_d + EI_\omega \frac{4\pi^2}{L^2} + \frac{B_c^2}{2}H_g, \quad K = \frac{1}{4}\left(\frac{4\pi^2}{3}+1\right) = 3.54$$

式中，EI、GI_d、EI_ω 分别为加劲梁的抗弯刚度、自由扭转和约束扭转刚度（$N \cdot m^2$，$N \cdot m^4$）；H_g 为恒载作用下索的水平拉力（kN）；B_c 为主缆中心距（m）；C_H 为主梁阻力系数；C_L' 为风攻角 $\alpha = 0°$ 主梁升力系数 C_L 的斜率。

临界风速可写为

$$V_{1b} = \sqrt{\frac{2q_{1b}}{\rho C_H H}} \tag{8.29}$$

将式(8.28)代入(8.29)并引入刚度与频率的关系式，得横向屈曲临界风荷载

$$V_{1b} = K_{1b}f_t B$$

$$K_{1b} = \sqrt{\frac{\pi^3\left(\dfrac{B}{H}\right)\mu\left(\dfrac{r}{b}\right)}{1.88C_H\varepsilon\sqrt{4.54+\dfrac{C_L'}{C_H}\dfrac{B_c}{H}}}} \tag{8.30}$$

$$\mu = \frac{m}{\pi\rho b^2}, \quad b = \frac{B}{2}, \quad \frac{r}{b} = \frac{1}{b}\sqrt{\frac{I_m}{m}}; \quad \varepsilon = \frac{f_t}{f_b}$$

式中，B、H 分别为主梁全宽、高(m)；m 为桥面系及主缆单位长度质量(kg/m)；I_m 为桥面系及主缆单位长度质量惯矩(kg·m²/m)；f_t 为对称扭转基频(Hz)；f_b 为对称竖向弯曲基频(Hz)；ε 为扭弯频率比；C_H 为主梁阻力系数；C_L' 为风攻角 $\alpha = 0°$ 主梁升力系数 C_L 的斜率，宜通过风洞试验或数值模拟技术得到。

考虑结构的几何非线性、气动力非线性及结构安全系数，建议悬索桥的横向屈曲临界风速应满足以下要求

$$V_{1b} \geqslant 2V_d \tag{8.31}$$

式中，V_{1b} 为横向屈曲临界风速(m/s)；V_d 为设计基准风速(m/s)。

2. 扭转发散验算

通过对悬索桥或斜拉桥加劲梁的扭转振动方程可得其临界风速

$$V_{td} = K_{td}f_t B$$

$$K_{td} = \sqrt{\frac{\pi^3}{2}\mu\left(\frac{r}{b}\right)^2\frac{1}{C_M'}} \tag{8.32}$$

式中，V_{td} 为扭转发散临界风速(m/s)；C_M' 为风攻角 $\alpha = 0°$ 主梁扭转力矩系数 C_M 的斜率，宜通过风洞试验或数值模拟技术得到。

其他符号意义同前。

考虑结构的几何非线性、气动力非线性及结构安全系数，规范建议悬索桥和斜拉桥的静力扭转发散临界风速应满足以下要求：

$$V_{td} \geqslant 2V_d \tag{8.33}$$

除了通过临界风速的经验公式来判断桥梁静力失稳，目前常用的另一种研究桥梁空气静力稳定性方法是考虑结构的几何非线性及静力三分力随攻角的变化，采用非线性有限元方法进行分析。该方法可以将横向屈曲和静力扭转发散一并考虑，已经应用在很多工程实例中。

【例 8.2】 仍以虎门大桥为例，若假设其一阶对称扭转基频为 0.35Hz，桥面高度处的设计基准风速为 50m/s，通过主梁三分力试验得知 $C'_M = 0.018$，试判断其扭转发散临界风速是否满足要求。

解： $$m = 18335.7 + 2 \times 2396.9 = 23129.5 \ (\text{kg/m})$$

$$\mu = \frac{m}{\pi \rho b^2} = \frac{23129.5}{3.14 \times 1.25 \times (35.6 / 2)^2} = 18.599$$

$$r = \sqrt{I / A} = \sqrt{1.9786 / 1.229} = 1.27$$

$$K_{td} = \sqrt{\frac{\pi^3}{2} \mu \left(\frac{r}{b}\right)^2 \frac{1}{C'_M}} = 9.023$$

$$V_{td} = K_{td} f_t B = 112.4 \ (\text{m/s}) > 100$$

故 $V_{1b} \geqslant 2V_d$，颤振扭转发散临界风速满足要求。

8.4.2 驰振稳定性验算

驰振是具有特殊横截面形状的细长结构物发生的不稳定性振动。葛劳渥（Glanert）和邓哈托（Den Hartog）对驰振现象进行了早期研究，并指出了驰振不稳定性的必要条件是 $C'_L + C_H < 0$，详见第 7 章，这为初步判断驰振提供了便利条件。

因此对于水平设置的等截面构件，可根据驰振力系数 $C'_L + C_H$ 来判断是否可能出现驰振（即邓-哈托判据），结构截面的驰振力系数一般由风洞试验得到。当 $C'_L + C_H \geqslant 0$ 时，不会发生驰振，当 $C'_L + C_H < 0$ 时，可能出现驰振。因此，当驰振力系数 $C'_L + C_H < 0$ 时，应检验驰振稳定性，对于宽高比 $B/H < 4$ 的钢主梁、斜拉桥和悬索桥的钢质桥塔应验算其自立状态下的驰振稳定性。

为综合反映风洞试验的误差，设计、施工中的可靠性以及结构的重要性等因素，《公路桥梁抗风设计规范》中规定驰振检验风速为 1.2 倍的设计基准风速，即

$$V_{cg} \geqslant 1.2V_d \tag{8.34}$$

式中驰振临界风速 V_{cg} 可用下式估算：

$$V_{cg} = -\frac{4m\omega_1 \zeta_s}{\rho H} \cdot \frac{1}{C'_L + C_H} \tag{8.35}$$

式中，ω_1 为结构一阶弯曲圆频率(rad/s)，$\omega = 2\pi f_b$；ζ_s 为结构阻尼比；H 为构件截面迎风宽度(m)；ρ 为空气密度，取 1.225kg/m³。

结构断面的驰振力系数 $C'_L + C_H$ 一般由风洞试验得到。典型断面的驰振力系数见表 8.5。

表 8.5　典型断面驰振力系数

断面形状	驰振力系数	断面形状	驰振力系数
	−1		−1.0
			−4.0
$\dfrac{d}{b}=2.0$	−2.0	$\dfrac{d}{b}=2.0$	−0.7
$\dfrac{d}{b}=1.5$	−1.7	$\dfrac{d}{b}=2.7$	−5.0
$\dfrac{d}{b}=1.0$	−1.2	$\dfrac{d}{b}=5.0$	−7.0
$\dfrac{d}{b}=\dfrac{2}{3}$	−1.0	$\dfrac{d}{b}=3.0$	−7.5
$\dfrac{d}{b}=\dfrac{1}{2}$	−0.7	$\dfrac{d}{b}=3/4$	−3.2
$\dfrac{d}{b}=\dfrac{1}{3}$	−0.4	$\dfrac{d}{b}=2.0$	−1.0

对于处于风剖面幂指数为 α 的剪切流风场中的等截面桥塔的驰振临界风速估算公式为

$$V_{cg} = -\frac{2M_1\omega_1\zeta_1}{Q} \tag{8.36}$$

$$Q = \sum_{i=1}^{n}\frac{\rho}{2}10^{-\alpha}(C'_L+C_D)D\frac{L^{\alpha+1}}{\alpha+3}, \quad M_1 = \bar{M}_t + \sum_{i=1}^{N}\left(\frac{z_i}{L}\right)^2\bar{M}_i$$

式中，$\bar{M}_t$ 为桥塔塔柱总质量(kg)；$\bar{M}_i$ 为第 i 根横梁的质量(kg)；α 为风剖面幂指数；L 为塔高(m)；n、N 分别为塔柱和横梁的根数；z_i 为第 i 根横梁距塔根的高度(m)。

8.4.3 颤振稳定性验算

由第 7 章式(7.18)可以看到，颤振自激力与结构竖向位移、转角及其变形速度成正比，因此，结构发生挠曲振动时，自激力也以同样频率发生变化，但自激力与振动之间有相位差，不同的相位差可能使自激力对结构做正功或负功，引起结构振动的发散或收敛。相位差在满足一定条件下就会使振动发散，形成颤振失稳。结构由稳定状态变为不稳定状态时对应的风速称为颤振临界风速。

在设计阶段，规范根据桥梁所在地的风环境、结构的刚度建议了一个颤振稳定性指数来对桥梁截面的抗风要求作初步判断。

颤振稳定性指数应按下式计算：

$$I_f = \frac{[V_{cr}]}{f_t \cdot B} \tag{8.37}$$

式中，I_f 为颤振稳定性指数；f_t 为扭转基频(Hz)；B 为桥面全宽(m)；$[V_{cr}]$ 为颤振检验风速(m/s)。

颤振临界风速是桥梁发生发散性颤振的起始风速。为了防止出现颤振这种造成桥梁风毁的危险性振动现象，必须保证桥梁的颤振临界风速高于桥址处可能出现的设计基准风速并具有一定的安全度。因此，颤振检验风速可按下式计算

$$[V_{cr}] = 1.2 \cdot \mu_f V_d \tag{8.38}$$

式中，μ_f 为风速脉动修正系数，可按表 8.6 规定选用；V_d 为设计基准风速(m/s)。

表 8.6　风速脉动修正系数 μ_f

地表类别＼跨径/m	100	200	300	400	500	650	800	1000	1200	>1500
A	1.30	1.27	1.25	1.24	1.23	1.22	1.21	1.20	1.20	1.19
B	1.36	1.33	1.30	1.29	1.28	1.27	1.26	1.25	1.24	1.22
C	1.43	1.39	1.37	1.35	1.33	1.31	1.30	1.28	1.27	1.25
D	1.49	1.44	1.42	1.40	1.38	1.36	1.35	1.33	1.31	1.29

颤振稳定性指数越大，对抗风要求就越高，为满足要求就需要进行更详细的分析，甚至开展风洞试验等。根据颤振稳定性指数判断如下。

(1)当颤振稳定性指数 $I_f < 2.5$ 时，颤振临界风速可按下式计算：

$$V_{cr} = \eta_s \eta_a V_{c0} \tag{8.39}$$

$$V_{c0} = 2.5 \sqrt{\mu \cdot \frac{r}{b} \cdot f_t \cdot B} \tag{8.40}$$

式中，V_{cr} 为桥梁的颤振临界风速(m/s)；V_{c0} 为平板颤振临界风速(m/s)；η_s、η_a 分别为形状系数和攻角效应系数，可按表 8.7 取用。

表 8.7 截面形状系数和攻角效应系数

截面形式	形状系数 η_s			攻角效应系数 η_a
	阻尼比			
	0.005	0.01	0.02	
平板 ⎯⎯⎯⎯	1	1	1	—
钝头形 ▭	0.50	0.55	0.60	0.80
带挑臂 ⊔	0.65	0.70	0.75	0.70
带斜腹析 ⊻	0.60	0.70	0.90	0.70
带风嘴 ⬡	0.70	0.70	0.80	0.80
带分流板 ⬖	0.80	0.80	0.80	0.80
开口板梁 ⊔⊔	0.35	0.40	0.50	0.85

(2)当颤振稳定性指数 $2.5 \leqslant I_f < 4.0$ 时，宜通过节段模型风洞试验进行检验。

(3)当颤振稳定性指数 $4.0 \leqslant I_f < 7.5$ 时，宜进行主梁的气动选型，并通过节段模型风洞试验、全桥模型试验或详细的颤振稳定性分析进行检验。

(4)当颤振稳定性指数 $7.5 \leqslant I_f$ 时，宜进行主梁的气动选型，并通过节段模型风洞试验、全桥模型试验或详细的颤振稳定性分析进行检验，必要时采用振动控制技术。

对于主跨跨径小于 300m 的桥梁，当主梁断面宽高比 B/H=4～8 时，可按下述公式计算颤振临界风速：

$$V_{cr} = 5f_t \cdot B \tag{8.41}$$

对宽高比 $B/H<4$ 的主梁断面，其颤振临界风速可取上式和下式计算结果的较小者：

$$V_{cr} = 12f_t \cdot H \tag{8.42}$$

在风攻角 $-3° \leqslant I_f \leqslant 3°$ 范围内，颤振临界风速应满足下述规定：

$$V_{cr} \geqslant [V_{cr}] \tag{8.43}$$

式中，V_{cr} 为桥梁颤振临界风速(m/s)。

当斜拉桥最大双悬臂和最大单悬臂施工状态的颤振稳定指数 $I_f \geqslant 4.0$ 时，宜通过适当的模型风洞试验做抗风稳定性检验。

悬索桥已拼装桥面占全桥面的拼装量的 10%～40%时存在一个稳定性最不利的状态，条件允许时宜通过风洞试验进行检验。

其他一些规范或文献也有建议形式不同的颤振临界风速，在此简要介绍如下，供参考对比。

欧洲 ECCS 规范建议对弯扭耦合颤振采用下列的临界风速公式：

$$v_c = \pi \eta f_{1z} l \left[1 + \left(\frac{f_{1t}}{f_{1z}} - 0.5 \right) \sqrt{\frac{1.5\sqrt{mI}}{\rho l^3}} \right] \tag{8.44}$$

式中，$f_{1z} = \dfrac{\omega_{1z}}{2\pi}$；$f_{1t} = \dfrac{\omega_{1t}}{2\pi}$；$m$ 为单位长度质量(kg)；I 为单位长度扭转刚度系数(m⁴)；ρ

为空气密度，取 $1.225kg/m^3$；l 为顺风向结构尺寸（m）；η 为经验系数，等于截面临界速度与平板临界速度之比。

【例 8.3】 某主梁为带辅助墩的斜索面分离式闭口钢箱叠合梁斜拉桥，主跨 $L=602m$，主梁梁宽 $B=30.35m$，梁高 $H=3.02m$，桥高 $z=60m$，主梁质量 $m=4.4\times10^4kg/m$，质量惯性矩 $I_m=2.879\times10^{10}kg\cdot m^2/m$，竖向抗弯刚度 $EI=3.491\times10^6kg\cdot m^2$，扭转刚度 $GJ_d=3.18\times10^5kg\cdot m^2$，极惯性半径 $r=9.75m$。$\mu_f=1.27$，该桥设计的基准风速 $v_D=26m/s$，验算其颤振稳定性。

解：（1）颤振检验风速。

颤振检验风速为：$[v_{cr}]=1.2\mu_f v_{de}=1.2\times1.27\times26=39.6(m/s)$

（2）桥梁动力特性。

该桥为带辅助墩的斜索面分离式闭口钢箱叠合梁斜拉桥，根据经验公式求得其一阶对称竖弯频率为

$$f_{b1}=150/L_c=150/602=0.249(Hz)$$

一阶对称扭转频率为

$$f_{t1}=C/\sqrt{L_c}=13/\sqrt{602}=0.529(Hz)$$

（3）颤振稳定性验算。

$$I_f=\frac{[V_{cr}]}{f_t\cdot B}=\frac{39.6}{0.529\times30.35}=2.47 \quad <2.5$$

平板颤振临界风速：$V_{c0}=2.5\sqrt{\mu\cdot\dfrac{r}{b}}\cdot f_t\cdot B$

其中 $$b=B/2=15.125(m)$$

$$\mu=\frac{m}{\pi\rho b^2}=\frac{44\times10^2}{3.14\times1.225\times15.125^2}=50$$

$$2.5\sqrt{\mu(r/b)}=2.5\times\sqrt{50\times9.75/15.125}=14.193$$

$$v_{c0}=14.193\times0.529\times30.35=228(m/s)$$

截面形状（钝头形）折减系数 $\eta_s=0.43$，攻角效应折减系数 $\eta_a=0.75$，则临界风速为

$$v_{cp}=\eta_s\eta_a v_{c0}=0.43\times0.75\times228=72>[v_{cr}]$$

从以上计算可知，该桥颤振抗风稳定性符合要求。

8.5 桥梁结构风振响应验算

由于自然风会引起风致振动，在桥梁抗风设计中首先要求发生危险性颤振或驰振的临界风速与桥梁的设计风速相比具有足够的安全度，以确保结构在各个阶段的抗风稳定性，由于阻尼的存在，风作用下结构的振动是稳定的。一般情况下，桥梁在脉动风荷载作用下发生限幅振动——抖振或涡振。设计时要求把涡激共振和抖振的最大振幅限制在可接受的范围内，以免造成结构疲劳、人感不适以及行车不安全等问题。

8.5.1 抖振

抖振是指大气中的紊流成分所激起的强迫振动，也称为紊流风响应。抖振是一种限幅振动，由于它发生频度高，可能会引起结构的疲劳。过大的抖振振幅会引起人感不适，甚至危及桥上高速行车的安全。

抖振响应分析应考虑脉动风的空间相关和动力特征以及结构的振动特性等因素，宜通过适当的风洞试验测定或数值模拟技术计算其气动力参数，必要时可通过全桥气动弹性其抖振响应。

大跨径斜拉桥和悬索桥成桥状态的主梁竖向和扭转抖振响应需要与活载产生的效应进行比较，实际桥梁抗风研究表明，一般活载效应比这两项抖振响应大，故风致抖振响应不控制设计。在悬臂施工过程中，有时抖振惯性力是主要荷载，此时应进行详细的抖振响应分析和风洞试验。

第 7 章中介绍 Daveport 理论和 Scanlan 理论确定抖振力的方法，由抖振力求抖振响应是一个结构振动求解过程，但由于抖振力及响应是一个随机过程，且抖振力中有自激成分，使得求解变得困难，但也有学者提出了几种近似的分析方法，比如不考虑模态耦合及考虑模态耦合的频域分析方法、抖振反应谱法及时域分析方法等。

以不考虑模态耦合的频域分析方法为例，它是考虑模态耦合效应小，故忽略耦合作用，以振型分解为基础，进而选取若干阶很重要的模态进行抖振响应分析，对于每阶模态单独求出其抖振响应，最后结构总响应按 SRSS（Square Root of the Sum of Squares）法求解。其主要过程如下。

1）确定气动荷载

根据第 7 章内容确定抖振力，此处不再详述。

2）建立抖振运动方程

将结构的水平、垂直及扭转位移表达为广义坐标与振型的乘积：

$$\begin{cases} p(x,t) = \sum_i p_i(x)B\xi_i(t) \\ h(x,t) = \sum_i h_i(x)B\xi_i(t) \\ a(x,t) = \sum_i a_i(x)B\xi_i(t) \end{cases} \tag{8.45}$$

式中，B 为桥面宽度，p_i、h_i、a_i 分别为模态中加劲梁沿水平、垂直及扭转方向的分量，$\xi_i(t)$ 为第 i 阶模态的广义坐标，由下面的广义坐标运动方程确定：

$$I_i(\ddot{\xi}_i + 2\zeta_i\omega_i\dot{\xi}_i + \omega_i^2\xi_i) = Q_i(t) \tag{8.46}$$

式中，I_i 为广义质量；$Q_i(t)$ 为广义力

$$Q_i(t) = \int_0^l (LH_iB + Dp_iB + Ma_i)\mathrm{d}x \tag{8.47}$$

可见只要确定抖振力和自激力，即可求得广义力。

3）求解结构的位移响应

通过对随机振动分析发现位移和均方差都与功率谱密度相关。通过激励的统计特性可

以确定结构位移响应的统计特性，如均值与方差等。因此，第 i 阶模态的最大抖振位移向量 ${q}_i$ 可由峰值因子 μ 和抖振位移响应均方差计算，即

$$\{q\}_i = \mu\{\sigma_q\}_i \tag{8.48}$$

式中，${\sigma_q}_i$ 为第 i 阶模态的相对应的结构位移响应均方差向量。

$$\sigma_q^2 = \int_0^\infty S_q(n,x)\mathrm{d}n \tag{8.49}$$

式中，$S_q(n,x)$ 为桥轴向坐标 x 处对应于振型 q 的抖振位移响应功率谱密度，根据随机振动理论计算。

4）求解结构的内力响应

进而可求解结构的内力响应：

$$\{F\}_i = -\omega_i^2[M]\{q\}_i \tag{8.50}$$

式中，${q}_i$ 为第 i 阶模态的最大抖振位移向量，确定峰值因子 μ 后，$\{q\}_i = \mu\{\sigma_q\}_i$，${\sigma_q}_i$ 为第 i 阶模态的相对应的结构位移响应均方差向量。

实测和理论研究表明，桥梁抖振响应中最低几阶振型起主要作用，因此可以近似地取几阶对称振型和几阶反对称振型单独估算其抖振响应，然后进行叠加，这种分析方法和地震分析中的反应谱有类似之处，称为桥梁抖振反应谱的计算方法。抖振反应谱法是以 Scanlan 颤抖振理论为基础，引入气动导纳函数进行研究抖振分析，是 Davenport 和 Scanlan 理论的综合，并计入背景响应。我国《公路桥梁抗风设计规范》对该方法的进行了介绍，可用于工程实例分析和比较。

8.5.2 涡振

涡振是由于风流经各种断面形状(圆形、矩形、多边形等)的钝体结构时都有可能发生旋涡的脱落，出现两侧交替变化的涡激力。当旋涡脱落频率接近或等于结构的自振频率时，由此激发出结构的共振。

第 7 章中给出了涡激力的表达，可通过求解振动方程获得涡振振幅，显然这也是一个复杂的求解过程。

由于涡激共振往往发生在自重较轻的钢质构件上，因此混凝土桥梁可不考虑涡激共振的影响，且当结构基频大于 5Hz 时，可不考虑涡激共振的影响。

工程中可借助一些简化公式估算涡激共振振幅，对于跨径小于 200m 的桥梁，加劲梁的涡激共振振幅估算公式如下。

1）实腹式桥梁竖向涡激共振

实腹式桥梁竖向涡激共振振幅可按下式估算：

$$h_c = \frac{E_h \cdot E_{th}}{2\pi m_r \zeta_s} B \tag{8.51}$$

式中

$$m_r = \frac{m}{\rho B^2}, \quad E_h = 0.065\beta_{ds}(B/H)^{-1}$$

$$E_{\text{th}} = 1 - 15 \cdot \beta_t \cdot (B/H)^{1/2} I_u^2 \geqslant 0 , \quad I_u = \frac{1}{\ln\left(\dfrac{Z}{z_0}\right)}$$

其中，h_c 为竖向涡激共振振幅(m)；m 为桥梁单位长度质量(kg/m)。对变截面桥梁，可取 1/4 跨径处的平均值，对斜拉桥，应计入斜拉索质量的一半；对悬索桥，应计主缆全部质量；ζ_s 为桥梁结构阻尼比；β_{ds} 为形状修正系数，对宽度小于 1/4 有效高度，或具有垂直的钝体断面，取为 2；对六边形断面或宽度大于 1/4 有效高度或具有斜腹板的钝体断面，取为 1；B、H 为桥面宽度(m)、桥面高度(m)，不同截面形式的桥面宽度和高度选取见图 8.6；β_t 为系数，对六边形截面为 0，其他截面取 1；I_u 为紊乱流强度；Z 为桥面的基准高度(m)；Z_0 为桥址处的地表粗糙高度(m)。

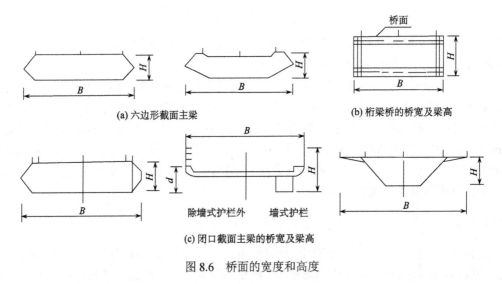

(a) 六边形截面主梁   (b) 桁梁桥的桥宽及梁高

(c) 闭口截面主梁的桥宽及梁高

图 8.6 桥面的宽度和高度

估算得到的竖向涡激共振振幅需满足

$$h_c < [h_a] = \frac{0.04}{f_b} \tag{8.52}$$

2) 实腹式桥梁扭转涡激共振

实腹式桥梁扭转涡激共振振幅可按下式估算：

$$\theta_c = \frac{E_\theta \cdot E_{t\theta}}{2\pi I_{pr}\zeta_s} B \tag{8.53}$$

$$E_\theta = 17.16 \beta_{ds}(B/H)^{-3} , \quad E_{t\theta} = 1 - 20 \cdot \beta_t \cdot (B/H)^{1/2} I_u^2 \geqslant 0 , \quad I_{pr} = \frac{I_p}{\rho B^4}$$

式中，I_p 为桥梁单位长度质量惯矩(kg·m⁴/m)，对变截面桥梁，可取 1/4 跨径处的平均值，对斜拉桥，应计入斜拉索质量的一半；对悬索桥，应计主缆全部质量。θ_c 为扭转涡激共振振幅。

估算得到的扭转涡激共振振幅需满足

$$\theta_{c} < [\theta_{a}] = \frac{4.56}{B \cdot f_{t}} \qquad (8.54)$$

对于钢桥、钢质桥塔或大跨径的桥梁则宜通过风洞试验作涡激振动测试。

思考与练习

8-1 某悬索桥跨径 L=1108m，主梁宽度 B=37.9m，梁高 H=3.5m，截面形式为带风嘴的钢箱梁，主缆中心线间距 B_c=35.7m，矢跨比 f/L=1/10。加劲梁距离水面的最大高度为 67m，加劲梁面积 A=1.43m²，竖向惯矩 I_v=2.92m⁴，横向惯矩 I_L=166m⁴，扭转惯矩 J=7.89m⁴，单位长度质量 m_d=2.1×10⁴kg/m，单位长度质量惯矩 I_{md}=2512×10³kg·m²/m，弹性模量 E=2.1×10¹¹Pa，剪切模量 G=8.077×10¹⁰Pa，主缆面积 A_C=0.3794m²，单位长度质量 m_C=3425kg/m，弹性模量 E_C=1.9×10¹¹Pa，设桥位处 10m 高 100 年一遇的设计基准风速为 34.6m/s，试计算其动力特性并验算其颤振临界风速。

8-2 设虎门大桥所在位置设计基准风速 V_{10} = 33.45m/s，桥址为 I 类地表粗糙度类型，风速剖面指数为 0.12，桥面高度 60m，其他参数见本章中相关例题，试验算其动力稳定性。

8-3 桥梁风荷载效应有哪几种?

8-4 悬索桥抗风设计中的主要验算内容有哪些?

8-5 桥梁的涡激共振和颤振有什么区别?

第9章 结构风振控制

9.1 概　述

结构的风振控制是指在结构发生风振反应时，由设置在结构上的一些控制装置主动或被动地产生一组控制力，以达到减小和抑制结构风振反应的目的。根据其控制原理大致可分为主动控制和被动控制。

9.1.1 结构动态系统

根据结构振动特性，n 个自由度的结构在环境向量 $\{p(t)\} \in R^r$ 作用下的运动方程可以表示为

$$[M]\{\ddot{X}\} + [C]\{\dot{X}\} + [K]\{X\} = \{p(t)\} \tag{9.1}$$

式中，$\{X\}$、$\{\dot{X}\}$、$\{\ddot{X}\}$ 分别为 n 维结构的位移、速度和加速度向量；$[M]$、$[C]$ 和 $[K]$ 分别为 $n \times n$ 维结构质量、阻尼和刚度矩阵。

为了控制结构的反应，在结构上安装 p 个控制装置，提供的控制力为 $\{U(t)\} \in R^p$，相应的位置矩阵为 $[H] \in R^{n \times p}$。于是，受控结构的运动方程可以表示为

$$[M]\{\ddot{X}\} + [C]\{\dot{X}\} + [K]\{X\} = \{p(t)\} + [H]\{U(t)\} \tag{9.2}$$

结构风振反应有两个特点：一是一般情况下结构的反应在线性范围内；二是结构反应以第一阶振型为主。因此在结构风振计算中一般采用振型叠加法，在风振控制设计的计算中也通常采用风振振型控制方法。在设计计算过程中，一般情况下控制装置对结构的原振型影响不大，仍可近似采用结构本身的振型向量对风振控制运动方程进行振型分解，这样就可将一个高自由度的结构控制方程简化成几个自由度的振型控制方程。

应用振型分解法将式(9.2)分解，设

$$\{X\} = [\Phi]\{q\} \tag{9.3}$$

式中，$[\Phi]_{N \times n}$ 为前 n 阶振型向量组成的振型矩阵；$\{q\}_{n \times 1}$ 为广义坐标向量。

于是可得到结构振型控制方程为

$$\{\ddot{q}\} + [2\zeta\omega]\{\dot{q}\} + [\omega^2]\{q\} = \{F(t)\} - [L][H]\{U(t)\} \tag{9.4}$$

式中，$[2\zeta\omega]$、$[\omega^2]$ 分别为对角元素为 $2\zeta_i\omega_i$ 和 ω_i^2 的 $n \times n$ 阶对角矩阵，其中 ζ_i 和 ω_i 分别为结构第 i 振型的阻尼比和圆频率；$\{F(t)\} = [L]\{p(t)\}$ 为 n 维广义荷载向量，$[L] = [M]^{-1}[\varphi]^T$，$[2\zeta\omega] = [M]^{-1}[C]$，$[\omega^2] = -[M]^{-1}[K]$。

式(9.4)并不单纯是对结构某振型控制方程，而是对结构按振型分解反应的控制方程，控制的目标仍然是结构的反应。如果需要控制的结构反应是某振型起关键作用，那么可以把目标变成关键振型反应，因此这是一种广义的结构风振振型控制方法。

9.1.2 结构振动控制类型

结构振动控制按是否有外部能源输入可分为主动控制(有外部能源输入)、被动控制(无外部能源输入)或介于两者之间的半主动控制(部分能源输入)。

当风振控制为主动控制时，控制力由外加能源主动施加，这时风振控制主要是如何合理地选择控制力的施加规律，以使结构的风振反应满足减振要求，其基本原理如图 9.1 所示。主动控制作动器通常是液压伺服系统或电机伺服系统，一般需要较大甚至很大的能量驱动。主动调谐质量阻尼器(简称混合质量阻尼器，Hybrid Mass Damper，HMD)和主动质量阻尼器(Active Mass Damper or Active Mass Driver，AMD)等组成的主动控制系统在结构风振控制应用中较为成功。此外，智能材料自适应控制是目前主动控制研究的新热点，如形状记忆合金(Shape Memory Alloy，SMA)、电(磁)致流变材料等。

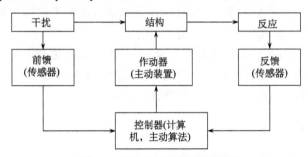

图 9.1　结构主动控制原理框图

半主动控制的原理与主动控制的基本相同，只是实施控制力的作动器需要少量的能量调节以便使其主动地甚至巧妙地利用结构振动的往复相对变形或相对速度，尽可能地实现主动最优控制力。半主动控制作动器通常是被动的刚度或阻尼装置与机械式主动调节器复合的控制系统。半主动控制装置主要有主动变刚度系统(Active Variable Stiffness System，AVS)和主动变阻尼系统(Active Variable Damping System，AVD)。

当风振控制为被动控制时，控制装置与结构一起振动而产生控制力，控制力是被动产生的，它是结构的位移与速度的函数，这时的风振控制主要是如何合理选择控制装置的参数，以使其产生的控制力能使结构的风振反应达到减振要求。这种控制是通过设置耗能元件来完成的。

桥梁中还普遍采用气动措施来制振，气动措施是通过附加外部装置或者较少修改主梁、桥塔、吊杆和拉索的外形来改变其周围的气流流动，从而提高抗风能力。如将原来表面光滑的拉索外加一带有条形凸纹、V 形凸纹和螺旋凸纹的护套，以提高拉索表面的粗糙度，破坏周期性旋涡脱落的形成，防止涡激共振的发生。对大跨悬吊桥梁，其主梁可以选择扁平、近流线形带风嘴甚至中央开槽的闭口截面来提高桥梁的气动稳定性。

9.1.3 结构风振控制装置位置的选择

对于风振控制装置位置的选择是一个比较复杂的问题，主要是因为：

(1)结构控制要求有全局性，又有局部性。如在结构风振控制中需要控制某个关键振型，这种控制对结构来讲具有全局性的控制。而要控制某个局部位置的过大变形，这种控制就是局部性控制。

(2)控制装置的作用范围有全局性的,也有以局部性为主的。如拉索控制装置的作用范围就是以其所在局部范围为主,而调频质量阻尼器控制装置的作用范围是以整个结构的某个振型反应为主,具有全局性。

(3)控制装置的设置并不一定能完全按控制要求来确定,如用 U 形水箱作为高层建筑的风振控制的控制装置,它的设置一方面要看风振控制的需要,另一方面也得考虑高层建筑实际供水的需要。

对于结构风振控制装置位置只能因实际情况而定,也就是以实际结构的风振反应情况和所选用的控制装置的情况来具体确定,总的说来:

(1)对于结构反应以某个振型为主或要求控制结构某个关键振型的情况,如果采用全局性的控制装置,其设置位置应在此振型的最大幅值处。如果采用局部性的控制装置,其设置位置应在此关键振型对应的局部最大幅值或相对幅值的位置处。

(2)如果结构反应为多个振型反应的叠加,且要求控制整个结构反映情况时,应选择全局性的控制装置,设置位置在各振型的最大幅值处。

(3)如果结构反应为多个振型反应的叠加,且要求控制单独几个局部位置处的反应,应选择局部性的控制装置,设置位置在几个局部位置处。如选择全局性的控制装置,设置位置在对此局部位置反应起关键作用振型的最大幅值处。

9.1.4 最优控制理论基础

振动控制系统的最优化一般包括四个方面:

(1)合理确定系统的数学模型,即建立起控制系统的状态空间方程;

(2)合理选择和规定系统的性能指标;

(3)进行最优控制系统设计,以达到所指出的性能指标;

(4)从实际出发,实现所提出的最优控制规律的途径。

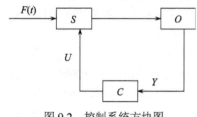

图 9.2　控制系统方块图

从控制论的观点,通常可用图 9.2 来表示控制系统。图中 $F(t)$ 代表外部动力作用的荷载,以被控对象 S 的某处装有观测器 O,观测输出的反应信息 Y,经处理后传给控制器 C 产生控制力 U 反馈于被控对象 S,从而使原反应减少到希望的 R 值,这种具有反馈作用的控制系统为闭环系统,如无反馈系统则称为开环系统。

9.2　主　动　控　制

主动控制是通过控制装置主动地施加一组控制力以达到减小或抵制结构动力反应的目的。由于主动控制的控制力是由外加能源主动施加的,因此振动控制设计的目的是如何合理选择控制力的施加规律,以使产生的控制力对结构的控制效果最好。主动控制装置通常由传感器、计算机、驱动设备三个部分构成,传感器用来监测外部激励或结构响应,计算机根据选择的控制算法处理监测的信息并计算所需的控制力,驱动设备根据计算机的指令产生需要的控制力。常用的主动控制的算法有实时最优控制算法和随机最优控制算法。下面对这两种算法分别介绍。

9.2.1 实时最优振型控制算法

实时最优控制算法是将风荷载看成随时间而变化的确定函数，根据其时程记录而进行实时主动控制的一种方法，既可用于多振型反应的主动控制，又可用于单振型反应的主动控制。

由于结构振动系统的位移和速度是独立变量，可定义系统的状态向量为

$$\{Q\} = \begin{bmatrix} \{X\} \\ \{\dot{X}\} \end{bmatrix}_{2n \times 1} \tag{9.5}$$

则受控结构系统可用状态方程描述：

$$\{\dot{Q}\} = [A]\{Q\} + [B]\{U(t)\} + [D]\{F(t)\} \tag{9.6}$$

式中

$$[A] = \begin{bmatrix} [0]_n & [I]_n \\ -[M]^{-1}[K] & -[M]^{-1}[C] \end{bmatrix}_{2n \times 2n} = \begin{bmatrix} [0]_n & [I]_n \\ [\omega^2] & -[2\zeta\omega] \end{bmatrix}_{2n \times 2n}$$

$$[B] = \begin{bmatrix} [0]_{n \times p} \\ -[L][H] \end{bmatrix}_{2n \times p}, \quad [D] = \begin{bmatrix} [0]_{n \times r} \\ [I] \end{bmatrix}_{2n \times r}$$

在风振控制中既要使结构的风振反应尽量小，又不能使控制力过大，否则会导致无法实现。为此，可取最优控制的评价函数为

$$J = \int_0^{t_f} \frac{1}{2}[\{Q\}^\mathrm{T}[S]\{Q\} + \{U\}^\mathrm{T}[R]\{U\}]\mathrm{d}t \tag{9.7}$$

式中，t 为动力风荷载的持续时间；$[S]$、$[R]$ 分别为结构广义反应状态向量加权矩阵和控制力加权矩阵。由评价函数知，$[S]$ 和 $[R]$ 是两个重要的控制参数，$[S]$ 越大，结构反应越小；而控制力越大，$[R]$ 越小，则控制力越大，结构的反应越小。$[R]$ 必须是正定矩阵，且一般取为对角矩阵；$[S]$ 必须是非负定矩阵。

实现最优控制的控制力 $\{U\}$ 就是以方程(9.6)为约束条件的泛函式(9.7)的极值(最小值)。为此，引入哈密顿函数：

$$H = \frac{1}{2}[\{Q\}^\mathrm{T}[S]\{Q\} + \{U\}^\mathrm{T}[R]\{U\}] + \{\lambda\}^\mathrm{T}([A]\{Q\} + [B]\{U\} + [D]\{F\}) \tag{9.8}$$

这里 $\{\lambda\}^\mathrm{T}$ 是 $2r$ 维拉格朗日乘子函数向量。根据"哈密顿-庞特亚金"方程(简称 H-P 方程)可得

$$\{\dot{\lambda}\} = -\frac{\partial H}{\partial \{Q\}} = -[S]\{Q\} - [A]^\mathrm{T}\{\lambda\} \tag{9.9}$$

$$\frac{\partial H}{\partial \{U\}} = [R]\{U\} + [B]^\mathrm{T}\{\lambda\} = \{0\} \tag{9.10}$$

由式(9.10)可进一步导得

$$\{U\} = -[R]^{-1}[B]^\mathrm{T}\{\lambda\} \tag{9.11}$$

将式(9.11)代入结构风振振型控制状态方程(9.6)可以得到

$$\{\dot{Q}\} = [A]\{Q\} - [B][R]^{-1}[B]^\mathrm{T}\{\lambda\} + [D]\{F\} \tag{9.12}$$

由于所要控制的系统为线性结构体系，则控制力$\{U(t)\}$取为状态向量$\{Q\}$的线性函数，并由式(9.11)可得$\{\lambda\}$与$\{Q\}$亦呈线性关系：

$$\{\lambda\} = [P]\{Q\} + \{G\} \tag{9.13}$$

将式(9.13)代入式(9.9)和式(9.12)有

$$[\dot{P}]\{Q\} + [P]\{\dot{Q}\} + \{\dot{G}\} = -[S][Q] - [A]^T[P]\{Q\} - [A]^T\{G\} \tag{9.14}$$

$$\{\dot{Q}\} = [A]\{Q\} - [B][R]^{-1}[B]^T[P]\{Q\} - [B][R]^{-1}[B]^T\{G\} + [D]\{F\} \tag{9.15}$$

将式(9.15)代入式(9.14)，可进一步得到

$$([\dot{P}] + [P][A] - [P][B][R]^{-1}[B]^T[P] + [A]^T[P] + [S])\{Q\} + \{\dot{G}\} \\ - ([P][B][R]^{-1}[B]^T - [A]^T)\{G\} + [P][D]\{F\} = 0 \tag{9.16}$$

由于$[P]$为一常量矩阵，故$[\dot{P}] = 0$，由于$\{Q\}$的任意性，式(9.16)也可表达成两个公式：

$$[P][A] + [A]^T[P] - [P][B][R]^{-1}[B]^T[P]^T + [S] = 0 \tag{9.17}$$

$$\{\dot{G}\} = ([P][B][R]^{-1}[B]^T - [A]^T)\{G\} - [P][D]\{F\} \tag{9.18}$$

由式(9.17)很容易求得$[P]$，式(9.18)为一组一阶常微分方程组，可用龙格-库塔数值方法求解。结构风振反应的最优主动控制力为

$$\{U(t)\} = -[R]^{-1}[B]^T[P]\{Q\} - [R]^{-1}[B]^T\{G(t)\} \tag{9.19}$$

由于动力风荷载一般都是平稳随机过程，其时程记录的规律是不可预测的，因此在运用上述方法进行结构风振反应的实时主动控制时，只能采用离散化的步步积分控制法。在t_{i-1}至t_i时间增量中控制力增量为

$$\{\Delta U\}_{i-1}^i = -[R]^{-1}[B]^T[P]\{\Delta Q\}_{i-1}^i - [R]^{-1}[B]^T\{\Delta G\}_{i-1}^i \tag{9.20}$$

式中，$\{\Delta Q\}_{i-1}^i$为t_{i-1}至t_i时间增量中结构广义反应增量；$\{\Delta G\}_{i-1}^i$为t_{i-1}至t_i时间增量中$\{G(t)\}$，可由龙格-库塔数值方法求得。

同样，由结构层位移层速度状态向量$\{X\}$与广义坐标状态向量$\{Q\}$之间的关系可得到

$$\{\Delta Q\}_{i-1}^i = [\varphi]^{-1}\{\Delta X\}_{i-1}^i \tag{9.21}$$

$$[\varphi] = \begin{bmatrix} [\Phi] & [0] \\ [0] & [\Phi] \end{bmatrix}_{2N \times 2N}$$

式中，$[\Phi]_{N \times N}$为包括结构全部振型的振型矩阵；$\{\Delta X\}_{i-1}^i$为t_{i-1}至t_i时间增量中结构层位移层速度状态向量$\{X\}$的增量。

由以上过程可以看出，在t_{i-1}至t_i时间增量中控制力增量在线计算过程为：观察结构层位移层速度状态向量$\{X\}$的增量$\{\Delta X\}_{i-1}^i$和动风荷载在时间增量中的值$\{F(t_{i-1} + \Delta t / 2), \{F(t_i)\}\}$，再计算$\{\Delta G\}_{i-1}^i$及$\{\Delta Q\}_{i-1}^i$；最后计算控制力增量$\{\Delta U\}_{i-1}^i$，得到控制力增量之后就可以实现对结构风振反应的实时主动控制。同时也应注意到在t_{i-1}至t_i时间增量中得到的控制力增量只能在下一个时间增量t_i至t_{i+1}中施加，也就是说它比结构反应滞后一个时间步长。结构风振振型控制的实际方程为

$$\{\dot{Q}\}_{i+1} = [A]\{Q\}_{i+1} + [B]\{U(t)\}_i + [D]\{F(t_{i+1})\} \tag{9.22}$$

按此方程实现的控制效果比最优控制效果要稍差一些。

【**例 9.1**】 如图 9.3 所示三层剪切型框架结构，设结构层质量和层间刚度分别为 $m_i = 4 \times 10^5 \,\mathrm{kg}$ 和 $k_i = 2 \times 10^8 \,\mathrm{N/m}(i = 1, 2, 3)$，结构前二阶振型阻尼比 $\zeta_1 = \zeta_2 = 5\%$，无控结构的自振频率分别为 1.58Hz、4.44Hz、6.42Hz，作用于结构上的外干扰为脉动风力 $F(t)$，作用位置矩阵为 $\{-1, -1, -1\}^{\mathrm{T}}$。试求该结构的最优控制力。

解：根据给定的结构层质量和刚度，可得到结构质量矩阵和刚度矩阵分别为

$$M = \begin{bmatrix} m_1 & 0 & 0 \\ 0 & m_2 & 0 \\ 0 & 0 & m_3 \end{bmatrix} = \begin{bmatrix} 4 & 0 & 0 \\ 0 & 4 & 0 \\ 0 & 0 & 4 \end{bmatrix} \times 10^5 \ (\mathrm{kg})$$

$$K = \begin{bmatrix} k_1 + k_2 & -k_2 & 0 \\ -k_2 & k_2 + k_3 & -k_3 \\ 0 & -k_3 & k_3 \end{bmatrix}$$

$$= \begin{bmatrix} 4 & -2 & 0 \\ -2 & 4 & -2 \\ 0 & -2 & 2 \end{bmatrix} \times 10^8 \ (\mathrm{N/m})$$

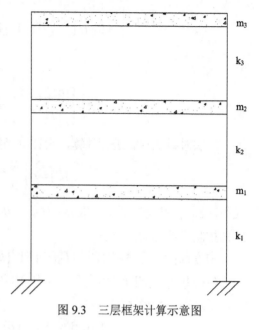

图 9.3 三层框架计算示意图

结构阻尼矩阵可按 Rayleigh 阻尼由前二阶振型阻尼比确定，即 $C = \alpha_c M + \beta_c K$，可得

$$C = \begin{bmatrix} 1.3506 & -0.5286 & 0 \\ -0.5286 & 1.3506 & -0.5286 \\ 0 & -0.5286 & 0.8220 \end{bmatrix} \times 10^6 \ (\mathrm{N \cdot s/m})$$

设在各结构层均设置主动控制装置，则控制力及其位置矩阵分别为

$$U = \{u_1 \quad u_2 \quad u_3\}^{\mathrm{T}}, \qquad B_s = \begin{bmatrix} 1 & -1 & 0 \\ 0 & 1 & -1 \\ 0 & 0 & 1 \end{bmatrix}$$

结构的状态方程为

$$\{\dot{Q}\} = [A]\{Q\} + [B]\{U(t)\} + [D]F(t)$$

式中，

$$\{\dot{Q}\} = [x_1 \quad x_2 \quad x_3 \quad \dot{x}_1 \quad \dot{x}_2 \quad \dot{x}_3]^{\mathrm{T}}$$

$$[A] = \begin{bmatrix} [0]_n & [I]_n \\ -[M]^{-1}[K] & -[M]^{-1}[C] \end{bmatrix}_{2n \times 2n}$$

$$= \begin{bmatrix} 0 & 0 & 0 & 1 & 0 & 0 \\ 0 & 0 & 0 & 0 & 1 & 0 \\ 0 & 0 & 0 & 0 & 0 & 1 \\ -1000 & 500 & 0 & -3.4 & 1.3 & 0 \\ 500 & -1000 & 500 & 1.3 & -3.4 & 1.3 \\ 0 & 500 & -500 & 0 & 1.3 & -2.1 \end{bmatrix}$$

$$[B] = \begin{bmatrix} [0] \\ -[L][H] \end{bmatrix} = \begin{bmatrix} [0] \\ -[M]^{-1}[B_s] \end{bmatrix} = \begin{bmatrix} 0 & 0 & 0 \\ 0 & 0 & 0 \\ 0 & 0 & 0 \\ 0.25 & -0.25 & 0 \\ 0 & 0.25 & -0.25 \\ 0 & 0 & 0.25 \end{bmatrix} \times 10^{-5}$$

$$[D] = \begin{bmatrix} [0]_{n \times r} \\ [I] \end{bmatrix}_{2n \times r} = \begin{bmatrix} 0 & 0 & 0 & -1 & -1 & -1 \end{bmatrix}^{\mathrm{T}}$$

用实时最优控制进行计算，设评价函数中的权矩阵分别为

$$[S] = \alpha \begin{bmatrix} K & 0 \\ 0 & M \end{bmatrix}, \quad [R] = \beta[I]$$

式中，α、β 是待定系数，取 $\alpha = 100$，$\beta = 8 \times 10^{-6}$。根据这样的 $[S]$ 设计的主动控制力将使结构控制系统的能量最小。

由方程 $[P][A] + [A]^{\mathrm{T}}[P] - [P][B][R]^{-1}[B]^{\mathrm{T}}[P]^{\mathrm{T}} + [S] = 0$ 求得 $[P]$；

再由 $\{\dot{G}\} = ([P][B][R]^{-1}[B]^{\mathrm{T}} - [A]^{\mathrm{T}})\{G\} - [P][D]\{F\}$ 求得 $\{G\}$。

于是得结构最优控制力

$$\{U(t)\} = -[R]^{-1}[B]^{\mathrm{T}}[P]\{Q\} - [R]^{-1}[B]^{\mathrm{T}}\{G(t)\}$$

只要观测了某一时段结构的初始位移和风力增量，即可求出控制力，再施加到结构上，如此循环即可求得风力作用下各时段的最优控制力，以上解方程可用计算机完成。

9.2.2 随机最优控制算法

随机最优控制算法是将风荷载当作高斯平稳随机过程，应用随机最优控制理论寻找控制方程中主动控制力的最优解。该方法也可用于多振型反应和单振型反应的振动控制。

要从控制状态方程中寻找最优控制力向量，控制方程的干扰必须是具有零均值的白噪声向量。对于脉动风荷载和旋涡干扰风荷载的互功率谱密度函数矩阵都不是常量矩阵，因此广义风荷载 $[F]$ 是一种有色噪声，无法直接应用随机最优控制理论，因而首先须将其变成白噪声通过某种滤波器输出，再建立干扰为白噪声向量的结构振动控制状态方程。下面先来看一下风荷载成型滤波器的建立。

1. 广义动力风荷载的成型滤波器

设有色噪声干扰 $\xi(t)$，设有

$$\begin{cases} \xi(t) = [C_s]\{Y\} \\ \{\dot{Y}\} = [A_s]\{Y\} + \{D_s\}\eta(t) \end{cases} \tag{9.23}$$

式中，$\eta(t)$ 为具有零均值的白噪声；$\{Y\}$ 为成型滤波器的状态向量。

其系数矩阵为

$$[A_{\mathrm{s}}] = \begin{bmatrix} 0 & 1 & \cdots & 0 \\ \cdots & \cdots & \cdots & \cdots \\ 0 & 0 & & 1 \\ -b_m & -b_{m-1} & \cdots & -b_1 \end{bmatrix}_{m \times m}$$

$$\{D_{\mathrm{s}}\}^{\mathrm{T}} = [0,0,\cdots,0,1]$$

$$[C_{\mathrm{s}}] = [a_n, a_{n-1}, \cdots, a_1, \cdots, 0]$$

要建立上述有色噪声干扰的成型滤波器，首先必须对它的功率谱密度函数进行谱分解，即

$$s_\xi(\omega) = G(\mathrm{i}\omega)G(\mathrm{i}\omega)s_0 \tag{9.24}$$

$$G(\mathrm{i}\omega) = \frac{(\mathrm{i}\omega)^n + a_1(\mathrm{i}\omega)^{n-1} + \cdots a_{n-1}(\mathrm{i}\omega) + a_n}{(\mathrm{i}\omega)^m + b_1(\mathrm{i}\omega)^{m-1} + \cdots b_{m-1}(\mathrm{i}\omega) + b_m}, \quad (m \geqslant n)$$

式中，s_0 为白噪声功率谱的强度。

在谱分解完成以后，式(9.24)实际是建立了成型滤波器在频率域内的传递函数。其中 s_0 为白噪声功率谱，$G(\mathrm{i}\omega)^2$ 为传递函数，$s_\xi(\omega)$ 是作为成型滤波器输出的有色噪声 $\xi(t)$ 的功率谱。

2. 结构振动控制的扩展状态方程和观察方程

为得到白色噪声干扰下的结构控制的扩展状态，先引入一个扩展的状态向量：

$$\{Z\} = \begin{Bmatrix} \{Q\} \\ \{Y\} \end{Bmatrix} \tag{9.25}$$

则可得到扩展结构状态方程：

$$\{\dot{Z}\} = [\bar{A}]\{Z\} + [\bar{B}]\{F\} + [\bar{D}]\{\eta(t)\} \tag{9.26}$$

式中，

$$[\bar{A}] = \begin{bmatrix} [A] & [D][C_{\mathrm{s}}] \\ [0] & [A_{\mathrm{s}}] \end{bmatrix}_{4r \times 4r}, \quad [\bar{B}] = \begin{bmatrix} [B] \\ [0] \end{bmatrix}_{4r \times p}, \quad [\bar{D}] = \begin{bmatrix} [0] \\ [D_s] \end{bmatrix}_{4r \times r}$$

由式(9.26)中状态向量{Z}的定义知它是结构振型反应和成型滤波器的状态向量，这两者都是不可观察的，为实现控制，有必要寻求能反映结构振动的可观察值与该状态向量的关系，即要建立一个观察方程。

我们知道，结构风振时能观察到的是结构的反应(位移、速度等)和脉动风荷载。而广义脉动风荷载的成型滤波器是在只考虑结构前 r 个振型情况下近似求得的，无法建立由{Y}到{p(t)}的反推关系，只能取广义脉动风荷载向量{F(t)}作为观察向量的一部分。根据结构反应，广义脉动风力与状态向量{Z}的关系，可以建立结构风振振型控制的观察方程为

$$\{G_{\mathrm{s}}\} = [J_{\mathrm{s}}]\{Z\} + \{\theta(t)\} \tag{9.27}$$

$$\{G_{\mathrm{s}}\} = \begin{Bmatrix} \{Q\} \\ \{F\} \end{Bmatrix} \qquad [J_{\mathrm{s}}] = \begin{bmatrix} [\Phi] & [0] & [0] \\ [0] & [\Phi] & [0] \\ [0] & [0] & [C_{\mathrm{s}}] \end{bmatrix}$$

式中，{G_{s}} 为观察向量；{$\theta(t)$} 为观察向量的仪器观察噪声，可用具有零均值的高斯白噪

声描述；$[J_s]$ 为观察矩阵。

3. 随机最优控制的控制力

根据对结构风振控制的目的，即使结构的风振反应尽量小，并且控制力不太大，可取随机最优控制的评价函数为

$$J = E\left[\frac{1}{2}\int_0^{t_f}(\{Z\}^T[s_z]\{Z\} + \{U\}^T[R]\{U\})dt\right] \tag{9.28}$$

$$[s_z] = \begin{bmatrix} [s] & [0] \\ [0] & [0] \end{bmatrix}$$

式中，t_f 为风力作用时间；$E[\cdot]$ 为取均值符号。

这样随机最优控制力应该是在满足控制方程(9.26)和观察方程(9.27)的条件下使评价函数(9.28)最小。

根据随机最优控制的分离定理，该随机最优控制问题亦等价于确定性控制问题加上状态估计，则结构风振振型随机控制问题的最优控制力为

$$\{U(t)\} = [F_u]\{\hat{Z}\} \tag{9.29}$$

其中最优反馈增益 $[F_u]$ 为下面确定性最优控制问题的解：

$$\begin{cases} \{\dot{Z}\} = [\bar{A}]\{Z\} + [\bar{B}]\{U(t)\} \\ J = \int_0^{t_f} [\{Z\}^T[s]\{Z\} + \{U\}^T[R]\{U\}]dt \end{cases} \tag{9.30}$$

状态向量 $\{\hat{Z}\}$ 为根据观察向量 $\{G_s\}$ 经下述卡尔曼滤波方程所得到的状态向量 $\{Z\}$ 的估计值。

$$\frac{d}{dt}\{\hat{Z}\} = ([\bar{A}] - [k_1][J_s])\{\hat{Z}\} + [\bar{B}]\{U\} + [k_1]\{G_s(t)\} \tag{9.31}$$

式中，$[k_1] = [p_s][J_s]^T[s_\theta]^{-1}$；$[s_\theta]$ 为观察仪器噪声 $\{\theta(t)\}$ 的互谱密度函数矩阵；$[p_s]$ 为状态估计误差向量的协方差矩阵，可用下述 Riccati 矩阵代数方程求解：

$$[\bar{A}][P_s] + [P_s][\bar{A}]^T - [P_s][J_s]^T[S_\theta][J_s][P_s] + [\bar{D}][S_\eta][\bar{D}]^T = 0 \tag{9.32}$$

其中 $[S_\eta]$ 为输入白噪声向量 $\{\eta(t)\}$ 的互功率谱密度函数矩阵。

由于式(9.30)的约束控制方程中无干扰力这一项，根据确定性最优控制力的推导结果可以得到

$$[F_\mu] = -[R]^{-1}[\bar{B}]^T[p] \tag{9.33}$$

其中 $[p]$ 为下面的 Riccati 矩阵代数方程的解：

$$[p][\bar{A}] + [\bar{A}]^T[p] - [p][\bar{B}][R]^{-1}[\bar{B}]^T[p] + [s] = [0] \tag{9.34}$$

9.3 被 动 控 制

被动控制的原理是把结构中的某些非承重构件(如支撑、连接件等)设计成耗能部件，

或者在结构的某些部位设置一些耗能减振装置或阻尼器。结构振动使耗能元件被动地往复相对变形或在耗能元件间产生往复运动的相对速度，从而耗散结构振动的能量、减轻结构的动力反应。由于被动控制的控制力是由控制装置随结构一起振动时，控制装置本身的运动而产生的作用于受控结构的力，该控制力是控制装置本身参数及结构的位移和速度反应的函数。因而，被动控制设计的目的是如何合理选择控制装置的参数，使其产生的被动控制力最优。

在结构被动控制的设计方法上，有基于最优控制理论的准最优控制方法、传递函数算法等。下面对这些算法作一简要介绍。

9.3.1　准最优控制算法

被动控制的准最优控制算法是把动力风荷载向量看成为高斯平衡随机过程向量，使被控制装置所产生的控制力与随机最优控制力尽量等效的控制装置参数的确定方法。可用于多振型反应和单振型反应的被动控制。

在应用准最优控制算法时，先必须了解最优主动控制力特点，根据状态向量$\{Z\}$是由结构风振反应的广义坐标状态向量$\{Q\}$和广义动力风荷载的状态向量$\{Y\}$组成，可把最优控制力分解成两项：

$$\{U(t)\} = [F_Q]\{Q\} + [F_y]\{Y\} \tag{9.35}$$

式中，$[F_Q]$和$[F_y]$为$[F_\mu]$的子矩阵。

式(9.35)右边第一项只与结构反应状态向量$\{Q\}$有关，是根据结构反应产生的控制力，是反馈回来控制结构反应的，可把它称为最优反馈控制项。第二项只与随机动力荷载状态向量$\{Y\}$有关，由于它是直接依据动力风荷载的情况产生控制力，从而控制结构反应，因此把它称为最优前馈控制项。

由于被动控制力是由控制装置随结构一起运动而产生的，只与结构反应有关，因此作为被动控制装置，一方面它无法实现前馈控制，另一方面它所产生的被动控制力要受控制装置的制约，它只能产生控制装置能够产生的控制力，无法产生与最优反馈控制力相一致的控制力。这样只能找到与最优反馈控制力尽量等效的被动控制力，即准最优控制力，它所对应的控制装置的参数就称为最优参数。

现设结构的最优反馈控制力为

$$\{U(t)\} = [F]^0\{Q\} \tag{9.36}$$

则根据前面推导知，最优反馈增益为

$$[F]^0 = -[R]^{-1}[B]^T[p_{11}] \tag{9.37}$$

其中，$[p_{11}]$为下面 Riccati 方程的解：

$$[p_{11}][A] + [A]^T[p_{11}] - [p_{11}][B][R]^{-1}[B]^T[p_{11}] + [s_{11}] = [0] \tag{9.38}$$

式中，$[S_{11}]$为$[S_z]$的左上$2r \times 2r$阶矩阵，是状态向量$\{Q\}$的加权矩阵。

这样，由最优反馈控制力实现的结构风振振型的状态方程为

$$\{Q\}^0 = ([A] + [B][F]^0)\{Q\}^0 + [D]\{F(t)\} \tag{9.39}$$

因此，被动控制的准最优控制算法就是寻求被动控制装置参数，使由式(9.36)确定的

控制力所实现的控制方程(9.39)的控制效果最优。

为了寻求满足上述要求的被动控制装置参数，可采用最小误差激励法、最小范数法和等效最优控制特性法。

最小误差激励法是寻求控制装置参数使最优反馈控制力作用下的结构反应$\{Q\}^0$与被动控制力控制下的结构反应$\{Q\}^*$之间的误差最小。

最小范数法是寻求控制装置参数使最优反馈增益$[F]^0$与被动控制装置实施的反馈增益$[F]^*$之间的误差最小。

等效最优控制特性法是假设控制装置是由弹簧和阻尼器所组成的，并由控制装置的被动控制力与最优反馈控制力相等及结构在设置控制装置处的最优反馈控制反应与被动控制反应相等的条件，计算出最优反馈控制时的最优弹簧控制力和阻尼控制力的方差，以及最优反馈控制时控制装置所在位置的结构位移和速度反应的方差，进而计算控制装置的准最优参数。

9.3.2 传递函数算法

被动控制的传递函数算法是把风荷载看成是高斯平稳随机过程，分别建立结构被动控制的受控振型反应和不受控振型反应在频率域内的传递函数，由此得到结构受控振型反应减振系数，再通过规划优化方法来求取被动控制装置最优参数。这一方法对以第一振型反应为主的结构被动控制计算非常实用有效。

当结构的风振反应以第一振型为主时，结构受控风振反应方程由方程(9.4)变为

$$\ddot{q}_1 + 2\zeta_1\omega_1\dot{q}_1 + \omega_1^2 q_1 = F_1(t) - \frac{1}{M_1}\sum_{j=1}^{p}\{\varphi\}_1^{\mathrm{T}}[H]_j u_j(t) \tag{9.40}$$

$$F_1(t) = \frac{1}{M_1}\{\varphi\}_1^{\mathrm{T}}\{p(t)\}$$

式中，$F_1(t)$为结构第一振型风荷载；M_1为结构第一振型广义质量；$\{\varphi\}_1$为结构第一振型向量；$u_j(t)$为第j个被动控制装置产生的控制力；$[H]_j$为$[H]$矩阵的第j列向量。

如果控制装置本身不是一个动力体系，那么它产生的控制力应为其所处位置结构反应的函数，这时控制方程只有一个：

$$\ddot{q}_1 + 2\zeta_1\omega_1\dot{q}_1 + \omega_1^2 q_1 = F_1(t) - \sum_{j=1}^{p} u_j(q_1, \dot{q}_1) \tag{9.41}$$

如果控制装置本身也是一个动力体系，那么它产生的控制力一般为控制装置动力反应的函数。这时控制方程有$1+p$个：

$$\begin{cases} \ddot{q}_1 + 2\zeta_1\omega_1\dot{q}_1 + \omega_1^2 q_1 = F_1(t) - \sum_{j=1}^{p} u_j(v_j, \dot{v}_j) \\ f_i(\ddot{v}_i, \dot{v}_i, q_1, \dot{q}_1, \ddot{q}_1) = 0 \quad (i = 1, 2, \cdots, p) \end{cases} \tag{9.42}$$

式中，v_i、$\dot{v}_i$、$\ddot{v}_i$分别为第i个控制装置本身振动产生的位移、速度和加速度；f_i为第i个控制装置的振动方程。

当结构的风振反应以第一振型为主时，其运动方程可表示为

$$[\bar{m}]\{\ddot{d}\} + [\bar{c}]\{\dot{d}\} + [\bar{k}]\{d\} = \{F_d(t)\} \tag{9.43}$$

式中，$\{d\}_{1+p}$ 为由 q_1 和 v_i 组成的向量；$[\bar{m}]$、$[\bar{c}]$、$[\bar{k}]$ 为相应的质量、阻尼和刚度矩阵。

$$\{F_d(t)\}^T = [F_1(t) \vdots 0, \cdots, 0]$$

根据随机振动理论中结构频率域内传递函数的定义，若取

$$\{F_d(t)\}^T = [e^{i\omega t} \vdots 0, \cdots, 0] \tag{9.44}$$

则有

$$\{d\} = \{H(i\omega)\} e^{i\omega t} \tag{9.45}$$

式中，$\{H(i\omega)\} = [H_{q_1}^c(i\omega), H_{v_1}(i\omega), \cdots H_{v_j}(i\omega)]^T$；$H_{q_1}^c(i\omega)$ 为结构第一振型受控反应频率响应函数；$H_{v_j}(i\omega)(j = 1, \cdots, p)$ 为第 j 个控制装置反应频率响应函数。

将式(9.45)代入式(9.43)得

$$[\bar{m}](i\omega)^2 H(i\omega) e^{i\omega t} + [\bar{c}](i\omega) H(i\omega) e^{i\omega t} + [\bar{k}] H(i\omega) e^{i\omega t} = \{e^{i\omega t} \vdots 0, \cdots, 0\}^T \tag{9.46}$$

记 $[A(i\omega)] = [\bar{m}](i\omega)^2 + [\bar{c}](i\omega) + [\bar{k}] = -\omega^2[\bar{m}] + i\omega[\bar{c}] + [\bar{k}]$，则式(9.46)变为

$$[A(i\omega)]\{H(i\omega)\} = \{I_A\} \tag{9.47}$$

式中，$\{I_A\}^T = [1, 0, \cdots, 0]_{1 \times (1+p)}$。

由式(9.47)可得到结构频率响应函数为

$$\{H(i\omega)\} = [A(i\omega)]^{-1}\{I_A\} \tag{9.48}$$

记 $[L(i\omega)] = [A(i\omega)]^{-1}$，则可得到风荷载作用下结构本身及控制装置受控反应在频率域内的频率响应函数：

$$\begin{cases} H_{q_1}^c(i\omega) = L_{11}(i\omega) \\ H_{v_j}(i\omega) = L_{j+1,1}(i\omega) \end{cases} \quad (j = 1, \cdots, p) \tag{9.49}$$

式中，$L_{k,1}(i\omega)$ 表示 $[L(i\omega)]$ 的第 k 行第 1 列元素。

有了以上频率响应函数，可进一步导出风荷载引起的第一振型广义坐标反应的功率谱表示形式。当结构不受控时该功率谱可表示为

$$s_{q_1}(\omega) = |H_{q_1}(i\omega)|^2 \cdot s_{F_1}(\omega) \tag{9.50}$$

$$|H_{q_1}(i\omega)|^2 = \frac{1}{(\omega_1^2 - \omega^2)^2 + 4\zeta_1^2 \omega_1^2 \omega^2}$$

由振型分解，当结构风振反应以第一振型为主时，结构的位移和加速度向量可表示为

$$\left.\begin{matrix} \{x\} = \{\Phi\}_1 q_1 \\ \{\ddot{x}\} = \{\Phi\}_1 \ddot{q}_1 \end{matrix}\right\} \tag{9.51}$$

式中，$\{\Phi\}_1$ 为结构第一阶振型向量。

结合式(9.49)和式(9.50)可得结构不受控位移和加速度的功率谱密度函数为

$$\begin{cases} s_{x_i}(\omega) = \phi_{i1}^2 |H_{q_1}(i\omega)|^2 s_{F_1}(\omega) \\ s_{\ddot{x}}(\omega) = \phi_{i1}^2 \omega^4 |H_{q_1}(i\omega)|^2 s_{F_1}(\omega) \end{cases} \tag{9.52}$$

式中，Φ_{i1} 为 $\{\Phi\}_1$ 的第 i 个元素。

由此得到结构不受控反应的方差为

$$\begin{cases} \sigma_{x_i}^2 = \phi_{i1}^2 \int_{-\infty}^{\infty} \left| H_{q1}(\mathrm{i}\omega) \right|^2 s_{F_i}(\omega)\mathrm{d}\omega \\[2mm] \sigma_{\ddot{x}_i}^2 = \phi_{i1}^2 \int_{-\infty}^{\infty} \omega^4 \left| H_{q1}(\mathrm{i}\omega) \right|^2 s_{F_i}(\omega)\mathrm{d}\omega \end{cases} \tag{9.53}$$

同理可得结构受控反应的方差为

$$\begin{cases} (\sigma_{x_i}^c)^2 = \phi_{i1}^2 \int_{-\infty}^{\infty} \left| H_{q1}^c(\mathrm{i}\omega) \right|^2 s_{F_i}(\omega)\mathrm{d}\omega \\[2mm] (\sigma_{\ddot{x}_i}^c)^2 = \phi_{i1}^2 \int_{-\infty}^{\infty} \omega^4 \left| H_{q1}^c(\mathrm{i}\omega) \right|^2 s_{F_i}(\omega)\mathrm{d}\omega \end{cases} \tag{9.54}$$

类似的，控制装置本身振动反应的方差为

$$\sigma_{v_j}^2 = \int_{-\infty}^{\infty} \left| H_{v_j}(\mathrm{i}\omega) \right|^2 s_{F_i}(\omega)\mathrm{d}\omega \quad (j=1,\cdots,p) \tag{9.55}$$

令结构受控反应的位移和加速度减振系数为

$$\begin{cases} \beta_x = \dfrac{\mu \sigma_{x_i}^c}{\mu \sigma_{x_i}} \\[4mm] \beta_{\ddot{x}} = \dfrac{\mu \sigma_{\ddot{x}_i}^c}{\mu \sigma_{\ddot{x}_i}} \end{cases} \tag{9.56}$$

式中，μ 为动力风荷载峰因子。

这两个减振系数是用来衡量结构风振控制效果的，当系数越小时，控制效果就越好。从而被动控制装置参数的选取应使这两个系数尽可能小。为此，可引入目标函数：

$$J = c_1 \beta_x + c_2 \beta_{\ddot{x}} \tag{9.57}$$

式中，c_1、c_2 为两个加权系数。

这样被动控制的传递函数算法就是在保证结构和控制装置的反应满足设计要求的条件下，使目标函数取到最小值。具体的结构反应和控制装置的反应条件视结构形态和控制装置类型而定。

9.4　风振控制的计算机模拟

前面介绍了结构风振控制中主动和被动控制的几种算法，可以根据其基本思路灵活应用到建筑及桥梁等各种结构中去。但也应该看到，用这些方法进行风振控制设计时，我们只找出最优控制力或控制装置的参数，对具体的控制效果并没有进行检验，这就无法对控制效果作出评价，也就无法得到既满足要求又经济合理的设计。因此有必要对结构风振控制进行计算机模拟，以检验结构控制的效果。

在几种计算方法中均把脉动风假设为具有零均值的高斯平稳随机过程，根据随机振动理论可以用计算机模拟出人造脉动风的离散化时程记录。因此，如果按结构动力学的直接动力法将结构受控风振反应方程和控制装置运动方程也离散化，就可以根据人造脉动风的时程记录，分步积分求得结构在各个瞬时的受控风振反应。这样就可得到模拟的结构受控风振反应时程记录。从而就可以看到结构风振控制的效果，并可据此来判别所设计的主动控制方法是否满足设计要求，被动控制装置的参数是否有效合理。

由前两节推导可知，结构在脉动风作用下的受控风振反应的振型分解方程为

$$\{\ddot{q}\} + [2\zeta\omega]\{\dot{q}\} + [\omega^2]\{q\} = \{F(t)\} - [L][H]\{U(t)\} \tag{9.58}$$

记 $[L_u] = [L][H]$，其余符号意义同前。

若只考虑前 r 个振型，则可将式(9.58)写成下面形式：

$$\ddot{q}_i + 2\zeta_i\omega_i\dot{q}_i + \omega_i^2 q_i = F_i(t) - \sum_{j=1}^{p} L_{ij} u_j(t) \quad (i = 1, \cdots, r) \tag{9.59}$$

式中，L_{ij} 为 $[L_u]$ 第 i 行第 j 列元素。

将式(9.59)表达成时间增量 Δt（$\Delta t = t_{k+1} - t_k$）的增量方程：

$$\Delta\ddot{q}_i + 2\zeta_i\omega_i\Delta\dot{q}_i + \omega_i^2\Delta q_i = \Delta F_i(t) - \sum_{j=1}^{p} L_{ij}\Delta u_j \quad (i = 1, \cdots, r) \tag{9.60}$$

引入线性加速度假定，即

$$\ddot{q}_i(t + \tau) = \ddot{q}_i(t) + \frac{\ddot{q}_i(t + \Delta t) - \ddot{q}_i(t)}{\Delta t}\tau \tag{9.61}$$

式(9.61)两边对 τ 积分，得到 $t + \tau$ 时刻的速度和位移分别为

$$\dot{q}_i(t + \tau) = \ddot{q}_i(t)\tau + \frac{\ddot{q}_i(t + \Delta t) - \ddot{q}_i(t)}{\Delta t}\frac{\tau^2}{2} + C \tag{9.62}$$

$$q_i(t + \tau) = \ddot{q}_i(t)\frac{\tau^2}{2} + \frac{\ddot{q}_i(t + \Delta t) - \ddot{q}_i(t)}{\Delta t}\frac{\tau^3}{6} + C\tau + D \tag{9.63}$$

代入初始条件 $\tau = 0$ 时 $\dot{q}_i(t + \tau) = \dot{q}_i(t)$，$q_i(t + \tau) = q_i(t)$ 得 $C = \dot{q}_i(t)$，$D = q_i(t)$。

将 C、D 代回式(9.62)和式(9.63)，并令 $\tau = \Delta t$，可得 $t + \Delta t$ 时刻的速度和位移为

$$\dot{q}_i(t + \Delta t) = \dot{q}_i(t) + \frac{\ddot{q}_i(t + \Delta t) + \ddot{q}_i(t)}{2}\Delta t \tag{9.64}$$

$$q_i(t + \Delta t) = q_i(t) + \dot{q}_i(t)\Delta t + \frac{\ddot{q}_i(t + \Delta t) + 2\ddot{q}_i(t)}{6}\Delta t^2 \tag{9.65}$$

由此两式可得速度和位移增量为

$$\Delta\dot{q}_i = \dot{q}_i(t + \Delta t) - \dot{q}_i(t) = \frac{\ddot{q}_i(t + \Delta t) + \ddot{q}_i(t)}{2}\Delta t = \ddot{q}_i(t)\Delta t + \Delta\ddot{q}_i\frac{\Delta t}{2} \tag{9.66}$$

$$\Delta q_i = q_i(t + \Delta t) - q_i(t) = \dot{q}_i(t)\Delta t + \ddot{q}_i(t)\frac{\Delta t^2}{2} + \Delta\ddot{q}_i\frac{\Delta t^2}{6} \tag{9.67}$$

由式(9.67)解得

$$\Delta\ddot{q}_i = \frac{6}{\Delta t^2}\left[\Delta q_i - \dot{q}_i(t)\Delta t - \ddot{q}_i(t)\frac{\Delta t^2}{2}\right] \tag{9.68}$$

将式(9.68)代入式(9.66)得

$$\Delta\dot{q}_i = \frac{3}{\Delta t}\left[\Delta q_i - \dot{q}_i(t)\Delta t - \ddot{q}_i(t)\frac{\Delta t^2}{6}\right] \tag{9.69}$$

将式(9.68)和式(9.69)代入式(9.60)得广义位移增量 Δq_i 满足如下拟静力方程：

$$\Delta q_i = p_i^* / k_i^* \tag{9.70}$$

$$p_i^* = \left(\Delta F_i(t) - \sum_{j=1}^{p} L_{ij} \Delta u_j \right) + \left[\frac{6}{\Delta t} \dot{q}_i(t) + 3\ddot{q}_i(t) \right] + 2\zeta_i \omega_i \left[3\dot{q}_i(t) + \frac{1}{2}\ddot{q}_i(t)\Delta t \right]$$

$$k_i^* = \omega_i^2 + \frac{6}{\Delta t^2} + \frac{6}{\Delta t}\zeta_i \omega_i$$

若能求得 t_k 到 t_{k+1} 时间增量 Δt 内的广义脉动风荷载增量 ΔF_i 和控制力增量 $\Delta u_j (j=1,\cdots,p)$，则由方程(9.70)就可求出相应时间增量内的广义位移增量 Δq_i，然后即可由式(9.68)和式(9.69)分别求出广义加速度和速度增量。这样就可按下式由上一时刻的广义反应计算出下一时刻的广义反应：

$$\begin{cases} q_i(t_{k+1}) = q_i(t_k) + \Delta q_i \\ \dot{q}_i(t_{k+1}) = \dot{q}_i(t_k) + \Delta \dot{q}_i \\ \ddot{q}_i(t_{k+1}) = \ddot{q}_i(t_k) + \Delta \ddot{q}_i \end{cases} \tag{9.71}$$

由此可得 t_{k+1} 时刻结构的位移和加速度向量为

$$\begin{cases} \{X(t_{k+1})\} = \{X(t_k)\} + \sum_{j=1}^{r} \{\phi\}_j \Delta q_j \\ \{\ddot{X}(t_{k+1})\} = \{\ddot{X}(t_k)\} + \sum_{j=1}^{r} \{\phi\}_j \Delta \ddot{q}_j \end{cases} \tag{9.72}$$

如此循环计算，就可得到结构受控反应的时程曲线。

下面再来看一下如何求得时间增量 Δt 内的广义脉动风荷载增量 ΔF_i 和控制力增量 $\Delta u_j (j=1,\cdots,p)$。

1)控制力增量 $\Delta u_j (j=1,\cdots,p)$ 的计算

对于主动控制，控制力增量 $\Delta u_j (j=1,\cdots,p)$ 可由 9.2 节的式(9.20)求得。对于被动控制，若控制装置本身不是振动系统，则其控制力增量由结构反应增量产生，由两者的关系可求得。若控制装置本身是振动系统，则可对该系统采用与上述类似的逐步积分方法求得。

2)广义脉动风荷载增量 ΔF_i 的计算

前面我们把广义脉动风荷载假设为具有零均值的高斯平稳随机过程向量，因此可根据随机振动理论来得出一组离散化的广义脉动风荷载向量的时程记录。

9.5　高层建筑结构风振控制

结构振动控制一般可分为主动、被动和混合控制三种。由于调频质量阻尼器(Tuned Mass Damper，TMD)控制装置对高层建筑结构控振效果好、对建筑功能的影响较小、低成本、占地少且便于安装、维修和更换，所以，在实际的高层建筑结构风振控制工程中，调频质量阻尼得到了广泛的应用，其在世界各地的土木工程实例可见表9.1。

表 9.1 TMD 在土木工程中应用

建筑名称	地点	年份	其他信息
John Hancock Building (60 层)	波士顿,美国	1977	在 58 层安装了两个 TMD,每个 TMD 的频率为 0.14Hz,质量为 300t
City Corp Center (278m)	纽约,美国	1978	TMD 安装在 63 层,频率为 0.16Hz,质量为 370t,减少风振响应为 40%~50%
悉尼塔 (305m)	悉尼,澳大利亚	1980	第一个 TMD 的频率为 0.10Hz,以控制塔的第二振型,质量为 180t;第二 TMD 的频率为 0.50Hz,以控制塔的第四振型,质量为 40t
Al Khobar 2 个烟囱 (120m)	沙特阿拉伯	1982	TMD 的频率为 0.44Hz,质量为 7t
Ruwais Utilities 烟囱	阿布达比酋长国	1982	TMD 的频率为 0.49Hz,质量为 10t
Deutsche Bundespost 冷却塔 (278m)	德国	1982	TMD 的频率为 0.67Hz,质量为 1.5t
Yanbu 水泥厂烟囱 (81m)	沙特阿拉伯	1984	TMD 的频率为 0.49Hz,质量为 10t
Hybro-Quebec 风力发电机	加拿大	1985	TMD 的频率为 0.7~1.2Hz,质量为 18t
千叶港塔 (125m)	千叶,日本	1986	TMD 的频率为 0.42~0.44Hz,x 向质量为 10t,y 向质量为 15t
核电站 (70m)	巴基斯坦	1988	TMD 的频率为 0.99Hz,质量为 4.5t
Tiwest 金红石厂烟囱	澳大利亚	1989	TMD 的频率为 0.92Hz,质量为 0.5t
福冈塔 (151m)	福冈,日本	1989	TMD 的频率为 0.31~0.33Hz,x 向质量为 25t,y 向质量为 30t
Higashiyama Sky 塔 (134m)	名古屋,日本	1989	TMD 的频率为 0.49Hz 和 0.55Hz,沿两个主轴方向,质量为 20t
Crystal 塔 (157m)	大阪,日本	1990	一个 TMD 的频率为 0.49Hz,以控制东西向的振动,质量为 180t;一个 TMD 的频率为 0.24Hz,以控制南北向的振动,质量为 360t
Huis Ten Bosch Domtoren (105m)	长崎,日本	1990	TMD 的频率为 0.59Hz,质量为 7.8t
HKW 烟囱 (120m)	法兰克福,德国	1992	TMD 的频率为 0.86Hz,质量为 10t
BASF 烟囱 (100m)	安特卫普,比利时	1992	TMD 的频率为 0.34Hz,质量为 8.5t
Siemens 电站 (70m)	英国	1992	TMD 的频率为 0.88Hz,质量为 7t
Pokko Island P&G (117m)	神户,日本	1993	TMD 的频率为 0.33~0.62Hz,质量为 270t
Chifley 塔 (209m)	悉尼,澳大利亚	1993	TMD 质量为 400t
Al Taweelah 烟囱 (70m)	阿布达比酋长国	1993	TMD 的频率为 1.4Hz,质量为 1.35t
秋田塔 (112m)	秋田,日本	1994	TMD 的频率为 0.14Hz
加拿大国家电视塔	多伦多,加拿大		装有两个 TMD,分别控制塔的第二和第四振型,总重 400t
黑龙江电视塔	哈尔滨,中国	1999	TMD 的频率为 0.212Hz,质量为 35t
某人行天桥	北京,中国	2003	共安装了三种共 6 个 TMD,TMD 的频率分别为 1.8Hz、2.0Hz 和 2.5Hz,质量为 540kg
台北 101 塔楼	台北,中国	2004	TMD 质量为 662t
北京奥林匹克公园国家会议中心 L4 大跨楼盖振动	北京,中国	2006	共安装了两种共 72 个 TMD,其频率分别为 2.9Hz 和 3.0Hz,质量为 580kg

9.5.1 TMD的组成及其工作原理

调频质量阻尼器是附加在主结构中的一个子结构体系，由质量块、弹簧、阻尼器组成。

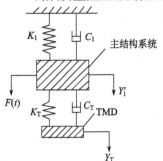

图9.4 调频质量阻尼器

质量块通过弹簧和阻尼器与主结构相连，如图9.4所示。TMD主要由质量系统、弹簧系统、阻尼系统和支撑系统四部分组成。另外，TMD体系根据其在结构中设置的数量不同可分为单TMD和多TMD体系；依据其在结构设置的方式不同分为支撑式和悬吊式类型，如图9.5所示。

调频质量阻尼器的工作原理是：主结构承受动力作用而振动时，质量块也产生惯性运动；经过合理选取子结构参数，当TMD的自振频率调谐到与主结构的频率或激励频率达到某种关系时，TMD将通过弹簧、阻尼器向主结构施加反方向作用力

来部分抵消输入结构的扰动力，并通过阻尼器集中消能，使主结构的振动反应衰减。因此，TMD的控制力依赖于它与主结构之间的相对运动，是随着结构振动而被动产生的。因此，调频质量阻尼器的控振效果主要取决于4个参数的选取，即TMD质量与结构质量之比μ_1、TMD阻尼比ξ_r、弹簧系数k_d、TMD子结构频率与主结构频率之比λ_1。

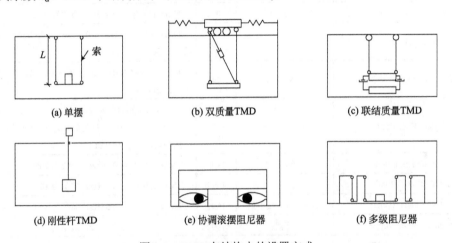

图9.5 TMD在结构中的设置方式

研究和实验表明：

(1)随着频率比λ_1的增加，结构体系的减振系数呈现由大到小、再由小到大的变化规律，且两者之比接近1时，减振效果达到最佳状态，如图9.6所示。

(2)随着阻尼比ξ_r的增加，减振系数呈现由大很快变小、后由逐渐回升的变化过程，如图9.7所示，这表明并不是ξ_r越大，结构体系的减振效果就越好。这里存在一个ξ_r的最佳值，其随结构参数和TMD参数的变化而变化，随着质量比μ_1的增大，此最佳阻尼比也逐渐变大。

(3)在其他条件不变的情况下，结构体系的减振效果随质量比μ_1的增大而增大，如图9.7所示。因此，为提高TMD体系的减振效果，可以加大TMD质量或设置多TMD体系，但必须考虑因TMD系统的增加而相应增加的系统设置难度，一般而言，质量比μ_1取值为[0.01,0.03]。

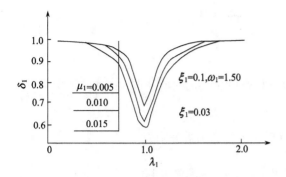

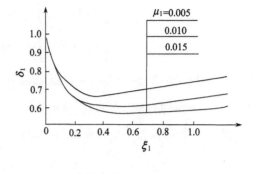

图 9.6 减振系数与质量比和频率比的关系 图 9.7 减振系数与 TMD 阻尼比的关系

9.5.2　TMD 对结构风振响应的控制

采用 TMD 控制的结构风振反应的运动方程写为

$$\begin{cases} [M]\{\ddot{u}\}+[C]\{\dot{u}\}+[K]\{u\}=\{P\}+\{H\}\left(c_{\mathrm{d}}\dot{x}+k_{\mathrm{d}}x\right) \\ m_{\mathrm{d}}\ddot{x}+c_{\mathrm{d}}\dot{x}+k\mathrm{d}x=-m_{\mathrm{d}}\{H\}\{\ddot{u}\} \end{cases} \tag{9.73}$$

式中，$[M]$、$[C]$、$[K]$ 分别为结构的质量、刚度和阻尼矩阵；$\{u\}$、$\{\dot{u}\}$、$\{\ddot{u}\}$ 分别为结构相对地面的位移向量、速度向量和加速度向量；x、$\dot{x}$、$\ddot{x}$ 分别为 TMD 相对结构顶部的位移、速度和加速度；$\{P\}$ 为脉动风荷载向量；$\{H\}$ 为 TMD 在结构上的位置向量。

一般而言，高层建筑结构的风振反应以第一振型为主，那么结构位移反应可用下式表示

$$\{u\}=\{\varphi_1\}q_1(t) \tag{9.74}$$

式中，$\{\varphi_1\}$ 为结构第一振型向量；$q_1(t)$ 为相应的振型坐标。

将式(9.74)代入式(9.73)中，经整理可得

$$\begin{cases} \ddot{q}_1+2\xi_1\omega_1\dot{q}_1+\omega_1^2q_1=P^*+\mu_1\varphi_{1N}\left(2\xi_{\mathrm{d}}\omega_{\mathrm{d}}\dot{x}+\omega_{\mathrm{d}}^2x\right) \\ \ddot{x}+2\xi_{\mathrm{d}}\omega_{\mathrm{d}}\dot{x}+\omega_{\mathrm{d}}^2x=-\varphi_{1N}\ddot{q}_1 \end{cases} \tag{9.75}$$

$$P^*=\frac{1}{M_1^*}\{\varphi_1\}^{\mathrm{T}}\{P\}$$

$$\mu_1=\frac{m_{\mathrm{d}}}{M_1^*}$$

式中，ξ_1、ω_1 分别为结构第一振型的阻尼比和圆频率；φ_{1N} 为结构第一振型向量中对应于 TMD 设置层(第 N 层)的幅值；M_1^* 为第一振型广义质量；μ_1 为第一振型广义质量比。

将式(9.75)改写成矩阵形式，即

$$\begin{bmatrix} 1+\mu_1\varphi_{1N}^2 & \mu_1\varphi_{1N} \\ \varphi_{1N} & 1 \end{bmatrix}\begin{Bmatrix} \ddot{q}_1 \\ \ddot{x} \end{Bmatrix}+\begin{bmatrix} 2\xi_1\omega_1 & \\ & 2\xi_{\mathrm{d}}\omega_{\mathrm{d}} \end{bmatrix}\begin{Bmatrix} \ddot{q}_1 \\ \dot{x} \end{Bmatrix}+\begin{bmatrix} \omega_1^2 & 0 \\ 0 & \omega_{\mathrm{d}}^2 \end{bmatrix}\begin{Bmatrix} q_1 \\ x \end{Bmatrix}=\begin{Bmatrix} P^* \\ 0 \end{Bmatrix} \tag{9.76}$$

令 $P^*=\mathrm{e}^{\mathrm{i}\omega t}$，可求出结构振型坐标反应和 TMD 位移反应的频响函数分别为

$$\begin{cases} H_{q_1}(\mathrm{i}\omega) = \dfrac{1}{D}\left[\left(\omega_\mathrm{d}^2 - \omega^2\right) + 2\xi_\mathrm{d}\omega_\mathrm{d}(\mathrm{i}\omega)\right] \\ H_x(\mathrm{i}\omega) = \dfrac{1}{D}\varphi_{1N}\omega^2 \end{cases} \tag{9.77}$$

$$D = \omega^4 - 2\left(\xi_1\omega_1 + \xi_\mathrm{d}\omega_\mathrm{d} + \mu_1\varphi_{1N}^2\xi_\mathrm{d}\omega_\mathrm{d}\right)\mathrm{i}\omega^3 - \left(\omega_1^2 + \omega_\mathrm{d}^2 + \mu_1\varphi_{1N}^2\omega_\mathrm{d}^2 + 4\xi_1\xi_\mathrm{d}\omega_1\omega_\mathrm{d}\right)\omega^2$$
$$+ 2\left(\xi_1\omega_1\omega_\mathrm{d}^2 + \xi_\mathrm{d}\omega_\mathrm{d}\omega_1^2\right)\cdot\mathrm{i}\omega + \omega_1^2\omega_\mathrm{d}^2$$

由此可得结构振型坐标反应和 TMD 位移反应的传递函数分别为

$$\begin{cases} \left|H_{q_1}(\mathrm{i}\omega)\right|^2 = \dfrac{1}{E}\left[\left(\lambda_1^2 - \left(\dfrac{\omega}{\omega_1}\right)^2\right)^2 + 4\xi_\mathrm{d}^2\lambda_1^2\left(\dfrac{\omega}{\omega_1}\right)^2\right] \\ \left|H_x(\mathrm{i}\omega)\right|^2 = \dfrac{1}{E}\varphi_{1N}^2\left(\dfrac{\omega}{\omega_1}\right)^4 \end{cases} \tag{9.78}$$

$$E = \omega_1^4\left\{\left[\left(\dfrac{\omega}{\omega_1}\right)^2 - \left(\left(1 + \mu_1\varphi_{1N}^2\right)\lambda_1^2 + 4\xi_1\xi_\mathrm{d}\lambda_1 + 1\right)\left(\dfrac{\omega}{\omega_1}\right)^2 + \lambda_1^2\right]^2\right.$$
$$\left. + 4\left[\left(\left(1 + \mu_1\varphi_{1N}^2\right)\xi_\mathrm{d}\lambda_1^2 + \xi_1\right)\left(\dfrac{\omega}{\omega_1}\right)^3 - \left(\xi_1\lambda_1^2 + \xi_\mathrm{d}\lambda_1\right)\dfrac{\omega}{\omega_1}\right]^2\right\}$$

$$\lambda_1 = \dfrac{\omega_\mathrm{d}}{\omega_1}$$

式中，λ_1 为 TMD 固有频率与结构频率之比。

根据随机振动理论，结构的风振反应方差为

$$\begin{cases} \left(\sigma_{u_i}\right)^2 = \varphi_{1i}^2\displaystyle\int_{-\infty}^{\infty}\left|H_{q_1}(\mathrm{i}\omega)\right|^2 S_{P_i^*}(\omega)\mathrm{d}\omega \\ \left(\sigma_{\dot{u}_i}\right)^2 = \varphi_{1i}^2\displaystyle\int_{-\infty}^{\infty}\omega^2\left|H_{q_1}(\mathrm{i}\omega)\right|^2 S_{P_i^*}(\omega)\mathrm{d}\omega \\ \left(\sigma_{\ddot{u}_i}\right)^2 = \varphi_{1i}^2\displaystyle\int_{-\infty}^{\infty}\omega^4\left|H_{q_1}(\mathrm{i}\omega)\right|^2 S_{P_i^*}(\omega)\mathrm{d}\omega \end{cases} \tag{9.79}$$

式中，u_i、$\dot{u}_i$ 和 $\ddot{u}_i$ 分别为结构第 i 层的位移、速度和加速度；φ_{1i} 为结构第一振型向量中对应于第 i 层的幅值；$S_{P_i^*}(\omega)$ 为广义脉动风荷载 P_i^* 的功率谱密度函数。

同理可知，当结构中未设置 TMD 时，无控结构第一振型广义坐标风振反应的传递函数为

$$\left|H_{q_1}(\mathrm{i}\omega)\right|^2 = \dfrac{1}{\left(\omega_1^2 - \omega^2\right) + 4\xi_1\omega_1^2\omega^2} \tag{9.80}$$

则结构在无控状态下的风振反应方差为

$$\begin{cases} \left(\sigma_{u_i}^0\right)^2 = \varphi_{1i}^2 \int_{-\infty}^{\infty} \left|H_{q1}^0(i\omega)\right|^2 S_{P_i^*}(\omega)\mathrm{d}\omega \\ \left(\sigma_{\dot{u}_i}^0\right)^2 = \varphi_{1i}^2 \int_{-\infty}^{\infty} \omega^2 \left|H_{q1}^0(i\omega)\right|^2 S_{P_i^*}(\omega)\mathrm{d}\omega \\ \left(\sigma_{\ddot{u}_i}^0\right)^2 = \varphi_{1i}^2 \int_{-\infty}^{\infty} \omega^4 \left|H_{q1}^0(i\omega)\right|^2 S_{P_i^*}(\omega)\mathrm{d}\omega \end{cases} \tag{9.81}$$

以上是脉动风作用下高层建筑结构的位移、速度和加速度反应，下面还需求解平均风作用下相同结构的位移反应。

平均风作用下结构的运动方程为

$$[M]\{\ddot{u}_i\} + [C]\{\dot{u}_i\} + [K]\{u\} = \{p_0\} \tag{9.82}$$

式中，$\{p_0\}$ 为结构上承受的平均风荷载向量；其他符号同前。

由振型叠加法可得

$$\ddot{q}_i + 2\xi_i \omega_i \dot{q}_i + \omega_i^2 q_i = \frac{\{\varphi_i\}^{\mathrm{T}}\{p_0\}}{M_i^*} \tag{9.83}$$

式中各个符号的意义可参见式(3.69)。

可采用杜哈梅积分求解式(9.83)，得

$$q_i = \frac{1}{1 + \dfrac{\xi_i^2 \omega_i^2}{\omega_i'^2}} \cdot \frac{\{\varphi_i\}^{\mathrm{T}}\{p_0\}}{M_i^* \omega_i'} = \frac{\omega_i'}{\overline{M}_i \omega_i^2} \cdot \{\varphi_i\}^{\mathrm{T}}\{p_0\} \tag{9.84}$$

其中

$$\omega_i' = \omega_i \sqrt{1 - \xi_i^2}$$

当考虑第一振型时，结构第 i 层的平均风位移可表示为

$$\bar{u}_i = \varphi_{i1} \cdot \frac{\omega_1'}{\overline{M}_1 \omega_1^2} \{\varphi_1\}_1^{\mathrm{T}} \{p_0\} \tag{9.85}$$

现若取第一振型向量顶部的幅值 $\varphi_{N_1} = 1.0$，并将结构连续化，则式(9.85)可改写为

$$\bar{u}_N = \frac{H}{M} \cdot \frac{\omega_1'}{\omega_1^2} \cdot \mu_s \cdot \mu_r \cdot w_0 \cdot l_x \cdot \frac{\int_0^H \varphi_1(z)\mu_z(z)\mathrm{d}z}{\int_0^H \varphi_1^2(z)\mathrm{d}z} \tag{9.86}$$

式中，M、H 分别为高层建筑的总质量和总高度；μ_s、μ_r 分别为结构体型系数和重现期调整系数；$\mu_z(z)$ 为风压高度变化系数；其他符号同前。

考虑到对高层建筑第一振型函数可近似取为(《建筑结构荷载规范》)

$$\varphi_1(z) = \tan\left\{\frac{\pi}{4}\left[\frac{z}{H}\right]^{0.7}\right\}$$

再令

$$\begin{cases} \eta = \dfrac{\omega_1'}{\omega_1^2} \\[4mm] r_s = \dfrac{\displaystyle\int_0^H \varphi_1(z)\,\mu_z(z)\mathrm{d}z}{\displaystyle\int_0^H \varphi_1^2(z)\mathrm{d}z} \end{cases} \qquad (9.87)$$

则高层建筑顶部平均风位移的计算公式为

$$\overline{u}_N = \frac{H}{M}\cdot\eta\cdot\mu_s\cdot\mu_r\cdot w_0\cdot l_x\cdot r_s \qquad (9.88)$$

由式(9.79)可知，脉动作用下设置调谐质量阻尼器的高层建筑结构 i 层的总位移和顶层加速度响应为

$$\begin{cases} u_{di} = g\sigma_{u_i} = \sqrt{\varphi_{1i}^2\displaystyle\int_{-\infty}^{\infty}\left|H_{q_1}(\mathrm{i}\omega)\right|^2 S_{P^*}(\omega)\mathrm{d}\omega} \\[4mm] \ddot{u}_N = g\sigma_{\ddot{u}_N} = \sqrt{\varphi_{1N}^2\displaystyle\int_{-\infty}^{\infty}\omega^4\left|H_{q_1}(\mathrm{i}\omega)\right|^2 S_{P^*}(\omega)\mathrm{d}\omega} \end{cases} \qquad (9.89)$$

那么风荷载作用下结构结构第 i 层的总位移响应为

$$u_i = u_{di} + \overline{u}_i \qquad (9.90)$$

结构第 i 层的层间侧移角 Δ_i 可表示为

$$\Delta_i = \left(u_i - u_{i-1}\right)/h_i \qquad (9.91)$$

式中，h_i 为结构第 i 层的层高。

至此，就可以校核所设计的调谐质量阻尼器是否满足结构风振的设计要求，其验算公式为

$$\begin{cases} \Delta_i \leqslant [\Delta] \\ \ddot{u}_N \leqslant [a] \end{cases} \qquad (9.92)$$

式中，$[\Delta]$、$[a]$ 分别为规范中结构层间位移和顶层加速度的限值。

另外，为使调谐质量阻尼器本身的反应不至过大，需对其相对于结构顶层的位移响应进行控制设计。调谐质量阻尼器相对位移响应最大值可由下式计算

$$x_N = g\sigma_w = \frac{g}{M_1^*}\sqrt{\{\varphi\}_1^{\mathrm{T}}[S_P]\{\varphi\}_1\int_{-\infty}^{\infty}\left|H_w(\mathrm{i}\omega)\right|^2 S_f(\omega)\mathrm{d}\omega} \qquad (9.93)$$

$$\left|H_w(\mathrm{i}\omega)\right|^2 = \frac{1}{D_T}\varphi_{1N}^2\left(\frac{\omega}{\omega_1}\right)^2$$

式中，φ_{1N} 为结构第一振型向量对应于结构顶层处的幅值，其中 D_T 的计算公式如下：

$$D_T = \omega_1^4\left\{\left[\left(\frac{\omega}{\omega_1}\right)^4 - \left(\left(1+\mu_1\varphi_{1N}^2\right)\mu_1^2 + 4\xi_1\xi_d\mu_1 + 1\right)\left(\frac{\omega}{\omega_1}\right)^2 + \mu_1^2\right]^2 \right.$$

$$\left. \cdot 4\left[\left(\left(1+\mu_1\varphi_{1N}^2\right)\xi_d\mu_1 + \xi_1\right)\left(\frac{\omega}{\omega_1}\right)^3 - \left(\xi_1\mu_1^2 + \xi_d\mu_1\right)\frac{\omega}{\omega_1}\right]^2\right\}$$

则调谐质量阻尼器相对于结构顶层的位移响应的最大值应满足的校核设计公式为

$$x_N \leqslant [W] \tag{9.94}$$

式中，$[W]$ 为 TMD 允许的最大位移。

通过式 (9.94) 检验结构风振 TMD 控制设计是否合理或满足规范要求，若满足要求即可；若不满足要求，则重新进行 TMD 参数设计、构造处理或改变结构体系，并依此循环计算，直至满足规范设计要求。

9.5.3 TMD 对结构风振控制的优化

为了设计出使高层建筑结构风振响应满足设计要求的被动调谐质量阻尼器，对调谐质量阻尼器的参数可以采用优化设计的方法。考虑到质量比和频率比与减振系数的关系是明确的，故可在预先取定调谐质量阻尼器的质量和频率的前提下，把其参数阻尼作为优化设计的设计变量。优化的目标函数可取为

$$J = c_1 \beta_u + c_2 \beta_{ii} \tag{9.95}$$

式中，c_1、c_2 分别为两个加权系数；β_u、β_{ii} 分别为结构受调谐质量阻尼器控制的位移、加速度反应的减振系数，其计算公式为

$$\begin{cases} \beta_u = \dfrac{g\sigma_{u_i}}{g\sigma_{u_i}^0} = \dfrac{\sqrt{\varphi_{1i}^2 \displaystyle\int_{-\infty}^{\infty} \left| H_{q1}(\mathrm{i}\omega) \right|^2 S_{P^*}(\omega)\,\mathrm{d}\omega}}{\sqrt{\varphi_{1i}^2 \displaystyle\int_{-\infty}^{\infty} \left| H_{q1}^0(\mathrm{i}\omega) \right|^2 S_{P^*}(\omega)\,\mathrm{d}\omega}} \\[4mm] \beta_{ii} = \dfrac{g\sigma_{\ddot{u}_i}}{g\sigma_{\ddot{u}_i}^0} = \dfrac{\sqrt{\varphi_{1i}^2 \displaystyle\int_{-\infty}^{\infty} \omega^4 \left| H_{q1}(\mathrm{i}\omega) \right|^2 S_{P^*}(\omega)\,\mathrm{d}\omega}}{\sqrt{\varphi_{1i}^2 \displaystyle\int_{-\infty}^{\infty} \omega^4 \left| H_{q1}^0(\mathrm{i}\omega) \right|^2 S_{P^*}(\omega)\,\mathrm{d}\omega}} \end{cases} \tag{9.96}$$

若将调谐质量阻尼器设置在结构顶层，并将结构振型规则化，即 $\varphi_{1i} = \varphi_{1N} = 1.0$，则式 (9.96) 可简化为

$$\begin{cases} \beta_u = \dfrac{g\sigma_{u_i}}{g\sigma_{u_i}^0} = \dfrac{\sqrt{\displaystyle\int_{-\infty}^{\infty} \left| H_{q1}(\mathrm{i}\omega) \right|^2 S_{P^*}(\omega)\,\mathrm{d}\omega}}{\sqrt{\displaystyle\int_{-\infty}^{\infty} \left| H_{q1}^0(\mathrm{i}\omega) \right|^2 S_{P^*}(\omega)\,\mathrm{d}\omega}} \\[4mm] \beta_{ii} = \dfrac{g\sigma_{\ddot{u}_i}}{g\sigma_{\ddot{u}_i}^0} = \dfrac{\sqrt{\displaystyle\int_{-\infty}^{\infty} \omega^4 \left| H_{q1}(\mathrm{i}\omega) \right|^2 S_{P^*}(\omega)\,\mathrm{d}\omega}}{\sqrt{\displaystyle\int_{-\infty}^{\infty} \omega^4 \left| H_{q1}^0(\mathrm{i}\omega) \right|^2 S_{P^*}(\omega)\,\mathrm{d}\omega}} \end{cases} \tag{9.97}$$

优化的目的就是使 J 值取最小，以保证 TMD 减振效果最好，另外，附加其他的约束条件：

（1）变量约束条件

$$0 < \xi_d < 0.2 \tag{9.98}$$

（2）结构受控反应约束条件

$$\begin{cases} \text{相对层间} \Delta_i \leqslant [\Delta] \\ \text{顶点加速度} \ddot{u}_N \leqslant [a] \end{cases} \tag{9.99}$$

(3) 调谐质量阻尼器位移反应约束条件

$$g\sigma_W \leqslant [W] \tag{9.100}$$

如果在优化设计计算中，结构受控反应约束条件或 TMD 反应约束条件始终得不到满足，那可通过适当加大调谐质量阻尼器质量，就可使优化设计的所有约束条件都得到满足，并最后得到阻尼比的最优解。这样就最终可得调谐质量阻尼器的三个优化参数，即质量（m_d）、刚度（k_d）和阻尼系数（c_d）。

9.5.4 TMD 对结构风振控制的实例

位于上海地区、B 类地貌的 100 层钢结构建筑，层高 3.0m，矩形截面。迎风面宽度 60m，沿高度的线质量分布为 600t/m。

由《建筑结构荷载规范》（GB 50009—2012）按特别重要的高层建筑考虑，由重现期 n=100 年查得 $w_0 = 0.60\text{kN/m}^2$，结构体型系数 $\mu_s(z) = 1.43$。按式 (2.38) 可得风压高度变化系数 $\mu_z(z)$ 和脉动系数 $\mu_f(z)$ 分别为

$$\mu_z(z) = \left(\frac{z}{100}\right)^{0.30}$$

$$\mu_f(z) = 0.14 \cdot \left(\frac{z}{100}\right)^{-0.15}$$

结构基本周期可近似取

$$T_1 = 0.1N = 10(\text{s})$$

式中，N 是结构层数。

结构基本振型取为

$$\varphi_1(z) = \tan\left[\frac{\pi}{4}\left(\frac{z}{H}\right)^{0.7}\right]$$

式中，H=300m 为结构总高度。钢结构基本振型阻尼比 $\xi_1 = 2\%$。

可求得基本振型广义质量 $M_1^* = 62400\,\text{t}$。

1) 无控结构的风振反应

静风位移为

$$Y_s(z) = 0.83\tan\left[\frac{\pi}{4}\left(\frac{z}{H}\right)^{0.7}\right]$$

其中第一振型影响系数 η=0.0885，相关脉动频率因子系数 $\sqrt{1+R^2}$=3.2，于是，最大风振反应均值为

$$\overline{Y}_{dm}(z) = 0.43\tan\left[\frac{\pi}{4}\left(\frac{z}{H}\right)^{0.7}\right]$$

2) 设置 TMD 的结构风振反应

若 TMD 设置在钢结构的顶端，质量比 $\mu_{\mathrm{Ti}}=0.03$，相当于设置重 $W_{\mathrm{T}}=\mu_{\mathrm{Ti}}M_1^* g=18320(\mathrm{kN})$ 的 TMD 装置，TMD 的频率比 λ_{T} 和阻尼比 ζ_{T} 按最优设计原则计算。计算可得 TMD 提供给结构的阻尼比 $\zeta_{\mathrm{T}}=3.9\%$；相关脉动频率因子系数求得 $\sqrt{1+R^2}=1.95$。于是，最大风振反应均值为

$$\overline{Y}_{\mathrm{dmT}}(z)=0.26\tan\left[\frac{\pi}{4}\left(\frac{z}{H}\right)^{0.7}\right]$$

设置 TMD 的结构静风位移与无控结构的静风位移相同，不再重复。

根据上述计算过程，可得该钢结构在设置与未设置 TMD 作用下的各主要参数的计算结果，部分数据列入表 9.2 中。

表9.2 有控、无控结构顶部的风振反应

项目	原结构	设置 TMD（$\mu_{\mathrm{Ti}}=0.03$）
静风位移 $Y_{\mathrm{s}}(H)$ /m	0.83	0.83
脉动增大系数 ξ_1	3.2	1.95
脉动风位移 $\overline{Y}_{\mathrm{dm}}(H)$ /m	0.43	0.26（控制效果40%）
总风位移 $Y_{\mathrm{dm}}(H)$ /m	1.26	1.09
$Y_{\mathrm{dm}}(H)/H$	1/238	1/275
风振加速度 $\ddot{Y}_{\mathrm{dm}}(H)$ /（m·s^{-2}）	0.17	0.1（控制效果40%）

注：控制效果指脉动风位移或风加速度 $\left[\left(|\text{有控}|-|\text{无控}|\right)/|\text{无控}|\right]\times100\%$。

为了便于工程应用，在高耸结构设计规范中对高耸结构荷载风振系数作了如下简化：

$$\beta_{\mathrm{p}}(z)=1+\xi_1\varepsilon_1\varepsilon_2$$

式中，ε_1 为脉动增大系数，列于表 9.3 中；ε_1 为考虑到风压脉动和风压高度变化的影响系数；ε_2 为考虑振型和结构外形的影响系数。上式的计算结果与准确解十分接近，其精确度满足工程要求。ε_1 和 ε_2 列于表 9.4 和表 9.5 中。

表9.3 脉动增大系数 ξ_1

$w_0 T^2$/（kN·s^2/m）	结构类型		
	无维护钢结构	有维护钢结构	混凝土结构
0.01	1.47	1.26	1.11
0.02	1.57	1.32	1.14
0.04	1.69	1.39	1.17
0.06	1.77	1.44	1.19
0.08	1.83	1.47	1.21
0.10	1.88	1.50	1.23
0.20	2.04	1.61	1.28

$w_0 T^2 / (\text{kN·s}^2/\text{m})$	结 构 类 型		
	无维护钢结构	有维护钢结构	混凝土结构
0.40	2.24	1.74	1.34
0.60	2.38	1.81	1.38
0.80	2.46	1.88	1.42
1.00	2.53	1.93	1.44
2.00	2.80	2.10	1.54
4.00	3.09	2.30	1.65
6.00	3.28	2.43	1.72
8.00	3.42	2.52	1.77
10.0	3.54	2.60	1.82
20.0	3.91	2.85	1.96
30.0	4.14	3.10	2.06

表 9.4　考虑到风压脉动和风压高度变化的影响系数 ε_1

地面粗糙类别 \ 总高度 H/m	10	20	40	60	80	100	150	200	250	300	350	400	≥450
A	0.57	0.51	0.45	0.42	0.39	0.37	0.33	0.30	0.27	0.25	0.25	0.25	0.25
B	0.72	0.63	0.55	0.50	0.46	0.43	0.37	0.34	0.31	0.28	0.27	0.27	0.27
C	1.03	0.87	0.73	0.65	0.58	0.54	0.46	0.40	0.36	0.33	0.31	0.29	0.29
D	1.66	1.35	1.03	0.90	0.80	0.72	0.60	0.52	0.46	0.41	0.38	0.34	0.32

表 9.5　考虑振型和结构外形的影响系数 ε_2

Z/H		1	0.9	0.8	0.7	0.6	0.5	0.4	0.3	0.2	0.1
$\frac{B(H)}{B(0)}$	1.0	1.00	0.89~0.93	0.77~0.83	0.65~0.74	0.54~0.65	0.41~0.53	0.30~0.42	0.20~0.31	0.10~0.18	0.04~0.08
	0.5	0.88	0.81~0.86	0.73~0.82	0.63~0.75	0.51~0.65	0.40~0.54	0.30~0.44	0.19~0.31	0.09~0.27	0.03~0.07
	0.3	0.76	0.72~0.75 (0.79~0.82)	0.67~0.72 (0.75~0.81)	0.58~0.66 (0.68~0.77)	0.40~0.59 (0.58~0.70)	0.39~0.49 (0.45~0.57)	0.28~0.39 (0.32~0.44)	0.19~0.33	0.09~0.27	0.04~0.09
	0.2	0.66	0.62~0.64 (0.76~0.79)	0.58~0.60 (0.76~0.83)	0.53~0.61 (0.71~0.81)	0.52~0.63 (0.70~0.84)	0.38~0.49 (0.49~0.63)	0.29~0.40 (0.36~0.51)	0.19~0.30 (0.23~0.36)	0.11~0.22	0.05~0.18
	0.1	0.56	0.58~0.60 (0.84~0.87)	0.57~0.62 (0.94~1.02)	0.53~0.60 (0.93~1.05)	0.48~0.58 (0.82~0.98)	0.41~0.52 (0.66~0.84)	0.32~0.45 (0.49~0.68)	0.24~0.37 (0.33~0.51)	0.11~0.19 (0.14~0.24)	0.08~0.20

注：表中有每一格中有两个值的，下面的值适用于直线变化的结构，上面的系数适用于凹线变化的结构。只有一个值的两者都适用。

9.6 桥梁结构风振控制

由于风作用和桥梁结构动力特性的复杂性，以及风和结构物之间的相互干涉作用，桥梁结构对风的反应非常复杂。近年来，桥梁结构的跨径越来越大、结构越来越轻柔、阻尼也越来越低，由于风引起的振动必须认真考虑。自 1940 年美国旧 Tacoma 桥因风致振动失稳倒塌以来，采取有效的措施来抑制大跨度桥梁结构的风振响应，并确保其在长期服役下的安全性、适用性及其耐久性具有重要的研究意义。在设计阶段，就应研究由风引起振动的可能性，并有必要通过事前研究确定相应对策。但是使抗风设计完全渗透于结构设计之中是很困难的，因此在结构施工和建成之后会产生不少风致振动问题。

9.6.1 风振控制措施分类

桥梁风致振动控制的措施主要有结构措施、气动措施和机械措施三种。气动措施以改善桥梁结构的气流特性从而减小激振外力的输入为目的，而机械措施则以减小桥梁结构整体或部分构件的振动反应输出为目的，但应注意的是，将这两种措施截然分开时不合适的，尤其是在振动反应输出反馈影响到空气力输入的，具有强烈自激特性的结构中，这两种措施的互相影响更加密切。结构措施是通过增加结构的总体刚度，改变结构的动力特性，提高桥梁的静、动力稳定性的措施。

由于造成桥梁风致振动的气动力都是空气绕过桥梁时发生相互作用而产生的，因此气动力与结构外形有着密切的联系。通过大量的风洞试验和工程实践，得出在不改变桥梁结构与使用性能的前提下，适当改变桥梁的外形或者增加一些导流装置，是减轻桥梁风致振动的有效措施。气动措施的原理是通过改变主梁、桥塔、吊杆或者拉索的几何形状或在其上安装附属构建来改变结构的气流特性从而减小激振外力的输入。出于经济、方便与美观的考虑，在主梁上安装一些气动措施，是振动控制研究的重点。

由于种种条件的限制，在实际应用中，不可能仅仅通过气动措施解决风致振动问题，常需要采用机械措施。机械措施是通过附加阻尼来提高桥梁的气动稳定性或降低风振响应的措施，机械措施主要分为如下几类：

(1)增加结构刚度方式，包括互相连接约束法、构件加劲法、中央扣拉索法。

(2)增加结构质量方式。

(3)增加结构阻尼方式。

阻尼器的分类方式可以按照是否调谐分为类，即调谐式阻尼器和非调谐式阻尼器两类。其中调谐式阻尼器包括调谐质量阻尼器(TMD)、调谐液体阻尼器(TLD)、调谐液柱式阻尼器(TLCD)；非调谐式阻尼器包括黏性剪切型阻尼器、油阻尼器、高阻尼橡胶阻尼器、磁流变阻尼器等。

机械措施还可以按照外界能量是否输入分为类，即主动控制、被动控制和半主动控制。其中主动控制需要施加外部能量，由激励器直接实时控制；被动控制不需输入外部能量；半主动控制通过输入能量控制被动控制的刚度、阻尼等动力参数，适应被控体动力特性变化。总体来说，目前应用较多的主要是被动控制。

结构措施是通过增加结构的总体刚度来提高桥梁的气动稳定性的措施。可以通过采用增加结构质量、中央扣和辅助索的方式增加结构的总体刚度。当结构抗风安全性无法满足时，可以通过增加结构的总体刚度来提高桥梁的气动稳定性，但是随着结构的自振频率增大，有可能对桥梁抗震性能造成一定的影响。

9.6.2 主梁

跨度日渐增大的桥梁已成为自振周期长、低阻尼、纤细易挠曲，对动力作用尤其是对风作用敏感的结构，风的作用常成为桥梁结构设计的控制因素，因此，主梁的基本断面应选择气动稳定性好的外形。经验表明，空气动力稳定性好的截面往往也是较为经济和美观的设计。

实践证明，由于风振现象的复杂性，即使选择气动稳定性良好的外形，也无法完全避免或消除所有的风振现象。可能发生于主梁的风振主要有涡激共振、弛振、颤振，应根据结构的具体特点采取相应的控制措施。

1. 提高颤振稳定性的措施

流线型断面具有良好的空气动力外形。对流线型断面，可以通过中央开槽，增设风嘴、分流板、导流板以及中央稳定板来进一步提高其颤振稳定性，如图 9.8 所示。研究表明，中央稳定板可以和其他措施共同使用，可以更有效地提高桥梁的颤振临界风速，如润扬南汊悬索桥就同时采用了分流板和中央稳定板的措施。

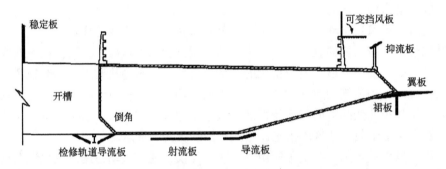

图 9.8　提高桥梁颤振稳定性的气动措施

2. 弛振的控制措施

钢连续梁桥和钢桥塔以及斜拉索有可能发生弛振。可以通过增加阻尼和改变气动外形来避免弛振的发生。如需要增加气动措施，则必须经过风洞试验详细研究。

3. 涡激共振的制振措施

对钢连续梁桥，一般可以采用增加阻尼的方法来降低或抑制涡激振动。对流线型断面，近年也观察到了涡激共振现象，可以增加导流装置来抑制涡振，但应通过风洞试验验证。

在桥梁基本断面满足抗风稳定性要求的前提下，可以选择调谐式阻尼器或其他方式的机械措施控制超过允许限度的限幅振动。

1) 调谐式阻尼器的最优参数、安装位置及约束条件

调谐式阻尼器的频率及阻尼比可按下列公式试算

$$\frac{\omega_0}{\omega_a} = 1 - \frac{\mu}{2} \tag{9.101}$$

$$\zeta_0 = \frac{1}{2}\sqrt{\mu} \tag{9.102}$$

式中，ω_0、ζ_0 分别为阻尼器圆频率(Hz)和阻尼比；ω_a 为桥梁受控振型圆频率(Hz)；μ 为阻尼器与结构受控振型的广义质量比，按下式计算：

$$\mu = \frac{m_0 \Phi_i^2(x_0)}{\int_0^L m(x)\Phi_i^2(x_0)\mathrm{d}x} \tag{9.103}$$

式中，L 为桥梁跨长或塔高(m)；m_0 为阻尼器质量(kg)；$m(x)$ 为桥梁单位长度质量(kg/m)；$\Phi_i(x)$ 为受控振型值；x_0 为阻尼器安装位置；$\Phi_i(x_0)$ 为阻尼器安装位置相应于 $\Phi_i(x)$ 的振型值。

阻尼器应尽可能安装在受控振型最大区域。使用弹簧、配重块、阻尼器作为基本元件的调谐质量阻尼器 TMD，应验算弹簧的静力强度、动力疲劳强度以及配重块允许位移及安装空间要求。

2) 调谐式阻尼器的基频及阻尼比

对弹簧、配重块、阻尼器元件构成的 TMD 系统，如图 9.4 所示，其频率与阻尼比可按下列公式计算：

$$f_0 = \frac{\omega_0}{2\pi} = \frac{1}{2\pi}\sqrt{\frac{K}{m_0}} \tag{9.104}$$

$$\zeta_0 = \frac{C}{2m_0\omega_0} \tag{9.105}$$

式中，K 为弹簧刚度系数(MPa)；m_0 为阻尼器质量(kg)；C 为阻尼器阻尼系数；f_0 为 TMD 系统的振动频率(Hz)；ζ_0 为 TMD 系统的阻尼比。

矩形水箱的 TLD(图 9.9)的频率和阻尼比可按下列公式计算：

$$f_{0n} = \frac{\omega_{0n}}{2\pi} = \frac{1}{2\pi}\sqrt{\frac{2n-1}{2\alpha}\pi g \tan h\left(\frac{2n-1}{2\alpha}\pi h\right)} \quad (n = 1,2,3,\cdots,n) \tag{9.106}$$

$$\zeta_{0n} = \frac{1}{\alpha\varepsilon}\frac{\sqrt{2}}{2}\frac{1}{2}\sqrt{\frac{\upsilon}{\omega_{0n}}}\left(1 + \frac{b}{2h} + S\right) \tag{9.107}$$

$$\varepsilon = \frac{h}{a}$$

式中，f_{0n} 为第 n 阶 TLD 频率(Hz)；ω_{0n} 为第 n 阶 TLD 圆率(Hz)；α 为 TLD 波动方向水箱长度(m)；h 为水深(m)；g 为重力加速度(m/s²)；ζ_{0n} 为第 n 阶频率阻尼比；υ 为液体黏性系数，对水取 $\upsilon = 0.01\text{cm}^2/\text{s}$；$b$ 为水箱宽度(m)；S 为表面损耗因子，一般可取为 1。

对调谐液体柱式阻尼器(TLCD)(图 9.10)，其基频和阻尼比可按下列公式计算：

$$f_{0n} = \frac{\omega_{0n}}{2\pi} = \frac{1}{2\pi}\sqrt{\frac{2g}{L}} \tag{9.108}$$

$$\zeta_{0n} = \frac{2Kx_0}{3\pi L} \tag{9.109}$$

式中，L 为液体柱长(m)；K 为格栅控制的压力损失系数，通过实验得到；x_0 为未控制的受控结构的最大位移(m)。

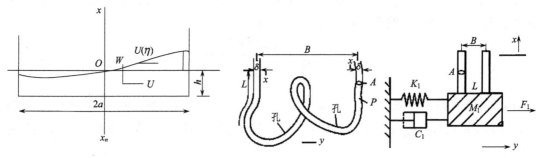

图 9.9　调谐液体阻尼器 TLD 的原理　　　　图 9.10　调谐液柱阻尼器 TLCD 的原理

9.6.3　桥塔和高墩

斜拉桥和悬索桥的主塔，特别钢桥塔，在建设过程和运营过程中都会发生振动，主要是涡激振和驰振。可以通过选择合适的截面形状和增加阻尼装置来抑制风振的发生，如采用合适的塔柱切角等方法。

当气动措施尚不能完全满足抗风要求时，可采用调谐式阻尼器 TMD、TLD、TLCD 或其他机械措施。驰振的控制比较容易，如调谐式阻尼器 TMD、TLD、TLCD 等。而涡激振由于激振风速低，主塔固有振动周期长，且在施工过程中动力特性不断变化，对振动控制方案提出了更高的要求，因而多采用 AMD 及悬挂式 TMD 控制装置。如日本的白鸟大桥在主塔架设时采用 AMD 控制，名港中央大桥的主塔在架设时其振动控制系统设计采用了控制方案以减少模型不精确的影响。国内也对黄山太平湖大桥索塔振动控制进行了 TMD 控制方案的研究。

9.6.4　拉索和吊杆

拉索是斜拉桥的重要结构构件，由于跨度日渐增大及高强钢丝的使用，拉索的长细比越来越大，自振频率则越来越小，拉索本身阻尼非常小，研究结果表明表面光滑的聚乙烯防护套以及水平偏角风(斜风)作用时拉索的轴向二次流的存在等原因致使拉索可能发生涡激共振、风雨振、参数激振，当两根拉索横向并列时，又有可能发生尾流马振。

斜拉索的振动类型主要由外部激励形式的不同和斜拉索自身的结构特性和力学性质决定的。可采取相应的控制措施来减少或者抑制拉索的振动。斜拉索减振措施包括气动控制、附加阻尼器、施加辅助索等措施。

1. 气动措施

气动减振措施是通过改变斜拉索的外形来破坏拉索表面水线的形成，并阻止旋涡的规则脱落，对风雨激振和涡激共振都十分有效。

可以采用的制振气动措施有：

(1)附加凸起方式，包括平行矩形凸起，螺旋卷缠凸起。研究表明，螺旋线对斜拉索的风雨激振有较好的抑制效果。

(2)表面加工方式,包括沿拉索轴向切削的 V 形或 U 形沟,沿拉索周围切削的环状沟,表面凸粒或凹点。

(3)断面形状改变方式,包括八角形断面,扭转的六角形断面。

如图 9.11 所示,我国的南京长江二桥采用了在拉索表面缠绕螺旋线;日本的多多罗大桥则采用了在斜拉索外部套管上压制凹槽;日本的东大阪斜拉桥则直接采用带纵肋的拉索。气动减振措施对于斜拉索的涡激振动和风雨激振都有非常好的控制效果。例如风雨激振,气动控制的目的在于阻止雨滴在拉索表面汇集形成雨流,从而削弱风雨振动。但是由于目前气动措施理论依据不够充足,其减振机理也不完全清楚,因此气动减振措施都需要在进行试验试证和仿真分析之后才能应用于实际工程中。否则有可能改变拉索本身阻力效应从而产生更剧烈的振动。

(a) 缠绕螺旋线

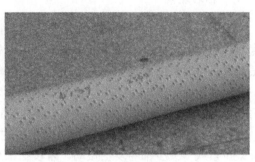
(b) 刻制不规则凹坑

图 9.11   拉索风雨激振控制的有效气动措施

2. 阻尼器

控制拉索风致振动的措施有多种方式,但考虑到风致振动现象的复杂性,桥梁景观的要求以及采取某些措施后可能带来的副效应(如表面凸起的拉索会增大作用于桥梁的横向风荷载)等原因,一般应首选安装阻尼器的方式。

这种控制措施主要技术手段是在斜拉索索端增加阻尼器,从而提高斜拉索的模态阻尼,附加阻尼器能够使斜拉索各种类型的振动得到有效控制。试验研究表明增大斜拉索的模态阻尼可有效降低拉索风雨激振的振幅。实际工程中采用索端阻尼器的形式多种多样,其中常见的包括橡胶阻尼器、磁流变阻尼器、油压式阻尼器、摩擦型阻尼器、黏性剪切型阻尼器等,图 9.12 为设置磁流变阻尼器的拉索。但是实际工程中索端阻尼器受到安装条件的限制和结构美观的要求,索端阻尼器只能设置在斜拉索与桥面板锚固端附近。

研究表明设置索端阻尼器的制振效果与阻尼器距斜拉索索端距离与拉索长度之比 L_d 有关,L_d 值越大则制振效果越好。但是由于斜拉索受力要求,同时为了不影响桥梁美观,L_d 的取值范围受到限制。对于长度较短的斜拉索,L_d 的取值可达到 5%,制振效果较好。但是对于较长的索,L_d 值受到极大的限制,以致阻尼器无法有效地控制斜拉索的振动,从而失去被动控制的效果。

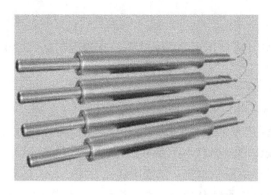

图 9.12　设置磁流变阻尼器的拉索

3. 辅助缆索

随着斜拉桥的快速发展，斜拉桥跨度不断增加，同时增加了超长斜拉索振动控制的难度。传统意义上的气动控制措施和附加阻尼器措施有时并不能满足大跨斜拉桥上拉索的减振要求，这时辅助索减振措施就成为大跨度斜拉桥中超长斜拉索减振的主要措施。

辅助索减振措施指使用起辅助作用的拉索构件将斜拉索横向联系起来，形成一个新的索网体系。具体分析辅助索的减振效果，可以分为以下 3 类。

(1)质量效果：辅助缆索将拉索连接后，拉索将再不能单独振动，而变得不论何阶振型，每根拉索或多或少都会发生振动，若仅在部分拉索作用动态空气力或自激振动力，由于辅助缆索的连接，相对质量变大(意味着相对外力变小)，即可抑制振动。

(2)阻尼效果：当辅助缆索和拉索的连接非常牢固时，辅助缆索中会产生很大的力和应变，由于滞回能量的耗散，拉索—辅助缆索体系的阻尼可以提高，这一点已在实桥上得到验证。但应注意辅助缆索的材料、拉伸刚度、配置形式、振型将会影响到阻尼值的大小。

(3)频率效果：辅助缆索可以增加拉索面内刚度，并可主要使低阶频率提高，但仅用一根辅助缆索时频率的增大效果并不明显。

少数的辅助索并不能使频率有很大的提高，即使有提高，若不涉及涡激共振，风雨振时固有频率的提高带来的制振效果并不明确，这是因为根据以往的实例，风雨振的频率大体都在 3Hz 以下，将长拉索的最低阶频率提高到 3Hz 以上并非不可能，但从增加太多的辅助索上来看并非现实的好方法。

辅助索要受到很大的力，这意味着辅助索和拉索的连接部有很大的力，因而应充分注意辅助索本身的疲劳强度，并应注意连接不得松弛，不得损伤 PE 管。

当拉索完全互相独立时，并列拉索尾流引起的振动集中风下流侧的拉索上，其轨迹呈面内直线或长椭圆形。

两根拉索用抗风联结器相连后的制振效果尚未成定论。联结器和拉索铰接时，微幅振动的情况下，联结器的设置并未引起动力特性的变化，若不在联结器中装入高阻尼的机耕时，制振效果不明显。当振幅达到拉索直径的程度，则可以通过联结器产生和风上流侧拉索的耦合，但由此产生的质量效果，气流变化带来的激振力变化尚不明了，日本的岩黑岛桥、拒石岛桥、呼子大桥虽使用了联结器，同时也用辅助缆索将拉索相连，因此应该认为对尾流驰振起抵制作用的是辅助缆索，而不是联结器。

三根以上平行拉索的联结器形成了空间桁架结构，联结器的设置可使拉索的振动分成两种类型：一是拉索体系的振动，二是次生跨度拉索的振动，由于质量效果和气动效果的互相配合不会再出现由尾流引起的整体扭转振动。可以完全防止下流侧拉索的风振。而次生跨度内的拉索尾流振动可增加联结器的数量将振动控制在微小振幅的范围之内。

　　日本志摩丸山桥在三根平行拉索中使用了联结器，在长度54m的拉索中几乎等间距地布置了两个联结器，有效地抑制了振动，但联结器的间距对制振效果的影响因研究尚少，未成定论。

　　联结器和拉索的连接可分为铰接(岩黑岛等桥)和刚接(志摩丸山桥)，刚接时必须考虑不得损伤拉索的PE防护管，还必须注意联结器中相当大原应力产生的疲劳问题。

　　辅助索减振措施对斜拉索的线性内部共振和参数振动的减振十分有效，同时对斜拉索的涡激振动、风雨激振和尾流驰振等同样能起到良好的抑制作用。目前辅助索减振措施已经在国内外多座斜拉桥中得到运用，例如日本的呼子斜拉桥及岩黑岛桥、法国的诺曼底斜拉桥(图9.13)、丹麦的法岛桥和南桥、挪威的海格兰德大桥等，这些实际工程表明了辅助索减振措施的制振效果是十分明显的。

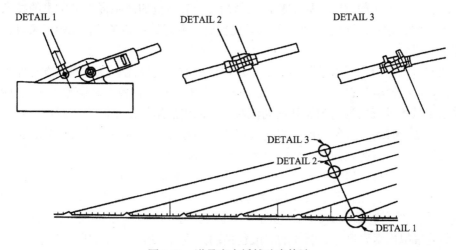

图9.13　诺曼底大桥辅助索构造

　　虽然辅助索减振措施在实际工程应用中取得了较好的减振效果，但是对其减振机理的研究尚处在探索阶段。国内外各项工程实践表明，辅助索的设计不当会造成斜拉索套管以及连接件的损坏。此外，由于安装了辅助索之后主索的内力会重新分配，可能会给桥梁结构安全带来隐患。

思考与练习

9-1　结构风振控制的类型有哪几种?原理是什么?

9-2　被动控制有哪几种算法?

9-3　结构最优控制力和哪些因素有关?

9-4　高层建筑和桥梁结构的风振控制措施有哪几种?

第10章 风洞试验

10.1 概　　述

风洞(Wind Tunnel)是能人工产生和控制气流，并可量测气流对物体的作用以及观察物理现象的一种管道状试验设备。风洞试验，是依据运动的相对性原理，将试验原型同比缩小的模型固定在风洞中，人为制造气流流过，获取各测试点的试验数据，并以此寻找出工程问题的解决方案。

1871 年，英国人 Frank H. Wenham 建造了世界上第一座风洞，尽管这个风洞的构造还十分简陋，试验段截面仅有 45cm×45cm，但却极大地改变了空气动力学的研究手段。1901年，美国的莱特兄弟利用简易木箱制成了风速可达 11～15m/s 的风洞，并在其中对 200 多个翼型进行了上千次的对比吹风试验，从而为第一架飞机的研制提供了宝贵的技术资料。风洞自 19 世纪后期问世以后，为风效应研究创造了良好的试验条件，开始了风对建筑物的破坏作用的研究。

早期的风洞出于飞行器试验的考虑，往往注重对试验段流场均匀性和方向性的要求，试验段较短。尽管早在 20 世纪 30 年代，Bailey 在进行建筑物模型风洞测压研究时就发现，同一模型在试验段流场为均匀流和剪切流时，所测出的结果是不同的，后者与实测数据更为吻合，但在当时这一现象并没有引起人们的足够重视。直到 1940 年，Tacoma 大桥因失速颤振而倒塌，才引起人们对非航空领域气动力问题的关注。

用于建筑工程抗风研究的通常采用边界层风洞，即能人为产生和控制气流，模拟大气边界层流场特性的一种洞体状的试验设备。边界层风洞一般风速较低(风速范围 0～135m/s)，气流的马赫数 $Ma \leq 0.4$，忽略空气压缩。另外，试验段较长，可在试验段中加设必要的装置模拟出地表风速。洞体的组成包括动力段、扩散段、稳定段、收缩段、试验段、蜂窝器、阻尼网，如图 10.1 所示。动力驱动系统为直流调速器/交流变速器控制电动机驱动

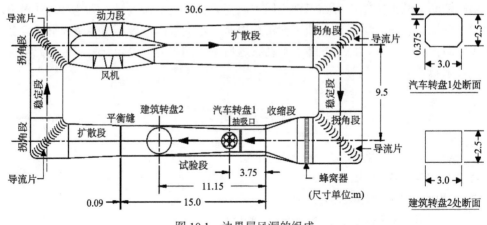

图 10.1　边界层风洞的组成

风。测控系统包括速压控制、α/β 机构控制、移测架控制、风压(速)测量系统等。国内近年兴建边界层风洞的单位有湖南大学(2004)、长安大学(2004)、大连理工大学(2006)、中国建筑科学研究院(2007)、西南交通大学(2007)、哈尔滨工业大学(2008)、石家庄铁道大学(2009)、浙江大学(2010)。对建筑物模型进行风洞试验，从根本上改变了传统的设计方法和规范，大型建筑物如大桥、电视塔、大型水坝、高层建筑群、大跨度屋盖等超限建筑和结构，我国结构风荷载规范建议进行风洞试验。

10.2 建筑工程风洞试验

建筑结构风洞试验是在试验室模拟大气边界层风环境和建筑结构的外形特征及动力特性，再现风对结构的作用过程，在试验室里考察实际结构的风效应，其基本原理如图 10.2 所示。

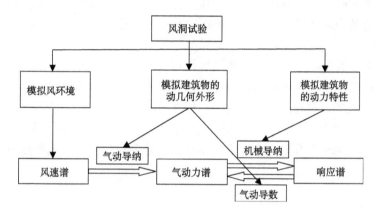

图 10.2 风洞试验基本原理

建筑工程风洞试验根据研究目的不同可按下列方法分类。

(1)风荷载试验，包括测压试验、测力试验、气动弹性试验等。

(2)风环境试验，包括行人高度风环境评估、建筑物自然通风环境试验等。

(3)特殊试验，包括地形模拟试验、流动显示试验、污染扩散模拟、积雪漂移试验、风雨共同作用试验、风浪共同作用试验等。

风洞试验要能正确再现结构风效应，应当做到以下几点。

(1)正确模拟风环境。在模拟大气边界层中进行的风洞试验，应按国家现行标准《建筑结构荷载规范》(GB 50009—2012)规定的地面粗糙度类别模拟平均风速剖面和湍流度剖面。对于需获得风振响应的试验，尚宜考虑湍流功率谱和积分尺度的相似性要求。当模拟的流场特性与要求的流场特性误差较大时，宜考虑对试验结果进行修正。处于特殊地形条件下的建筑工程风洞试验，其风场特性宜按实际情况进行模拟。风洞试验测试过程中，应保证模型区横向流场的均匀性。

(2)正确模拟建筑物的外形。建筑物的外形特征决定着风速谱将怎样被转化为作用在结构上的外加风力，即决定建筑的气动导纳。不仅如此，由于结构的响应将导致气动反馈问题，结构外形还将决定影响气动反馈作用的气动导数。

(3)对于气弹模型还需要正确模拟结构的动力特性。结构的动力特性决定了它的机械导纳，决定风力谱能否被正确地变换为结构的响应谱。

10.2.1　试验基本要求

1. 风洞

近些年来，国内兴建了一批不同尺度、不同形式的风洞，这些风洞的建设标准和性能都有较大差别，除了一些专门用于建筑工程研究的大气边界层风洞之外，还有一些由航空风洞改造而来的用于风工程研究的风洞。影响风洞性能的因素包含气动设计、控制系统及结构形式等，气动设计主要保证风洞的流场品质，控制系统主要解决风速闭环控制和转盘等附属设施信号的控制，结构形式有回流式、直流式，试验段有封闭式和开放式。

用于建筑工程试验的风洞设备，投入使用前应通过风洞的验收和流场校测。风洞验收时，设计施工方应向建设方提供完整的验收文件，应对风洞设备的各项参数是否满足合同要求、流场性能是否达到预定目标、风洞运行状态是否稳定良好等做出结论，并形成验收意见。

流场校测的目的是要保证流场性能指标达到预定要求，主要包括对气流稳定性、背景湍流度、轴向静压梯度、流场不均匀度等指标的测量。风洞标准规定，流场校测应在不高于 20m/s 的常用风速下进行，测试范围应以模型区的试验段截面中心为基准，取宽度与高度的 75%。空风洞时模型中心区的流场性能应满足：动压稳定系数不应大于 2.0%，湍流度不应大于 2.0%，轴向静压梯度不应大于 0.01/m，截面风速平均偏差系数不应大于 2.0%，点流向偏角不应大于 1.5°。

2. 测试设备

风洞测试设备包括流场测试设备、压力测试设备、测力设备和振动测量设备，包括皮托管、多孔探针、热线风速仪、超声波风速仪、PIV 及 PDPA、行人高度风速探头、机械式和电子式压力扫描阀、压力传感器、常规测力天平、高频动态天平、激光位移传感器、加速度传感器、应变仪、非接触式光学测量仪器等。商业产品化的风洞试验设备应具有合格证书和检验证书，自主研发的风洞试验设备应满足测试精度的要求，并规定了定期校准、日常检查维护、定期保养、测试设备的量程和精度、频率响应特性等对试验测试仪器的各项具体要求。

3. 标准模型

建筑工程的风洞试验是一类较为复杂的模拟试验，涉及测量设备、试验方案、流场模拟、数据处理等很多环节，任何一个环节出现问题都会导致试验结果不可靠。但是除了测量设备等环节可以通过硬性的指标做出规定，使其能够满足风洞试验需要之外，其他环节较难通过定量指标进行考察。因此，有必要将风洞试验的测量和数据处理系统作为一个整体，考虑其测试结果的可靠性，通过标准模型的测试来进行检验是一种可行的办法。

《建筑工程风洞试验方法标准》(JGJ/T 338—2014)给出了两类典型建筑结构的标准模型测试方法和测试结果，用于检验风洞试验系统的可靠性。

1) 高层建筑标准模型

CAARC 模型是典型高层建筑的标准模型。该模型是 1969 年 Wardlaw 和 Moss 在联邦航空咨询委员会(Commonwealth Aeronautical Advisory Research Council，CAARC)协调人会议上提出的标准试验模型。该模型自提出以来，已经在多个风洞试验进行了风洞试验和数据比对，并形成了较为统一的试验标准和标准结果。

高层建筑模型应为表面平整，无任何附属物的矩形柱体，其全尺度尺寸可取为 45.72m×30.48m×182.88m(长×宽×高)(图 10.3)。风洞试验的几何缩尺比可取为 1：300，测压点应按图 10.3 位置进行布置。

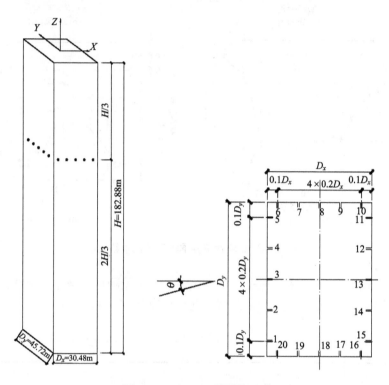

图 10.3　CAARC 模型的尺寸

应采用刚性模型测压试验测量高层建筑标准模型的表面风压分布，地貌类别应取为 C 类，测试风向角应为 0°～90°，风向角间隔不应大于 15°。

测压试验得到的体型系数允许偏差范围应符合图 10.4 的规定。

2) 低矮建筑标准模型

TTU 模型则是典型低矮房屋的标准模型。20 世纪 90 年代由美国得克萨斯理工大学(Texas Tech University)在空旷场地建造了一个外形尺寸为 30ft×45ft×13ft 的足尺低矮建筑，并对其进行了长期的风压观测。国际上很多风洞试验室基于该标准模型的实测结果，制作缩尺模型进行了大量的研究工作。而 TTU 模型也成为目前较为权威的一种评估建筑风洞模拟技术的标准模型。

低矮建筑标准模型应为无悬挑的平屋面房屋，其全尺度尺寸可取为 32.0m×90.0m×18.0m(宽×长×高)，如图 10.5 所示。风洞试验的几何缩尺比可取为 1：100，屋面上的测

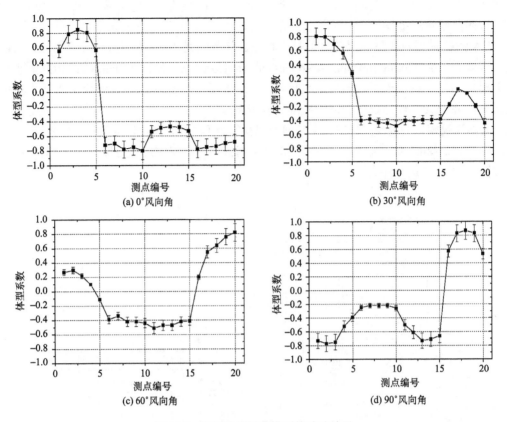

图 10.4 高层建筑标准模型的试验结果

压点应按图 10.5 位置进行布置。应采用刚性模型测压试验测量低矮建筑标准模型的表面风压分布，地貌类别应取为 B 类地貌，测试风向角可取为 0°、45°和 90°。

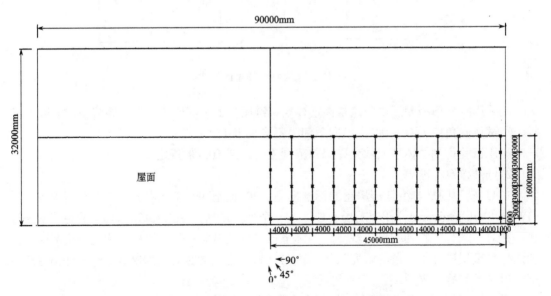

图 10.5 低矮建筑标准模型的测点布置与试验风向

10.2.2 风荷载试验

按照试验的目的和方式，风荷载试验可分为测压试验、测力试验、气动弹性试验等。测压和测力试验是测定作用于刚性模型或模型部件的表面压强分布及气动力，多用于为建筑设计提供气动特性参数。气动弹性试验要求模型除满足几何相似外还能模拟实物的结构刚度、质量分布和变形。

1. 测压试验

测压试验是通过测压计测得作用于刚性模型上风压力的试验，多用于评估围护结构上的风荷载，也可用于得到主体结构上的风荷载，可在此基础上通过建筑的风致响应分析来评价建筑的居住性能。风压测量系统示意图如图 10.6 所示。一般作用于建筑物模型上的风压力是由表面的测压孔经测压管到达测压计获得，测量得到的数值与参考静压之差即为风压值。

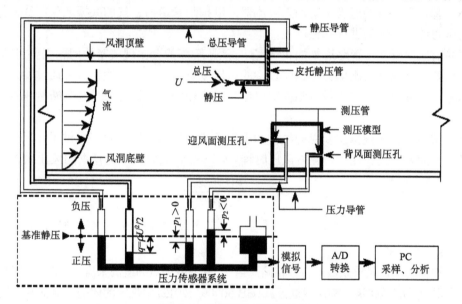

图 10.6　风压测量系统示意图

一般来说，结构表面的风荷载受以下几个因素影响：

(1)来流风的特性，包括平均风速、湍流强度、脉动风功率谱和湍流积分尺度等；

(2)气流在结构表面分离产生的特征湍流，这与结构的外形密切相关；

(3)结构与气流的气动弹性效应。

刚性模型测压风洞试验可以考虑第(1)和(2)种因素的影响，但由于没有模拟结构的动力特性，无法考虑气动弹性效应。因此，刚性模型测压风洞试验的模型及其在风洞中的固定应有足够的刚度，以保证试验模型不出现明显的变形和振动。一般采用的模型材料包括有机玻璃、塑料、木材等，以保证试验过程中不发生显著振动。

刚性模型测压风洞试验通过在试验模型表面布置足够多测点，采用风压扫描设备测得建筑表面风压的时空分布规律。在计算结构的整体荷载时，常采用积分的方式，每个测点的风压通过所属面积进行加权。为确保积分计算整体荷载的精度，必须保证测点足够密集。

而为了反映风压的局部特性以供围护结构设计时参考，在风压变化剧烈的位置（如墙角、屋檐等），测点应适当加密，通常情况下单个测点所属面积控制在100m² 以内；对于风压空间分布较为均匀位置，单个测点所属面积可适当放宽。另外，当局部结构双面承受风压时（如屋顶的女儿墙、雨篷等），需要布置双面测点。两面测点应在位置上一一对应。

动态风压测量时，对脉动风压的测量精度有较高要求。脉动风压在测压管路中的传递会出现畸变，这种畸变随着测压管路长度的增加而增大。已有的研究结果表明，这种畸变对测压管路风压传递频响函数的高频部分影响较大。一般来说，当管路长度较小时，通过合理的方法进行修正；但当管路长度超过1.4m时，修正精度较低，因此一般要把测压管路长度控制在1.4m之内。管路修正常采用频域方法。首先，需要测得不同管长的测压管路的频响函数，包括幅值和相位差；其次，将风洞试验中的风压时域信号实测信号转换为频域信号；然后，采用频响函数对频域信号进行修正；最后，将修正后的频域信号转换为时域信号。对测压管路影响的处理方法有以下3种：①缩短测压管路的长度、增大内径，则影响减小；②在测压管的适当位置加入限流器，以抑制管道内空气的共振现象；③根据测压管路的压力传递特性来进行修正。

试验前应检查测压管路通气性和气密性。测压管路的会出现气密性问题主要包括两个：漏气和堵塞。这两种情况均会导致非真实的风压测量信号。气密性检查可通过输入已知的压力信号，并采用风压扫描设备测得输出信号，比较输入与输出信号来判断测压管路的气密性。

测压试验报告应根据主要受力结构和围护结构设计的不同需要，提供平均风压系数和极值风压。为方便设计使用，测得风压时程后，一般将其转换成无量纲的风压系数：

$$C_p(t) = \frac{p(t) - p_0}{0.5\rho U_r^2} \tag{10.1}$$

式中，$C_p(t)$ 为风压系数时程；$p(t)$ 为测量得到的风压时程；p_0 为来流静压；ρ 为空气密度；U_r 为参考高度风速。

U_r 的取值不同，风压系数也各不相同。当 U_r 取为各测点高度的来流风速时，平均风压系数与国家现行标准《建筑结构荷载规范》（GB 50009—2012）中规定的体型系数基本一致（这种情况下，体型系数等于同一受风面上所有测点平均风压系数的加权平均）。当 U_r 取其他值时，得出的平均风压系数将和体型系数差一个调整系数。为方便结构设计人员使用并且不致引起误解，试验报告必须明确说明所定义的平均风压系数和规范规定的体型系数之间的关系。

围护结构设计时，一般只考虑风压本身的脉动。因此风洞试验得到的极值风压经过一定转换可用于其风荷载取值参考。由于围护结构设计时不需考虑风压极值是否是在同一方向发生，因而取各种风向的包络值将较为明确直观。另外，围护结构设计时的风荷载标准值需要考虑建筑物内压，在试验报告中也需要对此有所说明。

为保证内压测量风洞试验获得的内部脉动风压系数和实际结构的值一致，确定试验模型的内部容积时，需要准确模拟内压的动力相似。

对于要测量内压的建筑，模型体积与实际体积的比值为

$$\frac{V_m}{V_f} = \left(\frac{L_m}{L_f}\right)^3 \left(\frac{U_f}{U_m}\right)^3 \tag{10.2}$$

式中，V_m、V_f 分别为模型体积、实际体积；L_m、L_f 分别为模型长度、实际长度；U_m、U_f 分别为模型风速、实际风速。

考虑到进行风洞试验时，U_f/U_m 常大于 1，则 V_m/V_f 要大于按照几何缩尺比确定的体积，因此，需将内部体积进行扩大。由于模型本身刚度和模型内部陈设会影响内压的脉动，因此在具体实施时，模型及扩容装置的材料刚度应尽可能高，模型与扩容装置之间的通道应尽可能大，且不宜从模型内部走管。

对结构进行风振计算时，结构表面风压的空间相关性对计算结果有很大的影响。当空间相关性较大时，结构响应较大；反之，则较小。因此，当数据需用于风振计算时，应保证单个整体结构上所有测点的风压数据同步采集，以使所测数据能反映不同位置处的空间相关性。

2. 测力试验

测力试验是为测得建筑物整体或其中一部分的风荷载而进行的试验，通过测力仪测得作用于模型整体上的风荷载(阻力、升力、倾覆弯矩等)。为了正确测得仅由风产生的荷载，试验模型采用不会产生振动的刚性模型。为了获得更广的测量频率范围，必须使测量模型的固有频率足够高，即必须提高模型的刚度，且减小重量。此外，在测量时结果容易受底板、风洞等振动的影响，因此要十分注意由此引发的噪声问题。为避免受底板及风洞等振动的影响，在设计模型基座时要采用刚度好、重量大的，有时也会根据情况不同使用一些隔振装置等。

对于很多高层建筑，第一阶的摆动振型可认为是随建筑高度线性变化的，因此基底弯矩和扭矩可用来表示风荷载广义力，通过基底高频天平测量的基底力和力矩的时程可得到广义力时程，从而可进一步得到高层结构的位移和加速度等响应。

用于动态测力试验的模型应选用质量轻、刚度大的材料制作，天平模型系统应有足够的刚度和较高的固有频率 f_{MB}，试验前应进行固有频率和模态阻尼比 ζ_{MB} 的测定，可以采用局部激振法进行测定。

试验模型的形心主轴宜与天平底座的主轴保持一致，当出现水平偏心或天平测量中心与模型底部高度不一致时，应对采集数据进行修正。

动态测力试验应根据天平模型系统和原型的固有频率进行滤波处理和数据修正。根据天平模型系统模态参数的测量识别结果，可确定试验测试信号的可用频率带宽 f_{MB}。在不做信号修正的情况下，有效频带不宜超过 0.3 倍的天平模型系统固有频率。如果在较准确识别天平模型的固有频率的情况下，采用式(10.3)给出的修正方法对试验得到的高频段气动力功率谱密度进行修正，则可以将有效频率宽度放宽到 0.5～0.8 倍的天平模型系统固有频率。

$$S_A(f) = S_{AT}(f) \Big/ \left| \tilde{H}(f) \right|^2 \tag{10.3}$$

式中，$S_{AT}(f)$ 为测量得到气动力的功率谱密度；$S_A(f)$ 为测量得到气动力的功率谱密度修正结果；$\left| \tilde{H}(f) \right|$ 为识别得到的天平模型系统的机械导纳函数。

$$\left|\tilde{H}(f)\right|^2 = \frac{1}{\left(1-\left(\dfrac{f}{\tilde{f}}\right)^2\right)^2 + \left(2\tilde{\zeta}\dfrac{f}{\tilde{f}}\right)^2} \qquad (10.4)$$

式中，$\tilde{f}$ 为天平模型系统固有频率；$\tilde{\zeta}$ 为阻尼比识别结果。

为保证高频天平试验测量气动力以及风振计算结果的可靠性，一般要求气动荷载的卓越频率和结构模型尺度的基阶固有频率处在有效频率带宽范围内。模型尺度的固有频率可利用缩尺比和风速比，通过相似变换由原型结构频率换算得到。在试验模型缩尺比确定前提下，模型尺度的结构固有频率只与风速比有关，风速比越小，模型尺度结构固有频率越大。若模型尺度结构固有频率超出了有效频率带宽时，可适当减小试验风速(增加风速比)达到降低模型尺度固有频率的目的。如果调整试验风速仍不能满足要求，说明有效频率带宽过小，应考虑重新调整方案制作模型。注意以上所述的修正方法仅适合于单模态修正情况，由于模型制作技术的局限和天平本身各个分量之间的耦合问题会出现多模态耦合情况，应采用多模态参数识别技术。

高频底座天平试验可用于计算基本振型接近直线的结构的风致响应。当高层建筑的基阶振型沿高度线性分布时，广义力和基底的气动弯矩成正比。高频底座天平试验即根据这一原理，通过测量模型基底弯矩估算结构的风振响应。因此这类试验主要适用于基本振型接近直线的结构。当结构基阶振型与直线形状差异较大或者高阶振型不可忽略时，不宜采用高频底座天平试验计算结构的风致响应。

对于水平风力，若结构振型为 $\varphi_i = z_i/H$，则广义力为

$$P(t) = \sum_t \frac{1}{H} F_i(t) z_i = \frac{1}{H} M_A(t) \qquad (10.5)$$

对于扭转，其相应广义力可近似表示为

$$P(t) = 0.7 M_A(t) \qquad (10.6)$$

由上述公式可知，只要测出建筑模型的基底气动弯矩和扭矩前提下，就可以计算结构的风振响应。

3. 气动弹性模型试验

对气动弹性效应显著的重要结构，为了获得结构的风致动力响应及等效静力风荷载宜进行气动弹性模型试验。刚度和阻尼较大的结构，风致振动幅度较小，风和结构振动的耦合作用对结构响应的影响可忽略不计。对这类结构一般不需要进行气动弹性模型风洞试验，可以将刚性模型试验获得的风力施加到结构有限元模型上进行随机振动计算，获得结构的风致动力响应及等效静力风荷载。刚度和阻尼均较小的结构，风致振动幅度较大，风和结构的耦合作用对结构响应的影响不可忽略。如高度超过 500m 的超高层建筑或高耸结构，或者长细比大于 10 的重要结构，风-结构耦合效应可能较强，忽略耦合效应对结构响应的估算可能产生较大影响，宜通过气动弹性模型试验评估风致动力响应和风荷载。

由于气动弹性模型风洞试验通常只观测结构上少数部位前几阶模态的风致振动位移或加速度响应，其产生的信息量不足以对主体结构和围护结构风荷载提供全面的评估，因此

通常需要与刚性模型的高频天平测力风洞试验或表面风压测量风洞试验结合使用。

气动弹性模型应考虑质量、刚度和阻尼比的相似性。气动弹性模型对原结构的模拟，除外形以外，还必须按模型相似律，对结构动力特性和相关流体流动特性进行模拟。对不同类型的结构，可根据结构特性对相似模拟要求进行一定的简化。对于高层建筑和高耸结构，在缩尺模型上模拟原结构的全部动力特性是非常困难的，可模拟对动力响应起控制作用的前几阶模态的广义质量、振型、固有频率和阻尼比。

气动弹性模型试验的风速应逐级增大，最大试验风速换算到原型不应小于设计基本风速。对于刚性模型风洞试验，风和结构的耦合效应可忽略不计，当雷诺数效应也可以忽略时，可以认为结构的风力系数与试验风速的大小无关，因此可以通过一个试验风速下的试验结果推算出多个风速下的风致响应及风荷载。对于气动弹性模型试验，风和结构的耦合效应不可忽略，而这一耦合效应的强度随试验风速和结构振动幅度的变化而变化，不能从一个试验风速下的结果推算出其他风速下的结果，必须在可能出现的风速范围中进行多级风速试验。

气动弹性模型试验的结果应当按照相似律换算到原型，并给出结构的实际响应值。气动弹性模型通常是缩尺试验，风荷载和风振响应有不同的相似比。因而应当将试验时的风速和试验结果按照相似关系换算到原型，以便工程应用。

气动弹性模型试验的数据采集，应在模型响应稳定后进行。气动弹性模型的稳定振动通常滞后于风速条件的改变。风洞试验中，试验风速调整后，要经过一段时间风速才会稳定，而结构在这一风速下的动力响应还要再经过一定的时间才会稳定，所以，在试验风速调整后，必须经过一段相对较长的稳定期，如30s后才能采集响应信号。

10.2.3 风环境试验

随着城市高层及高密度建筑的不断出现，城市空间构成变得非常复杂。在建筑周围行人可涉足的区域，由于建筑物产生的强风会给步行、行车带来困难，同时也会带来低层建筑物区域的风环境恶化，增加对周围建筑物的使用者和周围道路使用者的不舒适感，甚至会发生事故，因此行人风环境需引起重视。风环境试验是在建筑工程规划设计阶段进行，以研究某些建筑工程布局对其周围环境尤其是行人高度风环境影响的试验。

需要考虑行人高度风环境的情况包括：

(1)新建的大型商业或住宅区域，宜通过行人高度风环境试验研究建筑布局的合理性。

(2)既有的大型商业区或住宅区域内的新建建筑工程，应通过行人高度风环境试验评估其对既有建筑周边风环境的影响。

(3)绿色建筑和其他对行人风环境有较高要求的建筑工程，应对其周边行人高度风环境舒适度进行评价。

(4)对于某些设置了露天活动场地的建筑物，有时也需要评估其风环境。当这些露天活动场地高于地面高度时，其评估高度应以活动场地的标高为基准，参照地面行人高度风环境的相关规定执行。

1. 测试要求

评价新建建筑物对既有建筑风环境的影响时，应分别测量新建筑建成前后周边区域的风速分布以便比较。

进行风环境试验时，模拟区域应包括需要评估的范围和周边重要建筑。对于包含了整个区域的风环境试验，模拟区域应包括区域内的所有建筑物；而对于评估单体建筑的风环境试验，模拟区域的半径应大于建筑物典型尺度的 2 倍。典型尺度通常以建筑物近地面区域的水平尺度为基准，同时参考建筑物高度、与周边建筑的距离等多种因素综合确定。

风环境试验模型除应模拟建筑物的主要外部轮廓之外，尚应模拟对行人高度风环境影响较大的建筑物细部构件和地面植被、障碍物等。与风荷载试验不同，建筑物的某些细部构造可能对风环境有较大影响，比如主要行人出入口的顶棚尺寸、高度等。另外地面植被和障碍物也对近地面的风速风向有较明显的影响。因而在进行风环境试验时，应当对这些细节进行模拟。

在风环境的物理风洞试验或者数值风洞模拟时，通常是挑选部分位置作为样本点计算其舒适度水平，并以此为依据给出风环境的整体评价。因此样本点的适当选取对评估结论有重要影响。为了反映风环境的基本特点，样本点应当具有一定密度，并且包括建筑主要出/入口、室外开阔区域、公园、广场、人行道以及对行人高度处风速有专门要求的活动场所。建筑物的典型尺度通常以其近地面区域的水平尺度为基准，同时参考建筑物高度、与周边建筑的距离等多种因素综合确定。

根据实际的建筑布局以及估计的风速分布特点，样本点的密度可以有所区别。其中主要的风速测点应布置在风环境问题可能比较突出的地方，比如建筑角部附近、狭长的巷道、建筑主要出入口处、拟建位置如室外座位、游泳池或旅馆等区域，风速测点密度略大，样本点间距一般不超过 15m，而在空旷的公园、广场等区域，可适当降低样本点的密度。

在高度方向上，我国普遍人口高度范围确定行人高度一般为 1.5～2.0m，而人体头部是感受风速最敏感区域，风速测试高度通常取为距离人体站立地面为 1.5～2.0m。考虑到操作的方便性，将测试高度统一规定为 2.0m 高度。在物理风洞试验中，需根据测试模型的缩尺比将 2.0m 高度换算为探头离地面的高度。

风向对于风环境有显著影响，因此试验应包含各种不同风向的工况。一般情况下，试验测试结果要结合气象数据资料，因此多采用 16 个风向角进行测试（风向角间隔为 22.5°），且各风向角的实际方位与气象数据的方位角对应。据此本条规定测试的风向角不宜少于 16 个。以下几种风向应予重点关注：①考虑建筑物区域内年发生频率高的风向；②发生频率低但容易发生较大风速的风向；③易对建筑物产生明显影响的风向；④由于周边建筑的关系，对风环境评估区域会产生明显影响的风向。

风环境的物理风洞试验中，探头距离地面或屋面的实际测试高度一般在数毫米，十分贴近风洞底盘或建筑表面，测试前又很难确定具体风向，因此风环境试验宜采用无方向敏感性的风速传感器进行测量。当采用其他方向性敏感的设备进行测量时，应预先判断风的流向，并调整测试探头的主轴与所确定主流方向一致。常用的无方向敏感性的风速传感器为欧文风速探头等，方向性敏感的风速传感器为热线风速仪、热膜风速仪等。

2. 风环境评估方法和要求

在不同区域人对大风的耐受性是有区别的，出入口、人行道和休闲区域人们对风速的要求会有所不同。因此建筑物的风环境应根据建筑功能适应其不同的舒适度要求。

新建建筑不应对既有建筑的风环境舒适度造成明显的不利影响。新建建筑建成后，应当保证既有建筑周边的风环境舒适度不会明显恶化。一般来说，新建建筑建成后，原风速较高的区域风速增加幅度不应超过20%；而考虑到室外通风舒适度的需要，原风速较低的区域风速降低幅度也不应超过40%。

风环境舒适度可采用平均风速比作为评价指标，平均风速比应按下式计算：

$$R = V_r/V_0 \tag{10.7}$$

式中，V_r为样本点的平均风速；V_0为当地标准地貌10m高度处的平均风速。

这里的平均风速比，比较基准是对应气象站标准地貌下的10m高度处风速，便于根据气象资料进行概率分析。

行人高度风环境的舒适度是一个较为主观的概念。通常采用反向指标来定义它，即根据设计用途、人的活动方式、不舒适的程度，结合当地的风气象资料，判断大风天气的发生频率。如果发生频率过高，则认为该区域的不舒适性是不可接受的。界定可接受的发生频率就是通常所说的"舒适性评估准则"。行人活动区域的平均风速比不宜小于0.2，且高风速的发生频率应满足舒适度评估准则的要求。评估准则可按表10.1的要求执行。

表 10.1 舒适度评估准则

品质分级	活动性	适用区域	相对舒适性		
			舒适	不舒适	危险
I	长时站立/坐	室外餐厅	4.4m/s	6.7m/s	19.0m/s
II	短时站立/坐	广场	6.7m/s	9.4m/s	19.0m/s
III	慢步	公园	9.4m/s	11.3m/s	19.0m/s
IV	快步	人行道	11.3m/s	15.5m/s	19.0m/s
发生频率			<1 次/周	<1 次/月	<1 次/年

如何评估风环境对行人的影响，到目前为止并没有一致的标准。但原则上，无论采用何种评估方法，都应当明确：①适当的行人舒适性风速分级标准；②各级风速标准的容许发生频率。

表10.1是参考Davenport提出的风环境舒适度标准给出的评估准则。表中的相对舒适性分为三个等级：危险、不舒适和舒适。风速阈值有6挡：4.4m/s、6.7m/s、9.4m/s、11.3m/s、15.5m/s和19.0m/s，分别对应蒲福风级的3~8级风。不同的活动性、适用区域对于风环境的要求各不相同。当特定区域同时满足表10.1中相对舒适性的3项条件时，则可认为该区域作为特定功能使用时满足风环境舒适度要求。

对于可能对行人活动造成危险的区域，在条件具备的情况下宜采用综合考虑平均风速和阵风效应的特征风速作为评价指标。出于对试验和模拟技术要求和便于应用的考虑，规范采用平均风速比评估风环境舒适度。但是阵风效应对风环境也有一定影响，尤其是可能对行人活动造成危险的区域，瞬时阵性大风的作用可能更为突出。若物理风洞试验采用的测试设备或者数值风洞模拟采用的计算方法可较为准确地得出脉动风速值，在评估风环境舒适度(尤其是危险性)时，宜采用综合考虑平均风速和阵风效应的特征风速作为评价指标。

例如可将特征风速定义为

$$\tilde{U} = \max(\overline{U}, \hat{U}/1.85) \tag{10.8}$$

式中，$\overline{U}$ 为平均风速(m/s)；$\hat{U}$ 为阵风风速(m/s)。

即以平均风速 $\overline{U}$ 与阵风等效风速 $\hat{U}/1.85$ 的较大值作为评价指标来进行评价。其中阵风风速 $\hat{U}$ 可用下式计算：

$$\hat{U} = \overline{U} + g_t \sigma \tag{10.9}$$

式中，σ 为脉动风速 u' 的均方根(m/s)；g_t 为峰值因子，一般取 1.0～4.0，为反映高湍流风场中阵风的影响参数，可取为 3.5。

风环境舒适度与风速、风向密切相关，一般情况下都应当结合当地的气象资料对舒适度进行评估。当缺乏气象统计资料时，可采用简化方法评价行人风环境舒适度，所有样本点的平均风速比不宜大于 1.2，且不宜小于 0.2。

10.2.4 特殊试验

以上是一些典型风洞试验类型，还存在一些针对特殊目的或使用特殊试验手段的试验类型。

1. 地形模拟试验

对于建筑场地及周边存在体量较大的山体，或者场地周边地形复杂时，宜进行地形模拟试验。模型采用泡沫挤塑板等材料分层叠加而成，每层的形状根据等高线切割成型，根据测量要求在模型上布置测点，测量各点的风速。试验应符合下列规定：

(1) 模拟区域半径不应小于 2km，模型比例一般为 1/500～1/2000，不宜小于 1/2000；
(2) 应在模拟大气边界层风场中进行；
(3) 应测量场地内一定高度范围的风速，并应明确其风向。

2. 流动显示试验

流动显示试验是在力求不改变流体运动性质的前提下，用图像显示流体运动的方法。可采用丝线法、烟线法和 PIV 粒子图像法等物理风洞试验技术，或者采用数值风洞模拟方法。试验应能定性或定量反映流场的流动轨迹、速度场等流动信息。其任务是使流体不可见的流动特征，成为可见的。流动显示方法有示踪法、光学方法和表面涂料显迹法。流动显示技术目前发展相当快，特别是与计算机图像处理技术相结合，使传统的流动显示方法得到很大的改进，计算机数据的采集与处理，可对显示结果进行深度的加工分析，以获得更清晰的流动图像，以及有关流动参数的分布，多种流动显示方法的联合使用，又可得到更丰富的流动信息。

3. 污染扩散模拟试验

污染扩散模拟试验属于大气环境模拟风洞试验类型，运用相似原理模拟大气边界层气象条件，研究边界层动力学和热力学特性及其变化规律，研究大气中扩散物的扩散、迁移规律以及地形和热力条件对它的影响。这时，风洞中常需设置一定地形特征、热力条件及烟气示踪物等。污染扩散试验应满足几何和动力相似准则，雷诺数不小于 10^4。

4. 积雪漂移试验

积雪漂移试验是在风洞中重现风雪运动的试验，以预测雪粒运动的状况。可采用碳酸氢钠(小苏打)、硅砂等粒子来模拟雪颗粒。由于积雪漂移试验的模拟涉及较多的相似关系，此类试验需根据不同的研究对象细致确定试验目的及方案，以保证试验符合真实情况。积雪漂移试验宜满足以下相似条件：

(1)风场相似；

(2)模型和原型雪介质颗粒的临界沉降速度和阈值剪切速度的比值相近。

5. 风雨共同作用试验

风雨共同作用试验是研究风和雨对于建筑物或构筑物联合作用的试验。已有研究表明狂风驱动暴雨对结构形成的强迫动力作用，特殊条件会极大恶化按无雨状态单纯脉动风的湍流效应，风雨和结构之间的动力耦合作用使原本已经十分复杂的气流与结构之间的耦合作用更加复杂。对于简单圆截面形体(诸如拉索等)，雨对结构表面形状改变而产生的气动力剧烈变化也将导致气动不稳定现象产生，由于风雨的两相耦合作用将使结构发生剧烈振动。目前风雨对结构共同作用研究主要关注斜拉桥拉索的风雨激振，而对于更多的无法直接观测到的风雨共同作用下的结构荷载和响应，特别是在强风极端荷载下的降雨效应对于结构影响的研究几乎处于空白状态。当降雨对结构风致振动产生较大影响时，宜进行风雨共同作用下的风洞试验。风雨共同作用风洞试验的喷淋设备应能模拟主要的降雨特性。

6. 风浪共同作用试验

风浪共同作用试验主要研究海洋平台工程或浮岛结构在风、浪联合作用下的运动及荷载等而进行的试验，试验不但要满足风场的特性相似，还需要模拟波浪的特性，因此往往在同时能吹风和造浪的试验室中进行。

风浪联合试验在水池中进行时，模型试验结果应考虑水的密度修正。试验应满足以下相似关系：

$$\left(\frac{U^2}{gL}\right)_m = \left(\frac{U^2}{gL}\right)_p \tag{10.10}$$

$$\left(\frac{fL}{U}\right)_m = \left(\frac{fL}{U}\right)_p \tag{10.11}$$

式中，U 为来流的平均速度(m/s)；L 为物体在垂直于平均流速的平面上投影特征尺寸(m)；g 为重力加速度(m/s²)；f 为涡脱落频率(Hz)；m 为模型取值；p 为原型取值。

10.3 桥梁结构风洞试验

10.3.1 试验基本要求

在确定风引起的桥梁响应时，通常可采用已有的理论分析和风洞模型试验等方法。但由于桥梁断面形状复杂多样，用纯理论分析方法求解作用在桥梁上的空气力及风致振动响应相当困难。风洞试验是目前采用最普遍、最有效的研究手段。通过精心设计的各种风洞试验，可以预测实桥的空气静力稳定性、动力稳定性以及是否有影响正常使用的风致振动现象等。

目前桥梁模型风洞试验分为静力三分力试验、节段模型试验、桥塔模型试验、全桥气动弹性模型试验。除此之外，近些年来又开发了一种拉条模型试验方法，但我国基本上还没有使用，故未将此方法列入本规范中。

桥梁风洞试验宜在大气边界层风洞中进行。

1. 风洞要求

桥梁模型应设置在风洞试验的有效试验区内，在沿风洞轴线方向长度的中心断面测量，空风洞应具备以下流场特性。

(1)在常用试验风速下，风速分布相对于平均风速的偏差不宜大于2%。

(2)气流方向与风洞轴线方向的夹角宜满足：俯仰角$|\alpha| \leqslant 0.5°$，偏航角$|\beta| \leqslant 1.0°$。

(3)在常用试验风速下，紊流强度宜小于2%。

(4)从风洞轴线方向模型长度的中心断面，风洞试验段的进口及出口方向各1m范围内，风速的轴向静压梯度不宜大于0.01MPa/m。

2. 风场模拟

近地自然风特性受到地理纬度、地形、温度、地面粗糙情况等多种因素的影响，为了保证桥梁风洞试验的准确性，应尽量获取桥位处的自然风特征进行模拟。当桥位处无风速观测资料时，可按以下原则进行风场模拟。

1)平均风速沿竖直方向的变化

$$V_{Z2} = \left(\frac{Z_2}{Z_1}\right)^2 V_{Z1} \tag{10.12}$$

式中，V_{Z2}为地面以上高度Z_2处的风速(m/s)；V_{Z1}为地面以上高度Z_1处的风速(m/s)；α为地表粗糙度系数，可按表10.2取值，容许偏差为±0.01。

表 10.2　地表分类

地表类别	地表状况	地表粗糙度系数α	粗糙高度z_0/m
A	海面、海岸、开阔水面、沙漠	0.12	0.01
B	田野、乡村、丛林、平坦开阔地及低层建筑物稀少地区	0.16	0.05
C	树木及低层建筑物等密集地区、中高层建筑物稀少地区、平缓的丘陵地	0.22	0.3
D	中高层建筑物密集地区、起伏较大的丘陵地	0.30	1.0

表10.2中地面粗糙高度z_0的定义为，按当地的地表粗糙类别α值及风速铅直方向分布的幂指数规律，由Z高度处的平均风速值$v(Z)$所求得的平均风速$v = 0$处的距地面高度。

2)脉动风功率谱密度函数

脉动风速的功率谱密度函数是紊流中各频率成分脉动分量(涡旋)的贡献大小的描述。许多研究者提出了用于结构设计的不同表达形式的脉动风功率谱的公式，由于我国目前尚未提出适于我国地形及气候特征的脉动风功率谱的实用公式，本规范采用风速水平方向及铅直方向的脉动风功率谱密度函数表达式，见式(10.13)和式(10.14)。

$$\frac{nS_u(n)}{u_*^2} = \frac{200f}{(1+50f)^{5/3}} \tag{10.13}$$

$$\frac{nS_w(n)}{u_*^2} = \frac{6f}{(1+4f)^2} \tag{10.14}$$

$$f = \frac{nZ}{v(Z)} \tag{10.15}$$

$$u_* = \frac{Kv(Z)}{\ln\frac{Z-z_d}{z_0}} \tag{10.16}$$

$$z_d = \bar{H} - z_0/K \tag{10.17}$$

式中，$S_u(n)$、$S_w(n)$分别为脉动风的水平顺风向及竖直方向的功率谱密度函数；n为风的脉动风速(Hz)；u_*为气流摩阻速度，也称剪切速度(m/s)；K为无量纲常数，$K \approx 0.4$；Z为地面或水面以上的高度(m)；$v(Z)$为高度Z处的平均风速(m/s)；$\bar{H}$为周围建筑物平均高度(m)；z_0为地面粗糙高度(m)，参见表10.2。

3)紊流强度

风的主流在水平方向的紊流强度I_u的平均值可按表10.3取值，与I_u垂直的水平及竖直方向的紊流强度I_v、I_w可分别取$I_v=0.88I_u$，$I_w=0.5I_u$。紊流强度的变化范围可为±30％。

表10.3　紊流强度 I_u

地表粗糙度类别 高度/m	A	B	C	D
10< Z≤20	0.14	0.17	0.25	0.29
20< Z≤30	0.13	0.16	0.23	0.29
30< Z≤40	0.12	0.15	0.21	0.28
40< Z≤50	0.12	0.15	0.20	0.26
50< Z≤70	0.11	0.14	0.18	0.24
70< Z≤100	0.11	0.13	0.17	0.22
100< Z≤150	0.10	0.12	0.16	0.19
150< Z≤200	0.10	0.12	0.15	0.18

4)紊流尺度

风的主流水平方向及与其垂直的水平方向的脉动风速u的紊流尺度可按表10.4取值。在现有风洞试验技术条件下，模拟紊流尺度困难较大，因此紊流尺度的模拟只作为风洞试验紊流场模拟的参考要求。

表 10.4　紊流尺度基准值

高度/m	紊流尺度/m	
	L_x^u	L_y^u
$Z \leqslant 10$	50	20
$10 < Z \leqslant 20$	70	30
$20 < Z \leqslant 30$	90	40
$30 < Z \leqslant 40$	100	50
$40 < Z \leqslant 50$	110	50
$50 < Z \leqslant 70$	120	60
$70 < Z \leqslant 100$	140	70
$100 < Z \leqslant 150$	160	80
$150 < Z \leqslant 200$	180	90

3. 模型要求

桥梁风洞试验模型应模拟桥梁结构构件的外部轮廓。模型的频率和阻尼比应模拟实际桥梁结构的主要模态频率和阻尼比。

表 10.5 所列出的桥梁风洞试验对模型的要求，系参考了国内外目前的桥梁风洞试验条件和水平，并基于以下考虑制订的：

(1)保证模型的几何外形、尺寸、刚度、质量及其分布等的必要模拟精度；

(2)避免产生风洞洞壁的干扰效应；

(3)避免模型对风洞阻塞度过大而带来的修正问题。

表 10.5　桥梁风洞试验的模型要求

试验种类 / 模型要求	静力三分力试验	主梁节段模型试验	桥塔模型试验	全桥气动弹性模型试验
模型要求	刚性模型		刚性或弹性模型	弹性模型
模型缩尺	不小于 1/100		不小于 1/300	桁架加劲梁桥不小于 1/100；箱型梁桥不小于 1/300
模型宽度/有效试验区高度	闭口试验段：≤0.4		(模型宽度指塔柱间隔)≤0.2	
	开口试验段：≤0.2			
模型高度/有效试验区高度			≤0.8	悬索桥、斜拉桥：≤0.9 其他桥：≤0.5
模型长度/有效试验区宽度				悬索桥、斜拉桥：≤0.9 其他桥：≤0.8
模型长度/模型宽度	闭口试验段：>2			
	开口试验段：>3			
风洞阻塞度	≤5%			

10.3.2 静力三分力试验

静力三分力试验是截取桥梁主梁(或桥塔、其他构件)的节段进行的,规范虽没有具体规定端板的大小或补偿模型的长度,但原则上应以保持结构绕流的二元流动特性为准。

静力三分力试验的模型与实桥间应满足几何外形相似,并在模型两端设置端板或补偿模型。设置端板时,应考虑作用在端板上及模型支撑装置上的气动力修正。设置补偿模型时,补偿模型与测力模型的间隔不宜大于1mm,且补偿模型应具有足够的长度,这时可只考虑测力模型支撑装置上的气动力修正。

主梁静力三分力试验的攻角变化范围宜为–10°~10°,攻角变化步长应取为1°。

主梁静力三分力试验可在均匀流场条件下进行,应选择两种不同风速进行试验,其目的是检验雷诺数对试验结果的影响,故在可能条件下应选用尽可能高的试验风速。

考虑到桥梁风荷载内力分析时使用体轴坐标系下的三分力系数较为方便,而进行抖振及驰振分析时使用风轴坐标系下的三分力系数较为方便,故提出了三分力试验结果应分别以体轴及风轴坐标系表示的要求。

10.3.3 节段模型试验

桥梁结构一般为柔长结构,在一个方向上有较大的尺度,而在其他两个方向则相对尺度较小。风对桥梁结构的作用近似得满足片条理论,可通过节段模型试验来研究桥梁结构的风致振动响应。节段模型试验是将桥梁的三维振动问题简化为二元问题的一种近似处理方法。

通过桥梁节段模型试验,可以测得桥梁断面的三分力系数、气动导数,为桥梁结构的抗风分析提供参数;同时通过节段模型试验对桥梁结构进行二自由度的颤振临界风速试验实测和涡激振动响应。在大跨度桥梁结构初步设计阶段一般都要通过节段模型试验来进行气动选型;对于一般大跨度桥梁结构也要通过节段模型试验来检验其气动性能,因此桥梁结构节段模型试验是十分重要的桥梁结构模型试验,也是应用最为广泛的风洞试验。

节段模型振动试验宜采用弹簧悬挂二元刚体节段模型装置,试验装置应保证主梁模型的二元流动特性。节段模型两端可设置二元端板。

模型与实桥间须满足几何外形相似及以下参数的一致性条件:

(1)弹性参数: $\dfrac{m}{\rho b^2}$, $\dfrac{I_m}{\rho b^4}$ 。

(2)惯性参数: $\dfrac{V}{f_b b}$, $\dfrac{V}{f_t b}$ 。

(3)阻尼参数: ζ_s 。

对于悬吊式桥梁,风致振动是按某些振型的组合模态的全桥振动。因此,当简化成只以主梁的振型近似研究全桥振动现象时,应该反映全桥的振动特性,即主梁节段模型的质量和质量惯性矩不应只是主梁自身的值,而应是全桥的等效值。对于所研究的振动模态,主梁的等效质量和等效质量惯性矩按以下公式取值:

$$m_{eq} = \frac{\int m\phi^2 dx}{\int_D \phi_h^2 dx}$$ (10.18)

$$I_{meq} = \frac{\int m\phi^2 dx}{\int_D \phi_\theta^2 dx}$$ (10.19)

式中，m_{eq}、I_{meq} 分别为等效质量、等效质量惯性矩；$\int m\phi^2 dx$ 为对于振型 $\phi(x)$ 的全桥广义质量；$\int_D \phi^2 dx$ 为振型 $\phi(x)$ 平方关于主梁的积分；ϕ_h、ϕ_θ 分别为对应于主梁的竖向弯曲及扭转的振型。

试验应根据测试目的分别在均匀流场和紊流场中进行。在紊流场中的试验宜满足紊流强度的相似条件。

应通过检验手段，确认试验条件符合以下要求：质量、质量惯性矩和频率偏差允许值为±3%；阻尼值偏差允许值为±10%。对主梁节段模型试验，依赖试验装置本身满足对阻尼值±10%的误差要求往往有难度，这时应通过附加阻尼器达到对阻尼值的误差要求。

主梁节段模型试验中，试验攻角宜在-3°～3°。有时模型会随试验风速增加而产生逐渐增大的附加静攻角，从而影响试验结果。应根据静力三分力试验值计算相应的静攻角，此静攻角与设定攻角之和为有效试验攻角，试验中超过有效试验攻角的附加静攻角应予调整扣除。

10.3.4 桥塔模型试验

桥塔模型试验可采用桥塔整体弹性模型或弹性支承刚体桥塔模型进行试验。当判断桥塔的风致振动以一阶弯曲振型为主时，可以采用弹性支承刚体桥塔模型进行试验，这时，桥塔的振动位移是线性的，需要按一阶弯曲振型的形状对振动响应进行修正。当判断桥塔的风致振动有多阶振型参与时，则须采用桥塔整体弹性模型进行试验。

模型与实桥间须满足几何外形相似及以下参数的一致性条件。

(1) 整体弹性模型：$\dfrac{\rho_s}{\rho}$，$\dfrac{EI}{\rho V^2 D^4}$，ζ_s。

(2) 弹性支承刚体模型：$\dfrac{I_t}{\rho D^5}$，$\dfrac{V}{f_b D}$，ζ_s。

式中，I_t 为桥塔绕塔底支承点的质量惯性矩（kg·m²）；D 为塔柱断面的特征尺寸（m）；ρ_s 为结构物重力密度（kg/m³）。

试验宜分别在均匀流场和紊流场中进行。应通过检验手段，确认试验条件符合以下要求：质量、质量惯性矩和刚度偏差允许值为±3%；频率偏差允许值为±5%。

10.3.5 全桥气动弹性模型试验

全桥气动弹性模型是研究大跨桥梁风致振动性能的重要手段。为确保气动弹性模型试验结果能真实反应实际桥梁结构在大气边界层的风振响应，模型与实桥间应满足几何外形相似及表10.6给出的基于模型几何缩尺 n 和风速比 m 的相似系数。

对于常压下的大气边界层风洞,满足黏性参数(雷诺数)的一致性条件几乎是不可能的。对于具有尖锐棱缘的钝体,由于流动的分离点几乎固定不变,忽略雷诺数相似将不会给试验结果带来明显误差。桥梁结构或构件具有流线形及圆形断面时,雷诺数的一致性条件则必须满足。可以用增大物体表面粗糙度的办法提高粗糙雷诺数以近似满足。

表 10.6　全桥气动弹性模型的相似系数

参数名称	相似系数	缩　尺　比	
		悬索桥全桥模型、斜拉桥全桥模型	梁式、拱式桥全桥模型
长度	$C_L = L_m/L_p$	$1/n$	$1/n$
时间	$C_t = t_m/t_p$	$1/\sqrt{n}$	m/n
风速	$C_U = U_m/U_p$	$1/\sqrt{n}$	$1/m$
频率	$C_f = f_m/f_p$	$\sqrt{n}$	n/m
密度	$C_\rho = \rho_m/\rho_p$	1	1
单位长度质量	$C_M = M_m/M_p$	$1/n^2$	$1/n^2$
单位长度质量惯性矩	$C_I = I_m/I_p$	$1/n^4$	$1/n^4$
张力	$C_H = H_m/H_p$	$1/n^3$	$1/n^3$
拉伸刚度	$C_{EF} = (EF)_m/(EF)_p$	$1/n^3$	$1/(m^2 n^2)$
弯曲刚度	$C_{EI} = (EI)_m/(EI)_p$	$1/n^5$	$1/(m^2 n^4)$
自由扭转刚度	$C_{GId} = (GI_d)_m/(GI_d)_p$	$1/n^5$	$1/(m^2 n^4)$
约束扭转刚度	$C_{EI\infty} = (EI_\infty)_m/(EI_\infty)_p$	$1/n^7$	$1/(m^2 n^6)$
结构阻尼(对数衰减率)	$C_\delta = \delta_m/\delta_p$	1	1

注:①相似系数下标 m 和 p 分别代表模型和实桥;②不考虑拉索的振动特性影响时可采用右栏;③m 值可在符合风洞条件的可能范围选取。

试验应分别在均匀流场及模拟自然风的紊流场中进行。地形复杂时应考虑地形影响或进行地形模拟。

应通过检验手段,确认偏差允许值符合以下要求:质量和质量惯性矩为±3%;刚度为±4%;频率为±5%;阻尼值为±30%。

试验攻角一般为0°。均匀流场或特殊地形试验时,如必要可考虑增加±3°。

10.4　风洞试验实例

10.4.1　高层建筑风洞试验

1. 基本介绍

珠江城商务写字楼高309m,建于广州市21世纪中央商务区珠江新城的核心区域,是该地区的标志性建筑之一,如图10.7所示,以下简称珠江城。

图 10.7 珠江城商务写字楼效果图

2. 试验简介

大比例尺模型实验能尽可能地减小气流雷诺数的影响，使实验结果更趋近于实际值。但对于比例尺建筑模型加之复杂周边要能达到阻塞度小于 5% 的实验要求，则要求风洞截面尺寸大，目前在国内甚至国际上能达到此要求的风洞实验室还较少。

"珠江城"商务写字楼项目 1：150 的大比例模型风洞试验是在中国空气动力研究与发展中心（China Aerodynamic Research & Development Center，CARDC）的低速风洞（8m×6m/12m×16m）进行。该风洞为开路式、闭口串列双试验段大型低速风洞，如图 10.8 所示，包括两个试验段，全长 237m，第一试验段的尺寸为 12m 宽、16m 高、25m 长；第二试验段尺寸为 8m 高、6m 宽、15m 长。本试验在第一试验段进行。地貌类型按国家《建筑结构荷载规范》（GB 50009—2012）中规定的 C 类地貌考虑，地貌粗糙度系数（指数律）$\alpha=0.22$。在试验之前，首先以二元尖塔、挡板及粗糙元来模拟 C 类地貌的风剖面及湍流度分布，如图 10.9 所示。风向角定义及基底反力符号如图 10.10 所示。本次风洞试验中，参考高度取为 2.064m（相对实际建筑高度为 309.6m），参考点的风速为 10m/s。

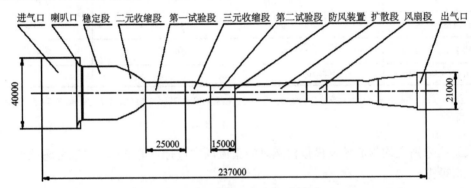

图 10.8 CARDC 低速风洞示意图（单位：mm）

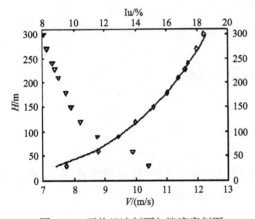

图 10.9 平均风速剖面与湍流度剖面

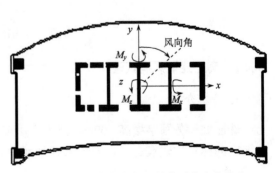

图 10.10 风向角定义及基底反力方向定义

"珠江城"商务写字楼项目试验模型是用有 ABS 板制成的刚体模型，具有足够的强度和刚度。模型与实物在外形上保持几何相似，缩尺比为 1 : 500，高度约为 2.06m。周边环境模型比例也为 1 : 150。将模型固定在风洞试验室的木制转盘上，如图 10.11 所示。在模型外表面上共布置了 445 个测点，且在雨篷处布置了双层测点。

图 10.11　风洞试验模型及周边建筑分布情况

3. 试验结果分析

　　由于该超高层开洞建筑的重要性和独特性，在结构初始设计阶段，先后在不同的三个试验室进行了不同比例尺模型的风洞试验，以获取更加可靠的结构风荷载，其中包括上文提到的 CARDC，还有汕头大学和加拿大 RWDI 公司也做了试验研究。表 10.7 列出了这三个不同的试验室试验得到的 100 年重现期基础最大等效风荷载，表 10.8 列出了三个不同试验条件下的结构顶部加速度分量及综合值，得到以下结论：

　　(1) 气流雷诺数对风洞实验结果影响较大，其效应需进一步深入研究。

　　(2) 周边建筑对试验结果也有较大影响，特别是在靠近试验结构周边的已建或待建建筑，因此在风洞试验中应尽量模拟靠近试验结构的主要建筑。

　　(3) 风场的模拟也会很大程度上影响试验结果，在试验过程中应依据当地的规范要求准确模拟风场，以接近实际情况。

　　(4) 大比例尺模型风洞试验能更好地模拟气流雷诺数，建议在重要建筑、超高层建筑及大跨结构抗风设计阶段时，在试验条件允许的情况下，采用大比例尺模型。

表 10.7　不同缩尺比 100 年重现期基础等效风荷载对比

试验单位	几何缩尺比	阻尼比/%	$F_x/(10^4\text{kN})$	$F_y/(10^4\text{kN})$	$M_x/(10^6\text{kN})$	$M_y/(10^6\text{kN})$	$M_z/(10^6\text{kN})$
CARDC	1 : 150	3.5	−2.23	5.36	8.68	−3.87	−0.36
汕头大学	1 : 400	3.5	−1.56	6.23	−10.82	−2.67	0.31
RWDI	1 : 500	2.0	1.80	5.14	8.60	2.96	0.24

表 10.8　不同缩尺比 10 年结构顶部加速度对比

试验单位	几何缩尺比	阻尼比/%	$X/(10^{-3}g)$	$Y/(10^{-3}g)$	综合值/$(10^{-3}g)$
CARDC（有风机工况）	1∶150	2.0	6.00	15.70	16.80
CARDC（无风机工况）	1∶150	2.0	5.70	14.90	16.00
汕头大学	1∶400	2.0	6.50	14.90	16.25
RWDI	1∶500	2.0	14.30	-	-

10.4.2　桥梁结构风洞试验

1. 工程概况

天津柳林桥位于海河上，该桥为"蜻蜓点水"创意的大型特种桥梁，如图 10.12 所示。该桥方案由荷兰 DHV 工程咨询有限公司提出，天津市政工程设计研究院在该方案的基础上进行初步设计和施工图设计。

图 10.12　天津海河柳林桥

主桥全宽 44m，主桥结构由基础、主翼、次翼、主梁、主撑杆次撑杆和吊杆组成，除基础外，均为钢结构。主翼翼展 2×97m，断面由根部的单箱单室渐变为分离的双箱，高度由 5m 渐变至 1m，宽度由 3m 渐变至 16.16m。次翼翼展 2×85m，断面为单箱单室，高度由 3m 渐变至 0.8m，宽度为 1.5m，主翼、次翼竖向平面内均是圆曲线。主梁梁高 2m，主梁行车道为两道宽 11.75m 的单箱三室主纵梁，并与中横梁、悬臂横梁共同组成梁格。

由于该桥主、次翼为箱形的钢结构，且悬臂端的约束较薄弱，而国内关于主、次翼这样空间曲线实体抗风性能的研究资料很少。为保证天津海河柳林桥的抗风安全，天津市海河建设发展投资有限公司委托长安大学风洞实验室进行该桥的风洞试验研究，包括主翼、次翼及主梁的节段模型试验和全桥气动弹性模型风洞试验。

长安大学风洞实验室（图 10.13）由一座中等规模的大气边界层工业风洞（长安大学 CA-01 风洞）和相配套的装置、仪器、测控系统构成，动力装置为 400kW 直流电动机。风洞的最高风速可达 53m/s，全自动化控制系统，是一座现代化的风工程实验室。

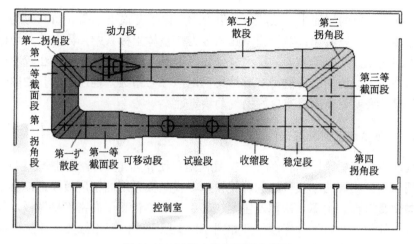

图 10.13　风洞实验室平面布置图

2. 节段模型风洞试验

国内目前常做的节段模型试验一般为像主梁或桥塔这样的直线断面，通过试验测得其三分力系数来计算所受到的风荷载。对于空间曲线实体，由于力矩的坐标轴沿曲线的切线方向不断变化，故再用三分力系数就不能如实反映结构的受力情况。试验中为了准确测得节段模型风荷载，采用了六分力测量方法。即测出节段模型在空间 x、y、z 轴方向上的力及力矩，在后期静风稳定性验算时只需将这 6 个分量加载在与模型测量时天平安装所对应的位置上。同样，为了静风稳定性验算时加载方便，节段模型划分时需要沿着曲线实体的重力方向划分，这样就可以避免验算时不断地变换坐标体系。按照施工进度及计算要求。主翼划分为 6 段，次翼划分为 5 段，缩尺比为 $1:20$，采用高密度轻质木材制作。

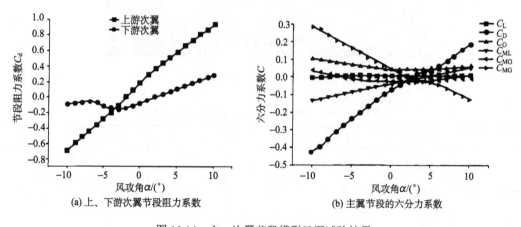

(a)上、下游次翼节段阻力系数　　　(b)主翼节段的六分力系数

图 10.14　主、次翼节段模型风洞试验结果

主、次翼节段模型风洞试验结果如图 10.14 所示。其中图 10.14(a)为上、下游次翼节段 5 的阻力系数曲线，可以看出：上游侧阻力系数的变化幅度大于下游侧次翼，且曲线比较光滑，这主要是由于上游侧次翼没有遮挡物的干扰，受力形式简单明确；下游侧次翼由于受到上游侧次翼及主翼的气动干扰，阻力系数曲线在 $-7° \sim -2°$ 出现了波动，且由于下游

侧次翼始终处于主翼的尾流中，故其所受阻力的变化幅度很小。图 10.14(b)为主翼节段的六分力系数曲线，可以看出：节段模型的六分力在整体坐标系中，只在其受力比较敏感的方向有较大的变化，在其他方向的受力变化幅度很小，故在计算中应关注较敏感方向的受力变化。另外，主梁断面节段测力实验结果仍用三分力系数来描述，其升力曲线和力矩曲线都为正斜率，表明该断面具有良好的气动稳定性。

3. 全桥气动弹性模型风洞试验

全桥气动弹性模型风速比 m 为 1：5，几何缩尺比 n 为 1：80。采用槽形钢芯模拟主梁，主、次翼用和实桥相同曲率及外形的芯梁模拟，横隔板采用高密度板模拟，实桥的吊杆采用康铜丝与弹簧模拟。主翼、次翼及主梁在芯梁的外侧包裹了高密度挤塑板，很好地模拟了实桥的气动外形。全桥气动弹性模型如图 10.15 所示，模型相似关系及前 5 阶频率如表 10.9 所示。根据《公路桥梁抗风设计规范》(JTG/TD60-01—2004)的规定，本次试验在均匀流风场和模拟的 B 类风场两种风场中进行风洞试验。

图 10.15 全桥气动弹性模型

表 10.9 全桥气动弹性模型相似关系及动力特性

阶数	实桥频率 f_1/Hz	相似关系	模型要求频率 f_2/Hz	实测频率 f_3/Hz	误差/%	阻尼比/%
1	0.506	n/m	8.10	8.20	−1.28	0.47
2	0.539	n/m	8.62	8.25	4.34	0.46
3	0.589	n/m	9.42	9.50	−0.81	0.47
4	0.595	n/m	9.52	9.52	1.47	0.49
5	0.596	n/m	9.54	9.28	2.68	0.46

1) 涡振、颤振及驰振稳定性

全桥气弹模型风洞试验分别在均匀流与紊流两种流场进行，在两种流场中均未观察到主、次翼及主梁出现涡振，故该桥的涡振性能良好。且试验风速均已超过主翼、次翼与主梁的颤振检验风速，未发现颤振发散，说明该桥的颤振稳定性很好。在各试验工况中也未发生驰振，故该桥的驰振稳定性良好。

2）抖振试验

抖振是一种限幅振动，它发生频度高，可能会引起结构的疲劳破坏，过大的振幅可能会使人体感觉不适，甚至危及桥上高速行车的安全。在均匀流与紊流场中分别对天津海河柳林桥的主翼端部、次翼端部和主梁中跨与边跨进行了抖振响应测量，在桥面设计基准风速作用下各构件的位移响应极值如表 10.10 所示，表中 α 表示风攻角，β 表示风偏角。

由表 10.10 可见：0°风攻角下各项位移值最大；各风偏角中，0°与 22.5°风偏角的位移较不利。主要是因为处理斜风的传统方法是把平均风速分解为垂直桥跨方向的余弦分量和顺桥向的正弦分量，并忽略正弦分量的影响，从而可能造成对斜风作用下大跨度桥梁抖振响应的低估。

表 10.10　天津海河柳林桥各构件位移响应极值

振动方向		位移响应平均值/mm			位移响应根方差/mm		
		最大值	根方差	工况	最大值	均值	工况
次翼	横向	−43.586	16.568	$\alpha=0°, \beta=0°$	32.593	−2.748	$\alpha=0°, \beta=90°$
	竖向	−20.500	4.126	$\alpha=0°, \beta=22.5°$	12.584	−21.234	$\alpha=0°, \beta=45°$
主翼	横向	−33.119	10.030	$\alpha=0°, \beta=22.5°$	10.030	−33.119	$\alpha=0°, \beta=22.5°$
	竖向	−13.379	2.209	$\alpha=0°, \beta=45°$	13.444	−18.396	$\alpha=0°, \beta=67.5°$
主梁	竖向	3.024	0.446	$\alpha=0°, \beta=0°$	1.220	0.283	$\alpha=0°, \beta=22.5°$

4. 试验结果分析

通过对天津海河柳林桥主翼、次翼及主梁的节段模型试验和全桥气动弹性模型风洞试验，详细研究了该桥的抗风性能，试验得到以下结论：

（1）天津海河柳林桥这种异形空间结构在风洞试验过程中未观察到涡振、颤振、驰振，这类结构抗风性能良好。

（2）对于主、次翼这样的空间曲线结构，应采用六分力系数来描述其所受风荷载的大小，并且在节段划分时应注意与静风稳定性验算保持坐标系一致。

（3）主、次翼之间的气动干扰非常明显。随风攻角的变化，上游侧次翼所受风荷载幅值变化较下游侧大，结构所受六个方向的力及力矩有一到两个为主导方向，应加以关注。

思考与练习

10-1　哪些建筑结构需要进行风洞试验？

10-2　大跨度桥梁为什么要进行风洞试验？

10-3　通过风洞试验可以得到哪些有意义的结论？

附录 1

全国各地 50 年一遇的基本风压标准值[①]　　　（单位：kN/m²）

省级行政区名	地名	基本风压	省级行政区名	地名	基本风压
北京	北京市	0.45	山西	五寨	0.40
天津	天津市	0.50		兴县	0.45
	塘沽	0.55		原平	0.50
上海	上海市	0.55		离石	0.45
重庆	重庆市	0.40		阳泉市	0.40
河北	石家庄市	0.35		榆社	0.30
	蔚县	0.30		隰县	0.35
	邢台市	0.30		介休	0.40
	丰宁	0.40		临汾市	0.40
	围场	0.45		长治县	0.50
	张家口市	0.55		运城市	0.45
	怀来	0.35		阳城	0.45
	承德市	0.40	内蒙古	呼和浩特市	0.55
	遵化	0.40		额右旗拉布达林	0.50
	青龙	0.30		牙克石市图里河	0.40
	秦皇岛市	0.45		满洲里市	0.65
	霸县	0.40		海拉尔市	0.65
	唐山市	0.40		郭伦春小二沟	0.40
	乐亭	0.40		新巴尔虎右旗	0.60
	保定市	0.40		新巴尔虎左旗阿木古郎	0.55
	饶阳	0.35		牙克石市博克图	0.55
	沧州市	0.40		扎兰屯市	0.40
	黄骅	0.40		科右翼前旗阿尔山	0.50
	南宫市	0.35		科右翼前旗索伦	0.55
山西	太原市	0.40		乌兰浩特市	0.55
	大同市	0.55		东乌珠穆沁旗	0.55
	河曲	0.50		额济纳旗	0.60

---

① 本表摘自《建筑结构荷载规范》（GB 50009—2012）。

省级行政区名	地名	基本风压	省级行政区名	地名	基本风压
内蒙古	额济纳旗拐子湖	0.55	辽宁	沈阳市	0.55
	阿左旗巴彦毛道	0.55		彰武	0.45
	阿拉善右旗	0.55		阜新市	0.60
	二连浩特市	0.65		开原	0.45
	那仁宝力格	0.55		清原	0.40
	达茂旗满都拉	0.75		朝阳市	0.55
	阿巴嘎旗	0.50		建平县叶柏寿	0.35
	苏尼特左旗	0.50		黑山	0.65
	乌拉特后旗海力素	0.50		锦州市	0.60
	苏尼特右旗朱日和	0.65		鞍山市	0.50
	乌拉特中旗海流图	0.60		本溪市	0.45
	百灵庙	0.75		抚顺市章党	0.45
	四子王旗	0.60		桓仁	0.30
	化德	0.75		绥中	0.40
	杭锦后旗陕坝	0.45		兴城市	0.45
	包头市	0.55		营口市	0.60
	集宁市	0.60		盖县熊岳	0.40
	阿拉善左旗吉兰泰	0.50		本溪县草河口	0.45
	临河市	0.50		岫岩	0.45
	鄂托克旗	0.55		宽甸	0.50
	东胜市	0.50		丹东市	0.55
	阿腾席连	0.50		瓦房店市	0.50
	巴彦浩特	0.60		新金县皮口	0.50
	西乌珠穆沁旗	0.55		庄河	0.50
	扎鲁特鲁北	0.55		大连市	0.65
	巴林左旗林东	0.55	吉林	长春市	0.65
	锡林浩特市	0.55		白城市	0.65
	林西	0.60		乾安	0.45
	开鲁	0.55		前郭尔罗斯	0.45
	通辽	0.55		通榆	0.50
	多伦	0.55		长岭	0.45
	赤峰市	0.55		扶余市三岔河	0.60
	敖汉旗宝国图	0.50		双辽	0.50

省级行政区名	地名	基本风压	省级行政区名	地名	基本风压
吉林	四平市	0.55	黑龙江	泰来	0.45
	磐石县烟筒山	0.40		绥化市	0.55
	吉林市	0.50		安达市	0.55
	蛟河	0.45		铁力	0.35
	敦化市	0.45		佳木斯市	0.65
	梅河口市	0.40		依兰	0.65
	桦甸	0.40		宝清	0.40
	靖宇	0.35		通河	0.50
	抚松县东岗	0.45		尚志	0.55
	延吉市	0.50		鸡西市	0.55
	通化市	0.50		虎林	0.45
	浑江市临江	0.30		牡丹江市	0.50
	集安市	0.30		绥芬河市	0.60
	长白	0.45	山东	济南市	0.45
黑龙江	哈尔滨市	0.55		德州市	0.45
	漠河	0.35		惠民	0.50
	塔河	0.30		寿光县羊角沟	0.45
	新林	0.35		龙口市	0.60
	呼玛	0.50		烟台市	0.55
	加格达奇	0.35		威海市	0.65
	黑河市	0.50		荣成市成山头	0.70
	嫩江	0.55		莘县朝城	0.45
	孙吴	0.60		泰安市泰山	0.85
	北安市	0.50		泰安市	0.40
	克山	0.45		淄博市张店	0.40
	富裕	0.40		沂源	0.35
	齐齐哈尔市	0.45		潍坊市	0.40
	海伦	0.55		莱阳市	0.40
	明水	0.45		青岛市	0.60
	伊春市	0.35		海阳	0.55
	鹤岗市	0.40		荣成市石岛	0.55
	富锦	0.45		菏泽市	0.40

省级行政区名	地名	基本风压	省级行政区名	地名	基本风压
山东	兖州	0.40	浙江	象山县石浦	1.20
	莒县	0.35		衢州市	0.35
	临沂	0.40		丽水市	0.30
	日照市	0.40		龙泉	0.30
江苏	南京市	0.40		临海市括苍山	0.90
	徐州市	0.35		温州市	0.60
	赣榆	0.45		椒江市洪家	0.55
	盱眙	0.35		椒江市下大陈	1.45
	淮阴市	0.40		玉环县坎门	1.20
	射阳	0.40		瑞安市北麂	1.80
	镇江	0.40	安徽	合肥市	0.35
	无锡	0.45		砀山	0.35
	泰州	0.40		亳州市	0.45
	连云港	0.55		宿县	0.40
	盐城	0.45		寿县	0.35
	高邮	0.40		蚌埠市	0.35
	东台市	0.40		滁县	0.35
	南通市	0.45		六安市	0.35
	启东县吕泗	0.50		霍山	0.35
	常州市	0.40		巢县	0.35
	溧阳	0.40		安庆市	0.40
	吴县东山	0.45		宁国	0.35
浙江	杭州市	0.45		黄山	0.70
	临安县天目山	0.75		黄山市	0.35
	平湖县乍浦	0.45	江西	南昌市	0.45
	慈溪市	0.45		修水	0.30
	嵊泗	1.30		宜春市	0.30
	嵊泗县嵊山	1.65		吉安	0.30
	舟山市	0.85		宁冈	0.30
	金华市	0.35		遂川	0.30
	嵊县	0.40		赣州市	0.30
	宁波市	0.50		九江	0.35

省级行政区名	地名	基本风压	省级行政区名	地名	基本风压
江西	庐山	0.55	陕西	横山	0.40
	波阳	0.40		绥德	0.40
	景德镇市	0.35		延安市	0.35
	樟树市	0.30		长武	0.30
	贵溪	0.30		洛川	0.35
	玉山	0.30		铜川市	0.35
	南城	0.30		宝鸡市	0.35
	广昌	0.30		武功	0.35
	寻乌	0.30		华阴县华山	0.50
福建	福州市	0.70		略阳	0.35
	邵武市	0.30		汉中市	0.30
	铅山县七仙山	0.70		佛坪	0.35
	浦城	0.30		商州市	0.30
	建阳	0.35		镇安	0.35
	建瓯	0.35		石泉	0.30
	福鼎	0.70		安康	0.45
	泰宁	0.30	甘肃	兰州市	0.30
	南平市	0.35		吉诃德	0.55
	福鼎县台山	1.00		安西	0.55
	长汀	0.35		酒泉市	0.55
	上杭	0.30		张掖市	0.50
	永安市	0.40		武威市	0.55
	龙岩市	0.35		民勤	0.50
	德化县九仙山	0.80		乌鞘岭	0.40
	屏南	0.30		景泰	0.40
	平潭	1.30		靖远	0.30
	崇武	0.85		临夏市	0.30
	厦门市	0.80		临洮	0.30
	东山	1.25		华家岭	0.40
陕西	西安市	0.35		环县	0.30
	榆林市	0.40		平凉市	0.30
	吴旗	0.40		西峰镇	0.30

省级行政区名	地名	基本风压	省级行政区名	地名	基本风压
甘肃	玛曲	0.30	青海	兴海	0.35
	夏河县合作	0.30		同德	0.35
	武都	0.35		泽库	0.30
	天水市	0.35		格尔木市托托河	0.50
宁夏	银川市	0.65		治多	0.30
	惠农	0.65		杂多	0.35
	中卫	0.45		曲麻莱	0.35
	中宁	0.35		玉树	0.30
	盐池	0.40		玛多	0.40
	海源	0.35		称多县清水河	0.30
	同心	0.30		玛沁县仁峡姆	0.35
	固原	0.35		达日县吉迈	0.35
	西吉	0.30		河南	0.40
青海	西宁市	0.35		久治	0.30
	茫崖	0.40		昂欠	0.30
	冷湖	0.55		班玛	0.30
	祁连县托勒	0.40	新疆	乌鲁木齐市	0.60
	祁连县野牛沟	0.40		阿勒泰市	0.70
	祁连	0.35		阿拉山口	1.35
	格尔木市小灶火	0.40		克拉玛依市	0.90
	大柴旦	0.40		伊宁市	0.60
	德令哈市	0.35		昭苏	0.40
	刚察	0.35		达坂城	0.80
	门源	0.35		巴音布鲁克	0.35
	格尔木市	0.40		吐鲁番市	0.85
	都兰县诺木洪	0.50		阿克苏市	0.45
	都兰	0.45		库车	0.50
	乌兰县茶卡	0.35		库尔勒	0.45
	共和县恰卜恰	0.35		乌恰	0.35
	贵德	0.30		喀什	0.55
	民和	0.30		阿合奇	0.35
	唐古拉山五道梁	0.45		皮山	0.30

省级行政区名	地名	基本风压	省级行政区名	地名	基本风压
新疆	和田	0.40	湖北	巴东县绿葱坡	0.35
	民丰	0.30		五峰县	0.30
	安德河	0.30		宜昌市	0.30
	于田	0.30		荆州	0.30
	哈密	0.60		天门市	0.30
河南	郑州市	0.45		来凤	0.30
	安阳市	0.45		嘉鱼	0.35
	新乡市	0.40		英山	0.30
	三门峡市	0.40		黄石市	0.35
	卢氏	0.30	湖南	长沙市	0.35
	孟津	0.45		桑植	0.30
	洛阳市	0.40		石门	0.30
	栾川	0.30		南县	0.40
	许昌市	0.40		岳阳市	0.40
	开封市	0.45		吉首市	0.30
	西峡	0.35		沅陵	0.30
	南阳市	0.35		常德市	0.40
	宝丰	0.35		安化	0.30
	西华	0.45		沅江市	0.40
	驻马店市	0.40		平江	0.30
	信阳市	0.35		芷江	0.30
	商丘市	0.35		邵阳市	0.30
	固始	0.35		双峰	0.30
湖北	武汉市	0.35		南岳	0.75
	郧县	0.30		通道	0.30
	房县	0.30		武岗	0.30
	老河口市	0.30		零陵	0.40
	枣阳市	0.40		衡阳市	0.40
	巴东	0.30		道县	0.35
	钟祥	0.30		郴州市	0.30
	麻城市	0.35	广东	广州市	0.50
	恩施市	0.30		南雄	0.30

省级行政区名	地名	基本风压	省级行政区名	地名	基本风压
广东	连县	0.30	广西	龙州	0.30
	韶关	0.35		灵山	0.30
	佛岗	0.30		玉林	0.30
	连平	0.30		东兴	0.75
	梅县	0.30		北海市	0.75
	广宁	0.30		涠洲岛	1.10
	高要	0.50	海南	海口市	0.75
	河源	0.30		东方	0.85
	惠阳	0.55		儋县	0.70
	五华	0.30		琼中	0.45
	汕头市	0.80		琼海	0.85
	惠来	0.75		三亚市	0.85
	南澳	0.80		陵水	0.85
	信宜	0.60		西沙岛	1.80
	罗定	0.30		珊瑚岛	1.10
	台山	0.55	四川	成都市	0.30
	深圳市	0.75		石渠	0.30
	汕尾	0.85		若尔盖	0.30
	湛江市	0.80		甘孜	0.45
	阳江	0.75		都江堰市	0.30
	电白	0.70		绵阳市	0.30
	台山县上川岛	1.05		雅安市	0.30
	徐闻	0.75		资阳	0.30
广西	南宁市	0.35		康定	0.35
	桂林市	0.30		汉源	0.30
	柳州市	0.30		九龙	0.30
	蒙山	0.30		越西	0.30
	贺山	0.30		昭觉	0.30
	百色市	0.45		雷波	0.30
	靖西	0.30		宜宾市	0.30
	桂平	0.30		盐源	0.30
	梧州市	0.30		西昌市	0.30

省级行政区名	地名	基本风压	省级行政区名	地名	基本风压
四川	会理	0.30	云南	昭通市	0.35
	万源	0.30		丽江	0.30
	阆中	0.30		华坪	0.45
	巴中	0.30		会泽	0.35
	达县市	0.35		腾冲	0.30
	奉节	0.35		泸水	0.30
	遂宁市	0.30		保山市	0.30
	南充市	0.30		大理市	0.65
	梁平	0.30		元谋	0.35
	万县市	0.30		楚雄市	0.35
	内江市	0.40		曲靖市沾益	0.30
	涪陵市	0.30		瑞丽	0.30
	泸州市	0.30		景东	0.30
	叙永	0.30		玉溪	0.30
贵州	贵阳市	0.30		宜良	0.45
	威宁	0.35		泸西	0.30
	盘县	0.35		孟定	0.40
	桐梓	0.30		临沧	0.30
	习水	0.30		澜沧	0.30
	毕节	0.30		景洪	0.40
	遵义市	0.30		思茅	0.45
	思南	0.30		元江	0.30
	铜仁	0.30		勐腊	0.30
	安顺市	0.30		江城	0.40
	凯里市	0.30		蒙自	0.35
	兴仁	0.30		屏边	0.40
	罗甸	0.30		文山	0.30
云南	昆明市	0.30		广南	0.35
	德坎	0.35	西藏	拉萨市	0.30
	贡山	0.30		班戈	0.55
	中甸	0.30		安多	0.75
	维西	0.30		那曲	0.45

省级行政区名	地名	基本风压	省级行政区名	地名	基本风压
西藏	日喀则市	0.30	台湾	嘉义	0.80
	乃东县泽当	0.30		马公	1.30
	隆子	0.45		台东	0.90
	索县	0.40		冈山	0.80
	昌都	0.30		恒春	1.05
	林芝	0.35		阿里山	0.35
台湾	台北	0.70		台南	0.85
	新竹	0.80	香港	香港	0.90
	宜兰	1.85		横澜岛	1.25
	台中	0.80	澳门	澳门	0.85
	花莲	0.70			

附录 2

风荷载体型系数

项次	类别	体型及体型系数 μ_s
1	封闭式落地双坡屋面	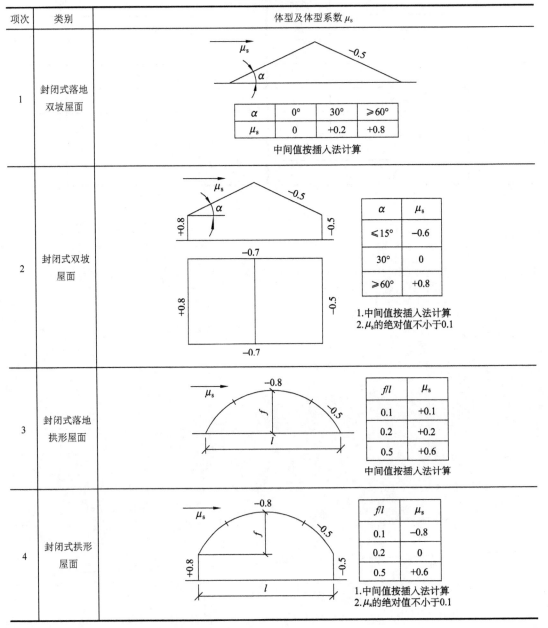
2	封闭式双坡屋面	
3	封闭式落地拱形屋面	
4	封闭式拱形屋面	

项次	类别	体型及体型系数 μ_s
5	封闭式单坡屋面	迎风坡面的μ_s按第2项采用
6	封闭式高低双坡屋面	迎风坡面的μ_s按第2项采用
7	封闭式带天窗双坡屋面	带天窗的拱形屋面可按本图采用
8	封闭式双跨双坡屋面	迎风坡面的μ_s按第2项采用
9	封闭式不等高不等跨的双跨双坡屋面	迎风坡面的μ_s按第2项采用
10	封闭式不等高不等跨的三跨双坡屋面	1.迎风坡面的μ_s按第2项采用 2.中跨上部迎风墙面μ_{s1}按下式采用： $\mu_{s1}=0.6(1-2h_1/h)$ 但当$h_1=h$时，取$\mu_{s1}=-0.6$

项次	类别	体型及体型系数 μ_s
11	封闭式带天窗带坡的双坡屋面	
12	封闭式带天窗带双坡的双坡屋面	
13	封闭式不等高不等跨且中跨带天窗的三跨双坡屋面	 1. 迎风坡面的 μ_s 按第2项采用 2. 中跨上部迎风墙面 μ_{s1} 按下式采用： $$\mu_{s1}=0.6(1-2h_1/h)$$ 但当 $h_1=h$ 时，取 $\mu_{s1}=-0.6$
14	封闭式带天窗的双跨双坡屋面	 迎风坡面第2跨的天窗面的 μ_s 按下列规定采用： 当 $a \leqslant 4h$ 时，取 $\mu_s=0.2$ 当 $a > 4h$ 时，取 $\mu_s=0.6$
15	封闭式带女儿墙的双坡屋面	 当屋面坡度不大于15°时，屋面上的体型系数可按无女儿墙的屋面采用

项次	类别	体型及体型系数 μ_s		
16	封闭式带雨篷的双坡屋面	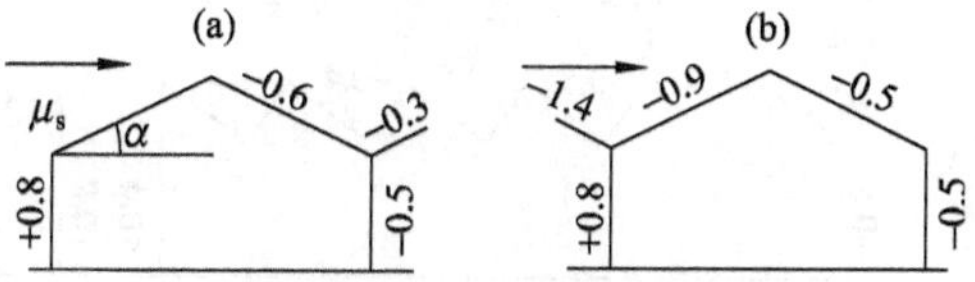 (a) 图中系数值 μ_s α $+0.8$ -0.6 -0.3 -0.5 (b) -1.4 -0.9 -0.5 $+0.8$ -0.5 迎风坡面的 μ_s 按第2项采用		
17	封闭式对立两个带雨篷的双坡屋面	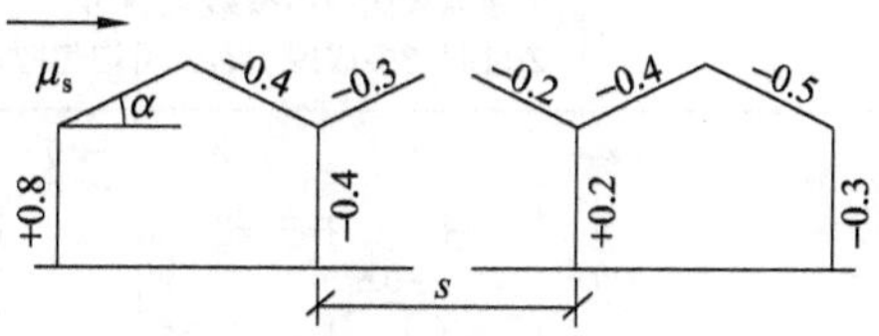 μ_s α $+0.8$ -0.4 -0.3 -0.4 -0.2 -0.4 -0.5 $+0.2$ -0.3 s 1.本图适用于 s 为8～20m 2.迎风坡面的 μ_s 按第2项采用		
18	封闭式带下沉天窗的双坡屋面或拱形屋面	-0.8 -0.5 -1.2 $+0.8$ -0.5		
19	封闭式带下沉天窗的双跨双坡或拱形屋面	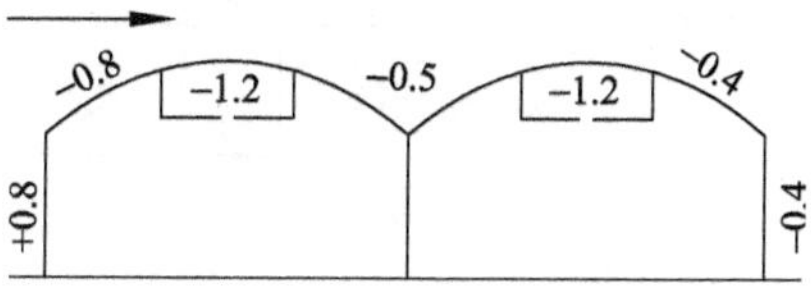 -0.8 -1.2 -0.5 -1.2 -0.4 $+0.8$ -0.4		
20	封闭式带天窗挡风板的坡屋面	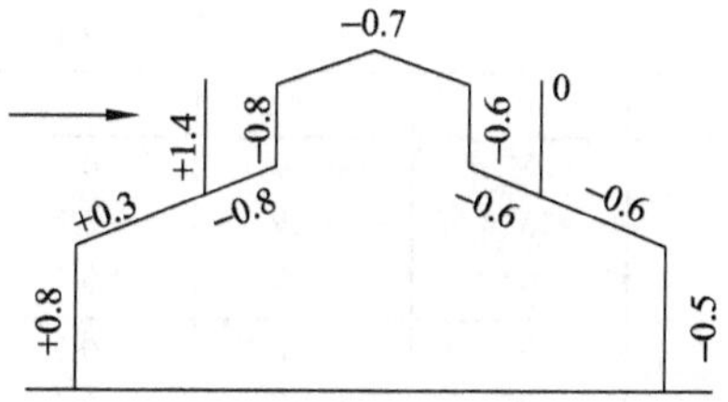 -0.7 $+1.4$ -0.8 -0.6 0 $+0.3$ -0.8 -0.6 -0.6 $+0.8$ -0.5		
21	封闭式带天窗挡风板的双跨屋面	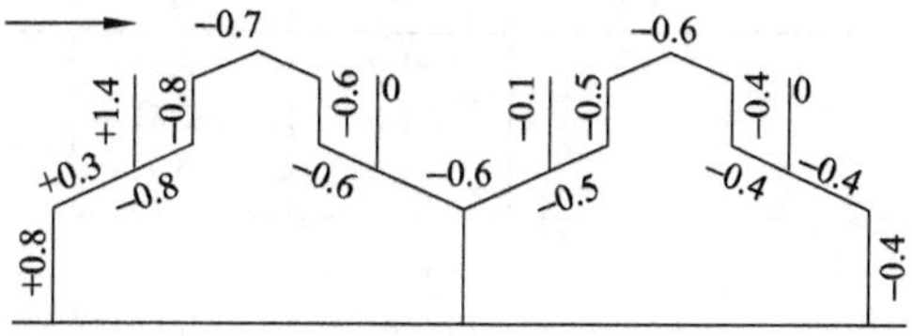 -0.7 $+1.4$ -0.8 -0.6 0 -0.1 -0.5 -0.6 -0.4 0 $+0.3$ -0.8 -0.6 -0.6 -0.5 -0.4 -0.4 $+0.8$ -0.4		

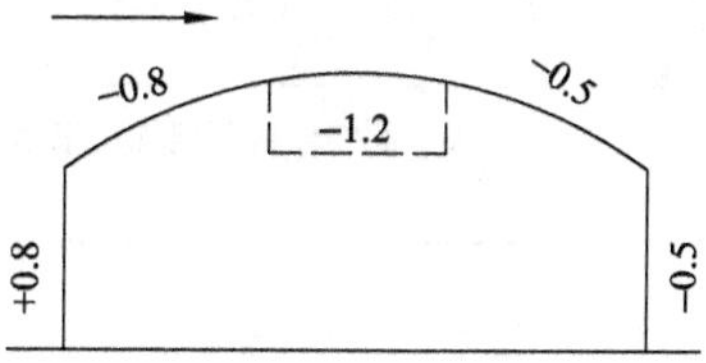

项次	类别	体型及体型系数 μ_s
22	封闭式锯齿形屋面	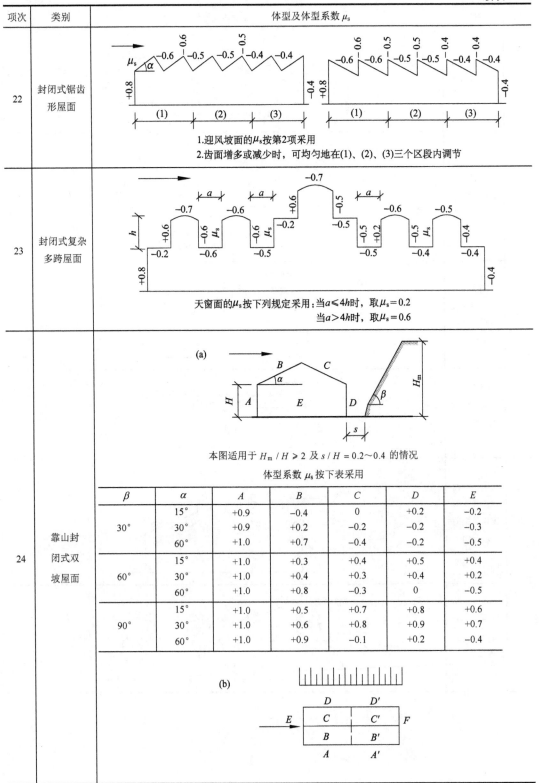
23	封闭式复杂多跨屋面	
24	靠山封闭式双坡屋面	

(上接图 22 区:)
1.迎风坡面的 μ_s 按第2项采用
2.齿面增多或减少时，可均匀地在(1)、(2)、(3)三个区段内调节

(区 23:)
天窗面的 μ_s 按下列规定采用：当 $a \leqslant 4h$ 时，取 $\mu_s = 0.2$
当 $a > 4h$ 时，取 $\mu_s = 0.6$

(区 24 (a):)
本图适用于 $H_m / H \geqslant 2$ 及 $s / H = 0.2 \sim 0.4$ 的情况
体型系数 μ_s 按下表采用

β	α	A	B	C	D	E
30°	15°	+0.9	−0.4	0	+0.2	−0.2
	30°	+0.9	+0.2	−0.2	−0.2	−0.3
	60°	+1.0	+0.7	−0.4	−0.2	−0.5
60°	15°	+1.0	+0.3	+0.4	+0.5	+0.4
	30°	+1.0	+0.4	+0.3	+0.4	+0.2
	60°	+1.0	+0.8	−0.3	0	−0.5
90°	15°	+1.0	+0.5	+0.7	+0.8	+0.6
	30°	+1.0	+0.6	+0.8	+0.9	+0.7
	60°	+1.0	+0.9	−0.1	+0.2	−0.4

项次	类别	体型及体型系数 μ_s				
24	靠山封闭式双坡屋面	体型系数 μ_s 按下表采用				

体型系数 μ_s 按下表采用

β	$ABCD$	E	$A'B'C'D'$	F
15°	−0.8	+0.9	−0.2	−0.2
30°	−0.9	+0.9	−0.2	−0.2
60°	−0.9	+0.9	−0.2	−0.2

25　靠山封闭式式带天窗的双坡屋面

本图适用于 $H_m / H \geqslant 2$ 及 $s / H = 0.2\sim0.4$ 的情况

体型系数 μ_s 按下表采用

β	A	B	C	D	D'	C'	B'	A'	E
30°	+0.9	+0.2	−0.6	−0.4	−0.3	−0.3	−0.3	−0.2	−0.5
60°	+0.9	+0.6	+0.1	+0.1	+0.2	+0.2	+0.2	+0.4	+0.1
90°	+1.0	+0.8	+0.8	+0.2	+0.6	+0.6	+0.6	+0.8	+0.6

26　单面开敞式双坡屋面

(a) 开口迎风　　(b) 开口背风

迎风坡面的 μ_s 按第2项采用

27　双面开敞及四面开敞式双坡屋面

(a) 两端有山墙　　(b) 四面开敞

体型系数 μ_s

α	μ_{s1}	μ_{s2}
≤10°	−1.3	−0.7
30°	+1.6	+0.4

1. 中间值按插入法计算

2. 本图屋面对风作用敏感，风压时正时负，设计时应考虑 μ_s 值变号的情况

3. 纵向风荷载对屋面所引起的总水平力：

当 $\alpha \geqslant 30°$ 时为 $0.05A\omega_h$；当 $\alpha < 30°$ 时为 $0.10A\omega_h$

其中，A 为屋面的水平投影面积，ω_h 为屋面高度 h 处的风压

4. 当室内堆放物品或房屋处于山坡时，屋面吸力应增大，可按第26项(a)采用

项次	类别	体型及体型系数 μ_s
28	前后纵墙半开敞双坡屋面	 1.迎风坡面的 μ_s 按第2项采用 2.本图适用于墙的上部集中开敞面积≥10%且＜50%的房屋 3.当开敞面积达 50%时，背风墙面的系数改为−1.1
29	单坡及双坡顶盖	(a) (b) (c) 1.中间值按插入法计算 2.(b)项体型系数按第 27 项采用 3.(b)、(c)应考虑第 27 项 2 和 3
30	封闭式房屋和构筑物	(a) 正多边形(包括矩形)平面 (b) Y形平面

项次 29 表格内:

α	μ_{s1}	μ_{s2}	μ_{s3}	μ_{s4}
≤10°	−1.3	−0.5	+1.3	+0.5
30°	−1.4	−0.6	+1.4	+0.6

α	μ_{s1}	μ_{s2}
≤10°	+1.0	+0.7
30°	−1.6	−0.4

项次	类别	体型及体型系数 μ_s
30	封闭式房屋和构筑物	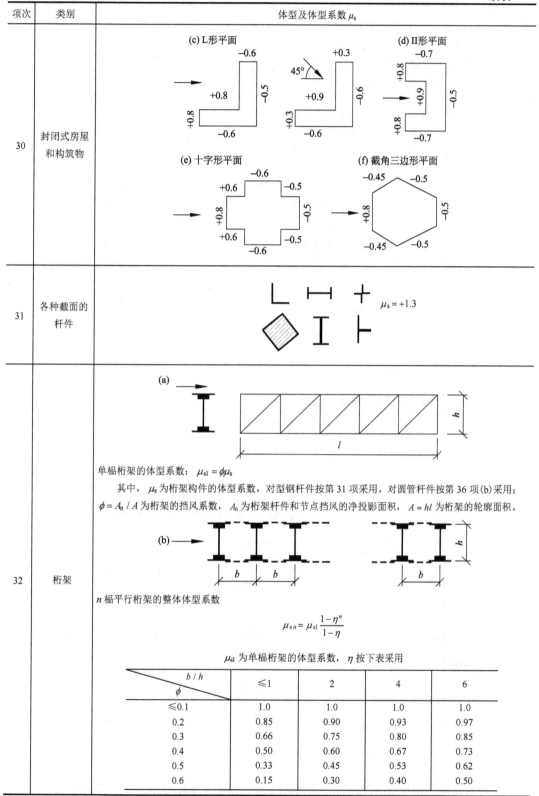

（此处仅显示项次30、31、32的内容，见图）

31　各种截面的杆件

$\mu_s = +1.3$

32　桁架

(a)

单榀桁架的体型系数：$\mu_{s1} = \phi\mu_s$

其中，μ_s 为桁架构件的体型系数，对型钢杆件按第 31 项采用，对圆管杆件按第 36 项(b)采用；$\phi = A_n / A$ 为桁架的挡风系数，A_n 为桁架杆件和节点挡风的净投影面积，$A = hl$ 为桁架的轮廓面积。

(b)

n 榀平行桁架的整体体型系数

$$\mu_{sn} = \mu_{s1}\frac{1-\eta^n}{1-\eta}$$

μ_{s1} 为单榀桁架的体型系数，η 按下表采用

ϕ \ b/h	$\leqslant 1$	2	4	6
$\leqslant 0.1$	1.0	1.0	1.0	1.0
0.2	0.85	0.90	0.93	0.97
0.3	0.66	0.75	0.80	0.85
0.4	0.50	0.60	0.67	0.73
0.5	0.33	0.45	0.53	0.62
0.6	0.15	0.30	0.40	0.50

项次	类别	体型及体型系数 μ_s
33	独立墙壁及围墙	
34	塔架	
35	旋转壳顶	
36	圆截面构筑物(包括烟囱、塔桅等)	

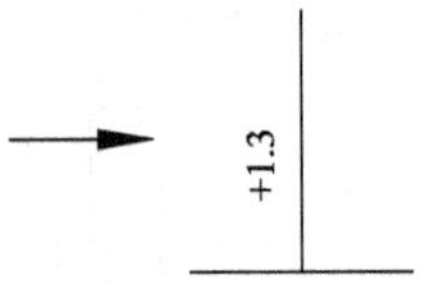

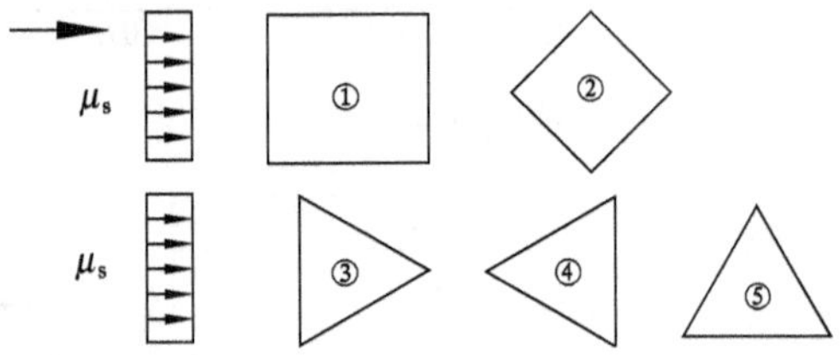

项次 34 塔架:

(a) 角钢塔架整体计算时的体型系数 μ_s 按下表采用

挡风系数 ϕ	方形			三角形
	风向①	风向②		风向 ③④⑤
		单角钢	组合角钢	
≤0.1	2.6	2.9	3.1	2.4
0.2	2.4	2.7	2.9	2.2
0.3	2.2	2.4	2.7	2.0
0.4	2.0	2.2	2.4	1.8
0.5	1.9	1.9	2.0	1.6

(b) 管子及圆钢塔架整体计算时的体型系数 μ_s

当 $\mu_z \omega_0 d^2 \leq 0.002$ 时，μ_s 按角钢塔架的 μ_s 值乘以 0.8 采用

当 $\mu_z \omega_0 d^2 \geq 0.015$ 时，μ_s 按角钢塔架的 μ_s 值乘以 0.6 采用

中间值按插入法计算

项次 35 旋转壳顶:

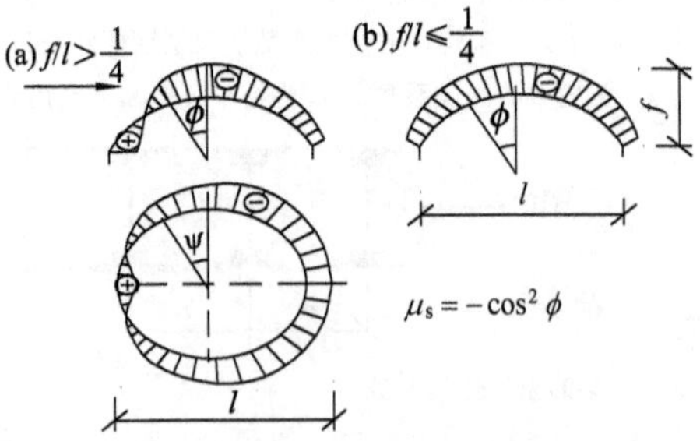

(a) $f/l > \dfrac{1}{4}$ (b) $f/l \leq \dfrac{1}{4}$

$\mu_s = -\cos^2 \phi$

$\mu_s = 0.5 \sin^2 \phi \sin \psi - \cos^2 \phi$

项次 36 圆截面构筑物:

(a) 局部计算时表面分布的体型系数 μ_s

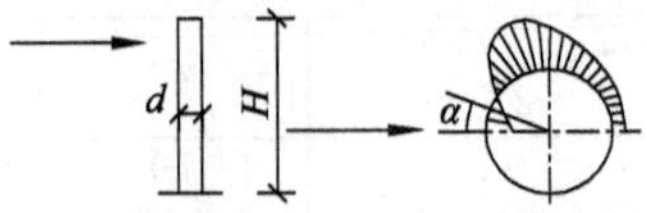

项次	类别	体型及体型系数 μ_s
36	圆截面构筑物(包括烟囱、塔桅等)	(表格及图)
37	架空管道	(表格及图)

项次 36 圆截面构筑物(包括烟囱、塔桅等):

α	$H/d \geq 25$	$H/d = 7$	$H/d = 1$
0°	+1.0	+1.0	+1.0
15°	+0.8	+0.8	+0.8
30°	+0.1	+0.1	+0.1
45°	−0.9	−0.8	−0.7
60°	−1.9	−1.7	−1.2
75°	−2.5	−2.2	−1.5
90°	−2.6	−2.2	−1.7
105°	−1.9	−1.7	−1.2
120°	−0.9	−0.8	−0.7
135°	−0.7	−0.6	−0.5
150°	−0.6	−0.5	−0.4
165°	−0.6	−0.5	−0.4
180°	−0.6	−0.5	−0.4

表中数值适用于 $\mu_z \omega_0 d^2 > 0.015$ 的表面光滑情况,其中 ω_0 以 kN/m² 计,d 以 m 计

(b) 整体计算时的体型系数 μ_s

中间值按插入法计算,Δ 为表面凸出高度

$\mu_z \omega_0 d^2$	表面情况	$H/d \geq 25$	$H/d = 7$	$H/d = 1$
≥ 0.015	$\Delta \approx 0$	0.6	0.5	0.5
	$\Delta = 0.02d$	0.9	0.8	0.7
	$\Delta = 0.08d$	1.2	1.0	0.8
≤ 0.002		1.2	0.8	0.7

项次 37 架空管道:

本图适用于 $\mu_z \omega_0 d^2 \geq 0.015$ 的情况

(a) 上下双管

s/d	≤ 0.25	0.5	0.75	1.0	1.5	2.0	≥ 3.0
μ_s	+1.2	+0.9	+0.75	+0.7	+0.65	+0.63	+0.6

(b) 前后双管

s/d	≤ 0.25	0.5	1.5	3.0	4.0	6.0	8.0	≥ 10.0
μ_s	+0.68	+0.86	+0.94	+0.99	+1.08	+1.11	+1.14	+1.20

表列 μ_s 值为前后两管之和,其中前管为 0.6

(c) 密排多管

$\mu_s = +1.4$

μ_s 值为各管之总和

项次	类别	体型及体型系数 μ_s					
38	拉索	风荷载水平分量 ω_x 的体型系数 μ_{sx} 及垂直分量 ω_y 的体型系数 μ_{sy} 按下表采用					

风荷载水平分量 ω_x 的体型系数 μ_{sx} 及垂直分量 ω_y 的体型系数 μ_{sy} 按下表采用

α	μ_{sx}	μ_{sy}	α	μ_{sx}	μ_{sy}
0°	0.00	0.00	50°	0.60	0.40
10°	0.05	0.05	60°	0.85	0.40
20°	0.10	0.10	70°	1.10	0.30
30°	0.20	0.25	80°	1.20	0.20
40°	0.35	0.40	90°	1.25	0.00

参 考 文 献

埃米尔·希缪, 罗伯特·H. 斯坎伦. 1992. 风对结构的作用. 上海: 同济大学出版社.

白桦, 刘健新, 胡庆安. 2010. 大跨度半拱式异形桥梁抗风性能研究. 郑州大学学报(工学版), 31(5): 22-26.

陈伏彬, 李秋胜, 赵松林. 2012. 新型超高层节能建筑抗风研究. 地震工程与工程振动, 32(3): 150-156.

陈政清. 2005. 桥梁风工程. 北京: 人民交通出版社.

风洞实验指南研究委员会. 2011. 建筑风洞实验指南. 孙瑛, 武岳, 曹正罡, 译. 北京: 中国建筑工业出版社.

胡卫兵, 何建. 2003. 高层建筑与高耸结构抗风计算及风振控制. 北京: 中国建材工业出版社.

黄本才, 汪丛军. 2008. 结构抗风分析原理及应用. 上海: 同济大学出版社.

李爱群. 2007. 工程结构减震控制. 北京: 机械工业出版社.

欧进萍. 2003. 结构振动控制. 北京: 科学出版社.

彭刚, 张国栋. 2002. 土木工程结构振动控制. 武汉: 武汉理工大学出版社.

宋锦忠, 林志兴, 徐建英. 2002. 桥梁抗风气动措施的研究及应用. 同济大学学报(自然科学版), 30(5): 618-621.

宋一凡. 1999. 公路桥梁动力学. 北京: 人民交通出版社.

王肇民. 1997. 高耸结构振动控制. 上海: 同济大学出版社.

项海帆. 2011. 桥梁概念设计. 北京: 人民交通出版社.

项海帆, 葛耀君, 朱乐东. 2005. 现代桥梁抗风理论与实践. 北京: 人民交通出版社.

张相庭. 1985. 结构风压和风振计算. 上海: 同济大学出版社.

张相庭. 1990. 工程结构风荷载理论和抗风计算手册. 上海: 同济大学出版社.

张相庭. 1997. 高层建筑抗风抗震设计计算. 上海: 同济大学出版社.

张相庭. 1998. 工程抗风设计计算手册. 北京: 中国建筑工业出版社.

中华人民共和国住房和城乡建设部, 中华人民共和国国家质量监督检验检疫总局. 2012. 建筑结构荷载规范(GB 50009—2012). 北京: 中国建筑工业出版社.

中华人民共和国住房和城乡建设部. 2015. 建筑工程风洞试验方法标准(JGJ/T 338—2014). 北京: 中国建筑工业出版社.

中交公路规划设计院. 2005. 公路桥梁抗风设计规范(JTG/TD60-01—2004). 北京: 人民交通出版社.

中交公路规划设计院. 2015. 公路桥涵设计通用规范(JTG D60—2015). 北京: 人民交通出版社.

周云. 2009. 结构风振控制的设计方法与应用. 北京: 科学出版社.

Holmes J D. 2001. Wind Loading of Structures. Abingdon: Spon Press.